Global Energy Interconnection
Development and Cooperation Organization
全球能源互联网发展合作组织

全球碳中和之路

下册

全球能源互联网发展合作组织

中国电力出版社
CHINA ELECTRIC POWER PRESS

| 前　言

　　气候变化是世界各国共同面临的重大挑战，严重威胁人类生存和发展。目前全球平均气温相对于工业革命前水平已升高接近 1.2℃，《巴黎协定》温控目标加速逼近，人类正站在事关生死存亡的十字路口。联合国秘书长古特雷斯发出郑重警告，呼吁各国进入"气候紧急状态"，携手努力尽早实现全球碳中和，采取切实行动应对气候变化。实现全球碳中和是破解气候环境危机的必然要求，是实现全球可持续发展的重要保障，为促进全球经济社会绿色转型、建设人类命运共同体提供强大动力。

　　全球碳中和是一项极其复杂艰巨的系统工程。目前全世界 120 多个国家陆续宣布碳中和目标，为全球在本世纪中叶实现碳中和、落实《联合国气候变化框架公约》及其《巴黎协定》奠定了坚实基础。但与实现全球碳中和目标要求相比，各国碳减排实际进展仍存在较大差距，关键是缺少切实可行的系统方案。为此，有关组织和机构深入开展研究和国际合作，积极推动世界各国应对气候变化政策制定与减排行动。

　　化石能源过度使用是造成气候变化的根源。实现全球碳中和关键要抓住能源这个"牛鼻子"，加快能源电力革命，大力实施"两个替代"，即能源开发实施清洁替代，能源消费实施电能替代。全球能源互联网是能源生产清洁化、配置广域化、消费电气化的新型能源系统，是清洁能源在全球范围大规模开发、输送和使用的重要平台，为实现《巴黎协定》温控目标提供技术先进、经济高效、合作共赢的系统方案，能够保障全球在本世纪中叶实现碳中和，有效破解气候环境危机，推动经济高质量发展，促进全人类可持续发展。全球能源互联网发展合作组织致力于构建全球能源互联网，以清洁和绿色方式满足全球电力需求，推动人类可持续发展，持续深化全球碳中和理论、技术、方案、机制研究，面向全球发布《破解危机》《中国碳中和之路》和全球及各大洲能源互联网发展与展望、清洁能源开发与投资等创新成果，为全球落实《巴黎协定》提供可复制、可推广、可实施的系统性减排方案。联合国秘书长古特雷斯指出，构建全球能源互联网是实现人类可持续发展的核心和全球包容性增长的关键，对落实联合国"2030议程"和《巴黎协定》至关重要。联合国气候变化框架公约秘书处表示，构建全球能源互联网是实现《巴黎协定》目标的极佳工具。

本书秉承绿色、低碳、可持续发展理念，立足人类经济社会发展需要，揭示气候环境危机现状，分析实现碳中和的重大意义与挑战，提出以"两个替代、一个提高、一个回归、一个转化"为发展方向、以构建全球能源互联网实现碳中和的总体思路和发展路径，系统阐述重点领域净零路线图、各大洲碳中和路径、关键技术创新和市场机制建设等内容，表明全球能源互联网碳中和综合方案对于促进全球经济、社会、环境协调发展的巨大综合价值。

全书分为上、下两册，共17章。上册分8章：第1章介绍全球气候变化形势及实现碳中和面临的挑战和重大意义；第2章阐述全球能源互联网实现全球碳中和的科学机理和思想体系；第3章剖析全球能源互联网实现碳中和路径下的能源电力转型格局、核心特征和主要优势；第4章围绕化石能源、清洁能源和能源配置三个方面系统分析能源领域净零路线图；第5—8章分别围绕工业、交通、建筑、农林土地利用和非二氧化碳温室气体等方面阐述重点领域的净零路线图。下册分9章：第9章阐述全球电—碳市场建设对碳中和的重要保障作用；第10章围绕重大零碳负碳关键技术开展分析与展望；第11—16章针对亚洲、欧洲、非洲、北美洲、中南美洲和大洋洲六大洲发展阶段和区域特点，剖析各洲实现碳中和的减排路径、能源转型格局和能源互联网规划方案；第17章阐述全球能源互联网实现碳中和的综合价值、发展机制，并展望基础设施三网融合、经济社会可持续发展的未来愿景。最后是全书附录，介绍了研究相关的数据、工具和模型。

本书对实现全球碳中和提出了具有创新性、系统性、战略性、科学性和可操作性的解决方案，对于加快全球能源绿色转型、应对气候变化、实现人类可持续发展具有重要意义。希望本书能为有关国际组织、各国政府制定全社会碳中和行动方案、能源电力等行业发展规划与政策提供参考，为企业和机构参与全球减排行动提供借鉴。全球能源互联网发展合作组织愿与社会各界一道，携手共促全球碳中和，为实现《巴黎协定》温控目标和联合国可持续发展目标不懈努力！

| 目　录

13 非洲碳中和实现路径 ·· 465

下册图目录 |

| 下册表目录

下册专栏目录

9 全球电—碳市场

市场是气候治理与能源资源配置的高效手段，世界各国积极发展电力市场与碳市场，两个市场通过不同机制促进能源系统向更加清洁、高效和低碳的方向发展。两个市场相互交叉、相互影响、相辅相成，但目前单独运行，缺乏有效协同。需要构建新型市场机制，推动电力市场与碳市场深度融合、协同发展，将相对分散的气候与能源治理机制、参与主体进行整合，实现目标、路径、资源等高效协同，增加清洁能源竞争优势，促进全球清洁低碳资源的优化配置与大范围流通，加速实现全球碳中和目标。

9.1 发展现状与挑战

各国电力市场化改革加速推进，跨国电力市场逐步形成。自 20 世纪 90 年代，各国认识到市场在资源配置方面的巨大作用，加速推进输配电业务与竞争性发售电业务拆分，引入市场竞争。目前，各国电力市场建设已开展 30 年，先后有 90 多个国家进行电力市场建设。其中，已有 56 个国家在发电侧开展批发竞争，38 个国家在发、售电侧实现市场化。跨国电力市场正在逐步形成，欧洲地区自 2000 年开展北欧跨国电力市场，逐渐扩大市场范围至波罗的海及欧洲大陆各国，并与土耳其市场进行交易，形成覆盖 31 个国家、5.3 亿人口的区域性国际电力市场。2018 年，美国和加拿大之间电力交易规模达到 745 亿千瓦时，中美洲地区跨国电力交易规模达 24 亿千瓦时。非洲计划建立一体化电力市场，35 个非洲国家已实现电网互联和跨境供电。

专栏 9.1 　　　　　　　**电力市场背景介绍**

电力市场发展初期，各国电力体制主要采用垂直一体化管理模式。随着电力市场化改革的推进，各国逐步放松管制，通过在各个环节引入竞争，更大程度地发挥市场资源配置作用，提高了整个电力行业的运营效率。根据市场化程度不同，可将电力市场分为发电竞争模式、批发竞争模式和零售竞争模式。

发电竞争模式指在垂直垄断管理模式的基础上实施厂网分离，在发电侧实行竞争上网。市场卖方为若干独立的发电企业，市场买方主要为垄断输配电企业。发电企业通过竞价将电力出售给垄断输配电企业，价格仍受到管制，竞争程度有限。

批发竞争模式指在发电竞争模式的基础上进一步向用户开放输电服务，发电企业可直接与配电企业或大用户进行交易，形成多买多卖的批发竞争市场格局。输电企业提供输电服务，输电费用由政府或监管机构确定。配电企业仍在其专营区垄断经营配售电业务。

零售竞争模式指在批发竞争模式的基础上进一步向用户开放配电服务，所有电力用户均具有购电选择权，可向任意电力零售商或兼营电力零售业务的配电商，或通过电力经纪人代理向发电企业直接购电，形成多买多卖的零售竞争市场。

表 9.1　全球电力市场发展现状[1]

垂直一体化模式	埃及、安提瓜和巴布达、巴巴多斯、巴哈马、巴拉圭、玻利维亚、多米尼加、多米尼克、格林纳达、古巴、圭亚那、海地、洪都拉斯、老挝、蒙古、圣基茨和尼维斯、圣卢西亚、圣文森特和格林纳丁斯、斯洛伐克、特立尼达和多巴哥、委内瑞拉、乌兹别克斯坦、牙买加
发电竞争模式	阿尔及利亚、阿联酋、阿曼、埃塞俄比亚、巴布亚新、几内亚、巴基斯坦、伯利兹、厄瓜多尔、刚果（金）、哥斯达黎加、几内亚、柬埔寨、肯尼亚、马来西亚、孟加拉、摩尔多瓦、摩洛哥、纳米比亚、南非、尼日利亚、尼泊尔、沙特阿拉伯、泰国、坦桑尼亚、伊朗、印度、印度尼西亚、约旦、赞比亚、中国
批发竞争模式	阿根廷、巴拿马、巴西、保加利亚、秘鲁、哥伦比亚、哈萨克斯坦、克罗地亚、拉脱维亚、立陶宛、罗马尼亚、墨西哥、尼加拉瓜、塞尔维亚、危地马拉、乌克兰、乌拉圭、越南
零售竞争模式	爱尔兰共和国、爱沙尼亚、澳大利亚、奥地利、比利时、冰岛、波兰、丹麦、德国、俄罗斯、法国、菲律宾、芬兰、格鲁尼亚、韩国、荷兰、黑山、加拿大、捷克、卢森堡、美国、挪威、葡萄牙、日本、瑞典、瑞士、萨尔瓦多、塞浦路斯、斯洛文尼亚、土耳其、西班牙、希腊、新西兰、匈牙利、亚美尼亚、意大利、英国、智利

各国碳市场快速发展，呈现联合趋势。1997 年联合国气候大会上通过《京都议定书》，首次提出碳交易模式，2005 年正式实施，推动碳交易在全球范围迅速发展。中国、欧盟、美国、日本、韩国、加拿大、哈萨克斯坦、新西兰等

---

[1] 排名不分先后，按中文名称拼音排序。

主要排放国家及地区纷纷构建碳市场，引入碳排放权交易。全球碳交易市场在过去十几年迅速发展，截至 2020 年年底，全球已建成 24 个碳市场，覆盖 37 个国家和 24 个州、地区或城市，覆盖 84 亿吨二氧化碳当量，占全球总排放当量的 16%。目前，另有 8 个国家及区域正在筹建碳市场，14 个国家及区域正考虑建设碳市场。碳市场覆盖行业持续扩大，从火电、工业、建筑等逐步扩展到航空、交通、废物处理等行业。碳市场收入持续增加，截至 2020 年年底，碳市场累计配额拍卖收入超过 1030 亿美元，较 2019 年增长 44%，为各国应对气候变化行动提供了资金支持。现有市场呈现联合趋势，美国加州和加拿大安大略省及魁北克省之间已实现碳市场联合，欧盟碳市场与瑞士碳市场实现市场联合，中国与日本、韩国碳市场的联合方案也在研究中。

专栏 9.2　　碳市场背景介绍

全球碳交易机制始于 1997 年第三届联合国气候大会。会议通过了《京都议定书》，规定到 2012 年全球主要发达国家温室气体排放量要在 1990 年基础上减少 5.2%。为帮助发达国家灵活实现减排目标，促进发展中国家获得减排相关技术和资金，《京都议定书》设计了国际碳交易机制，包括基于配额的交易机制和基于项目的交易机制。

基于配额的交易机制主要适用于发达国家之间开展碳配额交易。各国将碳配额发放给本国排放企业后，企业可以在市场上自由交易其碳排放权。目前，国际上运行较好的跨国碳市场包括欧盟碳市场、美国—加拿大碳市场，每年交易的碳排放量超过 23 亿吨。

基于项目的交易机制主要在发达国家和发展中国家间实施。发达国家提供资金和技术，支持发展中国家开展清洁能源项目建设，购买获得项目相应的减排量。通过该机制，发达国家获得价格较为优惠的碳配额，发展中国家获得先进的低碳技术和资金支持，并能从出售碳配额中获利。截至 2017 年 1 月，该机制在全球注册项目已达 8627 个，总核证减排量 17.79 亿吨二氧化碳当量，将清洁能源项目投资收益率额外提升最高 9 个百分点。2004—2019 年注册项目累计投资约 4221 亿美元，中国、巴西、印度等国家是该机制的最大受益者。

9　全球电—碳市场

9.2　必要性与趋势

表 9.2　全球碳市场发展现状❶

已建成碳排放交易市场	德国、哈萨克斯坦、韩国、墨西哥、欧盟、瑞士、新西兰、英国、中国
	加拿大魁北克省、加拿大新斯科舍省、美国加利福尼亚州、美国马萨诸塞州、美国区域温室气体倡议、日本东京、日本琦玉、中国北京、中国重庆、中国福建、中国广东、中国湖北、中国上海、中国深圳、中国天津
筹备碳排放交易市场	哥伦比亚、黑山、乌克兰、印度尼西亚、越南
	俄罗斯库页岛、美国宾夕法尼亚州、美国交通和气候倡议
研究筹划碳排放交易市场	巴基斯坦、巴西、菲律宾、芬兰、日本、泰国、土耳其、智利
	美国北卡罗来纳州、美国俄勒冈州、美国华盛顿州、美国纽约市、美国新墨西哥州、中国台湾

　　电力市场和碳市场通过不同机制促进能源系统向更加清洁、高效和低碳的方向发展，但目前两个市场在全球范围仍处于相对独立的运行状态，出现产品不统一、市场主体和功能重叠、市场力量和效益分散、运行成本较高等问题，以市场机制推动减排的效果未能充分发挥。在全球越来越多的国家提出碳中和目标的前提下，实现全球范围碳中和的时间紧、任务重、压力大，需要调动全社会参与减排的积极性和主动性，集合电力市场和碳市场优势，凝聚各方力量，形成减排的强大合力，实现高效率、低成本减排。**将各国电力市场与碳市场深度融合，即构建全球电—碳市场**，将相对分散的气候与能源治理机制、参与主体进行整合，实现目标、路径、资源等高效协同，有效解决当前两个市场单独运行存在的问题，提升减排效果。

9.2　必要性与趋势

9.2.1　融合发展必要性

　　电—碳市场实现气候能源协同治理。当前全球面临的能源与气候困局，共同的根源是以化石能源为主的能源生产消费体系。破解困局的根本出路是抓住能源清洁低碳发展这个关键，以清洁电能作为载体推动气候与能源协同治理。全球电—碳市场将电能和碳排放权深度融合，形成统一的电—碳交易产品，产品价格由电能价格与发电产生的碳排放价格共同决定，提升发电侧的清洁能源

---

❶　排名不分先后，按中文名称拼音排序。

市场竞争力与用能侧清洁电能对化石能源的价格优势，从根本上有效推动能源生产侧实施清洁替代、能源消费侧实施电能替代，达成气候与能源的协同治理，以能源转型的科学规划，为碳减排提供切实可行的路径和方案；以碳减排目标的合理设定，为能源转型提供目标和遵循。

电—碳市场推动清洁资源大范围流通优化配置。 市场是资源优化配置的高效手段，电—碳市场通过建立灵活高效的市场竞争机制和价格机制，将碳排放成本加载在电能成本上，提升清洁能源成本竞争力，激励清洁能源大规模开发、高比例接入、大范围配置，通过市场实现清洁资源全球范围的优先调度和优先消纳；通过竞争有序、经济高效的市场交易体系，高效对接全球资源供应和市场需求，形成稳定的市场价格与投资预期，引导资金、人员、技术向清洁能源领域流入，破除区域行业间交易壁垒，有效促进优质、低价清洁能源资源大规模配置、大范围流通。

电—碳市场以高效率、低成本实现全球碳中和目标。 电—碳市场将相对分散或具有重叠功能的市场机制、参与主体、管理部门进行整合，实现目标、路径、资源等高效协同，形成协调推进的发展格局，有效解决当前两个市场单独运行存在的问题，最大化发挥市场优势，大幅提升减排效果。电—碳市场促进资源大规模大范围流动，实现供需高效精准对接；通过整合电力市场和碳市场的重叠功能，构建统一的市场交易、清算、监管机构等，最大程度提高交易效率，降低管理成本；向市场主体提供及时、客观的碳价格信号，丰富的交易品种，灵活的交易形式和高效的交易体系，避免使用行政处罚等高成本减排手段，将碳排放转化为企业生产成本的一部分，激励企业不断调整排放行为，以更低的社会成本实现碳减排；以市场机制综合提升社会效益，激发 5G、云计算、大数据、物联网、区块链等新技术应用，促进碳会计、绿电服务咨询等新产业、新业态、新岗位的蓬勃发展，吸引更加广泛的社会投资，以更高效率、更低成本、更大效益实现碳中和目标。

9.2.2　融合发展趋势

从全球范围看，电力市场和碳市场在数量不断增加、规模持续扩大的同时，覆盖国家高度趋同、参与主体高度重合、交易机构逐渐整合、价格走势高度相关，电与碳市场化融合成为大势所趋。

　　电力与碳市场覆盖国家范围高度趋同。截至 2019 年年底，已有超过 50 个国家的电力市场引入市场竞争机制，其中近 40 个国家在发、售电侧实现市场化，10 个国家正推动电力市场化改革。全球碳市场数量不断增加，已建成 24 个碳市场，8 个国家及区域正在筹建碳市场，14 个国家及区域考虑建立碳市场。电力市场与碳市场覆盖的国家范围高度一致，在已建成电力批发或零售市场的 56 个国家中，45 个已经或计划开展碳市场建设，占比达 80%；在 50 个建设碳市场的国家中，49 个已建成或正在建设电力市场，占比达 98%。

既建立电力市场，又建立/筹备建立碳市场的国家　　■ 建立电力市场，尚未开展碳交易的国家
建立碳市场，尚未开展电力交易的国家

图 9.1　全球电力市场与碳市场国家分布示意图

　　电力与碳市场覆盖领域和参与主体高度重合。电力行业是碳市场重点管控对象和参与主体，建立碳市场的国家均将电力行业纳入管控。据统计，各国纳入碳市场管控的排放总量中，电力行业排放占比达 40% 以上。在参与主体方面，以欧盟为例，欧盟碳市场管控的 1500 家发电企业占欧盟火电装机的 86%，占碳市场排放总量的 60% 以上。中国碳市场目前将电力行业作为唯一管控对象。

　　电力与碳市场交易机构出现整合。电力市场与碳市场在挂牌、拍卖等交易方式，运营模式、结算方法、管理制度等方面逐渐趋同，各交易所集合优势资源进行重新配置，通过兼并、购买、合资等方式实现机构整合，扩大经营规模，提升运行效率，提高经济效益。欧洲能源交易所（European Energy Exchange，EEX）和洲际交易所（Intercontinental Exchange，ICE）为两家集能源、电力、碳排放权等交易产品于一体的综合能源交易所，企业可在交易所内进行"一站式"电力、碳排放权交易和结算，节约大量注册、管理、手续费用，减少时间、人力成本，提高交易效率。

市场价格走势高度相关、相互影响。电力价格与碳价格在市场中变化趋势呈现强相关特性，碳价上涨，火力发电成本增加，带动电价总体水平上升；电价上涨，刺激电力生产增加，在电源结构不变的条件下碳排放权需求也随之增加，推动碳价格升高。以欧盟为例，过去十年间电价和碳价的走势始终保持强相关性，涨跌趋势高度一致。

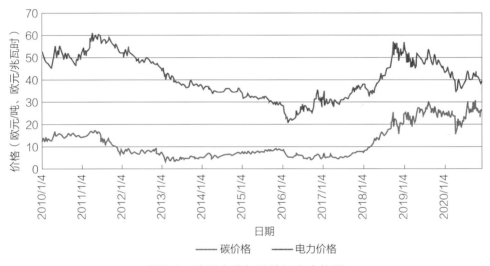

图 9.2　欧盟电价与碳价历史走势图

建设和发展全球电—碳市场，通过电力交易与碳排放权交易有机融合、协同发展，发挥市场高效配置资源的优势，推动形成清洁主导、电为中心、互联互通的现代能源体系和低碳经济社会系统，是高效低成本实现全球碳中和目标的关键手段。

9.3　思路与内涵

9.3.1　总体思路

全球电—碳市场的总体建设思路是：遵循"创新、协调、绿色、开放、共享"的发展理念，以打造清洁低碳、安全高效的现代能源体系和实现碳达峰、碳中和为目标，以能源互联网为物理载体，以机制创新、产品创新为核心，在现有各国电力市场和碳市场基础上逐步推动两个市场管理机构、参与主体、交易产品、市场机制深度融合，形成统一电—碳市场格局，最终推动国家、跨国、跨洲市场融合发展。**构建多元开放、公平竞争的市场体系**，开发品种丰富、功能多样的市场交易产品，吸纳各行业各部门市场主体广泛参与、公平有序竞争，满足差异化、个性化的交易和投资需求。**构建清洁低碳、灵活包容的市场机制**，创新市场交易机制、金融机制、保障机制等关键机制，发挥市场引导和激励作用，推动生产侧"清洁替代"、消费侧"电能替代"。**构建技术先进、安全高效的平台载体**，加快构建能源互联网，以电网互联互通实现电—碳产品跨国范围自由交易，清洁能源大范围开发、输送和使用，形成全球"大电网、大市场"格局。

9.3.2　市场内涵

电—碳市场将电能和碳排放权相结合形成电—碳产品，产品价格由电能价格与电能生产产生的碳排放价格共同构成，并将原有电力市场和碳市场的管理机构、参与主体、交易产品、市场机制等要素进行深度融合，形成国家、洲内、全球多层级交易市场。

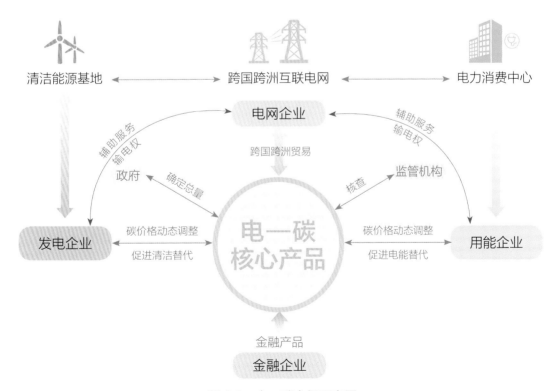

图 9.3　电—碳市场示意图

发电环节，各国根据减排战略目标确定发电企业各交易期碳排放额度，考虑总体排放需求、清洁发展目标等因素，动态形成碳排放成本价格。发电企业参与上网竞价时，火电企业的发电成本与碳排放成本共同形成上网价格，通过碳排放成本价格的动态调整不断提升清洁能源市场竞争力，促进清洁替代。

用能环节，建立电力与工业、建筑、交通等领域用能行业的关联交易机制，用能企业在能源采购时承担碳排放成本，形成清洁电能对化石能源的价格优势；同时，用能企业通过低碳技术研发创新、升级改造等活动不断降低生产过程碳排放，获得用能补贴，激励用能侧电能替代和电气化发展。

输配环节，在全球范围推动跨国跨洲电网互联互通，以此作为电—碳产品输配流通的物理依托。各国政府协商制定共同减排的合作机制，以跨国跨洲电碳贸易，促进优质、低价清洁能源全球大规模开发、大范围配置、高比例使用。

金融投资及相关领域，开发丰富的电—碳金融产品，提供电—碳金融期货、期权、远期合约等衍生品交易，为交易各方提供避险工具，并向市场提供资产管理与咨询服务，增强市场活力。金融投资机构统筹管理市场资金收益，投资清洁能源开发、电网互联等绿色低碳项目。监管机构对电—碳市场秩序、交易合规性和机构运作进行有效监管，维持市场秩序，系统防范各类市场风险。

9.4 市场建设

全球电—碳市场采用"国家市场—洲内市场—全球市场"架构，培育多元化市场主体，扩大市场范围，壮大市场规模；设计多层次、多类型交易产品，调动主体参与积极性，激发市场活力；构建系统完备、科学合理的交易机制，增强市场功能，提升市场运行效率，保障电—碳市场顺畅运行。

9.4.1 市场架构

全球电—碳市场在全球各区域电力市场和碳市场发展基础上，逐步形成"国家市场—洲内市场—全球市场"架构，推动清洁能源资源全球范围开发、跨国跨区域优化配置。

国家电—碳市场。各国根据自身电力市场化改革及碳市场建设情况构建国家统一电—碳市场。近中期，各国国家市场根据现阶段本国市场交易与运行方式，采用不同的市场交易与电力系统运行模式。远期，各国逐渐形成统一的市场交易与电力系统运行模式，与洲内市场和全球市场相协调。**国家电—碳市场采用一体化交易模式**，国内相关交易主体直接在国家统一市场中进行竞价交易，实现国内电力与碳排放权资源优化配置。**国家电力系统运行模式采用统一运行模式或联合运行模式**。统一运行模式下，国内各级电力系统运行协调机构具有上下级关系，下级运行协调机构服从上级运行协调机构调度，由国家电力调度机构编制该国电网运行规则，对本国电网调度运行直接下达指令。联合运行模式下，各级电力系统运行协调机构相互配合，保障系统稳定高效运行。

洲内电—碳市场。根据跨国电网网架、市场体制机制、国际合作条件以及政治经济等影响因素的差异，在国家间形成跨国区域市场。**洲内市场采用一体化交易模式**，交易主体可统一参与洲内市场集中竞价并完成出清，实现洲内电力与碳排放权资源优化配置；市场主体既可以参与国家电—碳市场交易，也可以直接参与所在洲内电—碳市场交易。**电力系统运行采用联合运行模式**，各洲电网运行协调机构不具体负责电网运行调度管理，仅组织各国运行协调机构协商制定统一的调度运行规则，在优先保障自身电力运行安全的前提下，互相协商配合，实现更大范围内电网联合运行。

全球电—碳市场。主要在洲内市场以及跨洲市场之间进行电—碳交易。**全球电—碳市场采用分级交易模式**，在各洲内电—碳交易基础上，由各洲交易机构之间协调，开展跨洲电—碳交易，实现电力与碳排放权资源全球优化配置。**电力系统运行采用联合运行模式**，由各洲内市场明确各自调度运行管辖权限，优先保障自身电力运行安全并互相协调配合。

9.4.2 建设方案

全球电—碳市场由市场主体、交易产品、关键机制等市场关键要素组成。市场主体包括决策机构、交易机构、运行协调机构、监管机构、金融管理机构等市场管理主体，以及能源企业、用能企业等市场交易主体；交易产品包括电—碳产品、辅助服务等实物类产品，输电容量等权证类产品，金融衍生品等金融类产品，数据和咨询等服务类产品；关键机制包括电—碳交易机制、安全保障机制、电—碳金融交易机制。

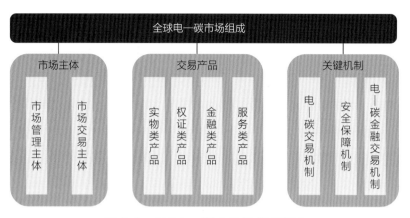

图 9.4 全球电—碳市场组成示意图

1. 市场主体

（1）市场管理主体

电—碳市场涵盖能源转型、气候治理、可再生能源资源开发、电网与终端用能企业发展与投资、跨国跨洲电—碳贸易等内容，涉及能源、电力、环保、生态、气候等诸多领域及行业部门，是各领域前所未有的全球性合作，需要形成以各国政府间框架协议为基础、相关部门和企业自愿参与的全球电—碳市场管理机构，主要包括全球、洲内、国家电—碳市场相关的**决策机构**、**交易机构**、**运行协调机构**、**监管机构和金融管理机构**。

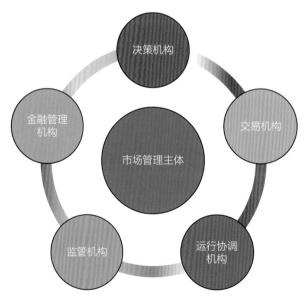

图 9.5 全球电—碳市场管理主体示意图

决策机构负责促成各国政府合作、政策协调和市场运行等重要事宜的协商，制定市场总体运行规则等，并在政策、法律、经贸合作出现矛盾时进行协调协商解决争议，为市场交易运行提供保障支撑。电—碳市场决策机构可分为全球、洲内、国家三级。**全球决策机构**由各主权国家组成，主要负责制定跨洲电—碳市场运行规则，包括市场定价、市场机制、商业模式、技术标准等；制定能源可持续发展和碳减排目标与路径，包括全球和各洲内短期和中长期目标和路径，年度碳预算，各行业碳减排任务等。**洲内决策机构**由各洲内国家政府及市场主体代表参与，主要负责制定洲内国家间电—碳市场交易与运行规则，保障洲内市场交易有序开展；协调国家间相关法律法规，推动国家间政策协同与合作，解决跨国贸易争端。**国家决策机构**由各国政府部门和相关机构参与，制定各国清洁能源开发和减排目标，制定本国市场融合方案，做好相关市场机制、政策工具的有效衔接与协同。

交易机构是组织开展电—碳市场各类型产品交易、从事投资咨询、资信评估并提供专业性金融服务的机构。电—碳市场交易机构分为全球、洲内和国家三级，符合资质条件的主体均可申请设立交易机构，可同时存在多个交易机构相互竞争。各交易机构相对独立，按照各自覆盖的服务范围，搭建电—碳交易及综合服务平台为市场主体提供服务，并负责电—碳市场交易信息披露，组织开展电—碳实物等产品交易，向市场主体提供交易结算、电—碳市场大数据分析、市场信息咨询管理等增值服务。

运行协调机构是进行电力系统调度和维护电力系统安全稳定运行的机构，由各电网公司调度部门联合成立，并独立运营，负责协调确定跨国跨洲互联通道传输能力及安全标准，进行互联电网调度运行管理，协调互联通道及互联电网的设备检修、容量升级等。电—碳市场运行协调机构分为全球、洲内和国家三级。国家电力调度运行机构负责本国的电力系统调度，保障系统安全稳定运行；全球和洲内调度运行机构不具体负责系统运行，仅组织各国调度运行机构协商制定统一的调度运行规则，由各国调度运行机构在优先保障自身电力运行安全的前提下，互相协商配合，联合运行，实现更大范围内电网联合运行。

监管机构独立于其他市场组织与管理机构，主要负责编制与修订电—碳市场监管规则，制定市场主体交易行为准则及相应惩罚措施；对电—碳市场交易价格形成、碳排放执行情况进行核查与预警；对市场交易过程中串谋操纵竞价、价格异常波动、市场主体违规参与等行为进行监管，仲裁市场成员间有关纠纷。

金融管理机构主要指设立全球电—碳中央银行，履行电—碳资产管理及金融秩序稳定职能。电—碳中央银行作为碳配额资产的管理机构，根据顶层决策机构设定的减排目标和行业减排比例，向各国提出对工业、交通、建筑等用能排放企业发放碳配额的标准建议；负责对企业减排行为及碳减排量进行资质核准认定，基于企业碳收益所得设立清洁发展引导基金，组织三方机构的碳排放核查和企业履约核准，稳定金融投资市场秩序。

（2）市场交易主体

全球电—碳市场涉及范围广，涵盖领域众多，满足各类参与主体多样化需求，吸引社会多行业、多部门参与投资交易。市场交易主体主要包括**能源生产企业、能源输配企业、能源销售企业、中介服务机构、终端用能企业、金融投资机构**。

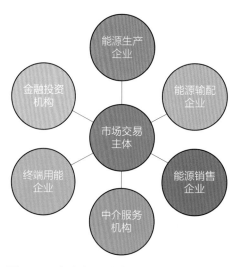

图 9.6　全球电—碳市场交易主体示意图

能源生产企业通过开展生产并在电—碳市场中销售能源产品及配套服务获取利润，在电—碳交易、电—碳金融等机制激励下开展清洁能源生产与技术创新、清洁能源项目投资建设，加速能源行业产业升级。

能源输配企业通过投资建设并运营区域、跨区域电网项目，推动实现大型清洁能源基地与负荷中心互联互通，扩大清洁能源消纳空间，通过以合理化输配电费及输电权服务为主的多样化模式获取市场收益。

　　能源销售企业在电—碳市场中集中采购能源产品，并直接向终端用户出售，在电—碳市场政策引导下向市场销售清洁、高效、低成本的电能产品，引导消费者改善用能偏好，推动消费侧电能替代。

　　中介服务机构作为电—碳市场中独立的第三方机构，不拥有发电、输电、配电、用电等资产，在市场中利用自身资源、信息、技术等优势为市场参与者提供生产运营规划与投资组合策略、法律政策咨询与顾问、资产管理、市场调研等服务，提升各行业竞争力与市场整体发展水平。

　　终端用能企业是指包括工业、建筑、交通部门在内的电能与碳排放权需求方，在电—碳市场中通过用能交易满足自身用能需求。用能企业可主动开展低碳技术升级等碳减排活动获得额外收益，推动用能侧电气化加速发展。

　　金融投资机构参与电—碳市场投融资及市场交易活动，为市场提供多元化电—碳金融产品及服务，调动各参与方积极性，增强市场活力与资金规模，获得较高的投资回报和服务收益。

　　2. 交易产品

　　按照交易品种的性质划分，全球电—碳市场重点开发实物、权证、金融和服务四大类产品。

实物类
电—碳产品、辅助服务产品

权证类
碳排放权、输电容量

金融类
电—碳远期、期货、期权、互换协议

服务类
数据产品、咨询类服务

图 9.7　全球电—碳市场主要交易产品示意图

　　实物类产品指电—碳产品、辅助服务产品等以实物形态呈现和交易的产品。**电—碳产品**是电—碳市场的核心产品，通过电—碳价格的波动，提高清洁能源发电相对化石能源发电的竞争力，以及电能相对化石能源利用的竞争力，引导企业进行清洁替代、电能替代和低碳技术升级。**辅助服务**包括自动发电控制、备用、调峰、无功、黑启动等常规电能生产、输送、使用以外的服务，能够有效激励灵活性电源、储能等投资建设，提高电能供给质量和效率，维护电力系统安全稳定运行。

权证类产品包括非电领域碳排放权、输电容量等以权利形态交易的产品。 **碳排放权交易**是指在工业、建筑、交通等非电用能领域，排放企业参与拍卖获得碳排放的权利，通过市场价格形成使企业承担碳排放成本，约束企业排放量，有效保障用能侧减排目标达成。**输电容量交易**是指输电线路使用权利的交易，交易方式包括显式拍卖、隐式拍卖，以提高输电线路利用效率，促进电网基础设施建设。**发电容量交易**是指针对未来电力系统装机容量的交易，以激励发电企业投资扩容，保障电力系统发电资源充裕性。

金融类产品包括以电—碳为基础资产衍生的期权、期货、远期合约和互换协议等金融衍生品。 电—碳市场提供多元化、更加灵活的交易产品及交易模式，交易合约为标准化或非标准化合约，交易方式分为交易所交易或场外交易。开展金融衍生品交易有利于发现电—碳市场均衡价格，规避交易风险，增强市场流动性，并显著扩大市场交易规模，吸引更多领域投资者参与。

服务类产品指各类数据产品和咨询类服务， 包括对数据的生产、收集、存储、分析和利用，及信息和技术咨询服务等。电—碳市场交易产生大量能源电力及碳排放数据，是汇集各行业数据的信息平台。通过对行业及交易数据进行分析利用，发挥数据价值，辅助市场参与者优化生产、投资和交易决策，并为参与者提供定制化的商业和技术解决方案。

3. 关键机制

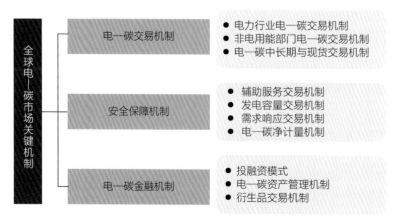

图 9.8　全球电—碳市场关键机制示意图

（1）电—碳交易机制

推动电力行业的电能与碳排放权融合交易，以科学的碳价格信号引导行业清洁替代。根据电力行业碳减排、清洁发展目标，结合历史排放强度、市场排放情况、企业单位电量排放、不同方式发电成本、清洁发展进度等，动态形成碳排放价格信号。不同化石能源发电机组设备获得不同的碳价格信号，承担相应的碳排放成本。发电企业参与发电侧上网竞价时，发电价格与碳价格信号共同形成电—碳产品的市场报价，参与市场竞争。原有加载在终端电价的清洁能源补贴、碳税、能源税和各种用于低碳转型的附加费用由统一碳价格信号替代。污染严重、技术落后、效率低下的设备承担较高的发电成本，从而形成清洁能源发电对化石能源发电的价格优势，清洁电能具备更高的市场竞争力，推动电力行业及全社会用能清洁转型。由碳价格信号交易产生的市场收益作为财政收入统筹规划，用于引导电力行业开展减排行动及清洁化转型。

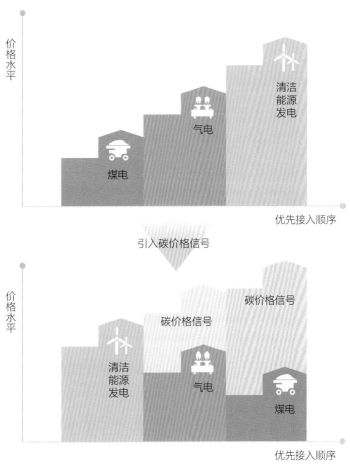

图 9.9 发电行业引入碳价格信号示意图

　　建立用能侧关联交易激励机制，推广非电用能部门电—碳融合交易。在工业、交通、建筑等用能行业开展碳配额有偿拍卖，将碳预算分配至工业、交通、建筑等部门相关企业。企业在获得初始排放权的基础上，在二级市场参与碳交易，完成碳排放权的再分配。建立非电用能部门的电—碳交易机制，引入金融资产管理机构直接关联碳减排与电能使用，将终端部门用能企业的减排行为与清洁用电相挂钩，企业通过在生产过程中推动低碳技术升级改造、设备更新换代、清洁项目投资等减排行动等获得额外碳减排量，视作减排资产计入企业电—碳账户，可兑换为等价资金用于购买清洁电能，由此激发企业减排积极性。建立发电企业、非电用能部门企业、金融资产管理机构之间的三方交易模式，用能企业减排行为经过评估后核准为企业碳减排量，认证为相应的碳资产存入企业电—碳资产账户；金融资产管理机构接收企业账户中的电—碳资产盈余，以市场价格兑换为相应资金，向发电企业支付购买相应的清洁电能；发电企业收到资金后向该用能部门企业提供清洁电能，助力企业降低生产成本，提高企业减排积极性，推动用能部门实施电能替代及电气化发展。

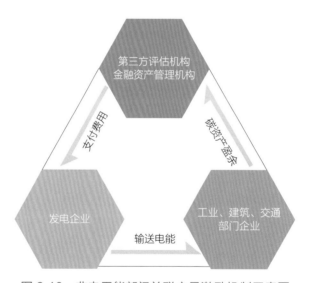

图 9.10　非电用能部门关联交易激励机制示意图

　　构建电—碳中长期及现货交易机制，提升市场灵活性。由交易机构开发电—碳全周期交易产品，为市场主体提供年度、月度等中长期交易和日前、日内、实时平衡等现货交易服务，满足市场主体差异化交易需求。发电企业开展中长期交易，提前锁定市场收益。以双边合约、集中竞价等方式开展电—碳中长期交易，满足水电、火电等具有良好调节性能的发电企业交易需求，企业灵活安排运行计划，提前锁定市场收益。以现货交易适应清洁能源灵活性资源特点，提高市场消纳能力。日前与日内市场以 1 小时为交易时段，实时平衡市场以 5~15 分钟为交易时段，分别在日内电网系统实际运行前连续开展交易。提高电—碳现货交易时间精细化程度，降低风光等清洁能源实际出力偏差，减轻市场考核与电网平衡压力，提升市场竞争力与并网消纳能力。

（2）安全保障机制

设计多品种辅助服务交易机制，高效率低成本保证电力系统安全稳定运行。自动发电控制辅助服务交易通过调整发电机组的输出功率，使电力系统频率和联络线功率满足安全稳定运行要求。**备用辅助服务交易**以市场化方式促使发电企业在短时间内快速响应提升出力，满足电力系统在发电计划与实际负荷偏差较大时维持电力系统功率平衡的需求。**调峰辅助服务交易**是以火电为主导的电力系统特性下特有的辅助服务交易类型，以市场化机制提升电力系统调峰能力。**无功辅助服务交易**以市场化机制满足电力系统无功补偿需求，提高互联电网功率因数，降低供电变压器及输送线路的损耗，提高供电效率，改善供电环境。**黑启动辅助服务交易**以招标采购市场化机制确保电力系统在出现大面积停电且无外电源支持的情况下，可通过黑启动服务逐步扩大电力系统的恢复范围，最终实现整个电力系统的恢复。

设计发电容量拍卖机制，补偿发电容量投资成本。通过发电容量市场化集中采购，提前三至五年向发电企业、需求响应资源等主体采购未来指定时间点的发电容量。按不同电源类型分别集中竞价拍卖，低价优先中标，使系统以合理成本拥有多元化发电结构。**开展年度发电容量二级市场交易，实现容量滚动优化调整。**发电企业在发电容量拍卖机制下的中标容量可在交付年前向同类型电源或更低排放机组物理转让，也可通过金融交易进行对冲，提高发电容量流动性，规避市场风险，吸引更多发电企业及多元市场主体参与发电容量交易。

设计需求响应市场化价格激励机制，调动需求响应资源市场参与积极性。通过直接交易，各类需求响应资源整合形成"虚拟电源"，作为独立主体与发电企业以相同市场规则直接参与电能批发市场、辅助服务市场与容量市场交易。通过间接交易，需求响应资源可响应终端动态电价，调整自身用能方式参与市场交易；可与风光等高随机性、波动性能源打捆，形成稳定连续的电能产品后，共同参与市场交易；可参与直接负荷控制、紧急需求响应调度等电力需求响应项目，向调度机构出让调度权。

设计电—碳净计量机制，调动终端用户潜力，提升电网安全稳定运行能力。
电—碳净计量本质上是一种电费计费方法，它允许拥有可再生能源发电设施的
终端用户，在经过审查合格后，向电网输送电量并以此抵扣终端用户的电费账
单和用户的碳排放量。用户侧电价采用分时电价方式，通过在用户侧安装智能
电表对用户使用电量和向电网供给电量进行记录，并根据用户用电和售电的实
时电价对用户进行计费，以此鼓励分布式清洁能源接入，促进能源系统低碳化
发展。

（3）电—碳金融机制

投融资方面，成立清洁发展投资基金。以碳配额拍卖收益和电力企业碳成
本收益为初始资金来源，并由电—碳中央银行统筹管理。采用委托贷款、股权
投资、融资性担保等方式，支持各国绿色低碳项目和电力基础设施投资活动。
提高电—碳收益资金的使用效率，通过参与项目投资获得稳健投资收益，逐步
扩大电—碳资金池规模。发挥各国政府资金的引导作用，撬动机构投资者资金、
民间资本等社会资金。发行绿色债券。对于能够产生稳定碳资产收益的中短期
绿色项目，按照"融资—投资建设—回收资金"封闭运行的模式，发行项目收
益债券；对于项目回收期较长的清洁能源、特高压电网等电力基础设施项目，支
持发行可续期或超长期债券，满足长期融资需求并降低融资风险。政府对绿色

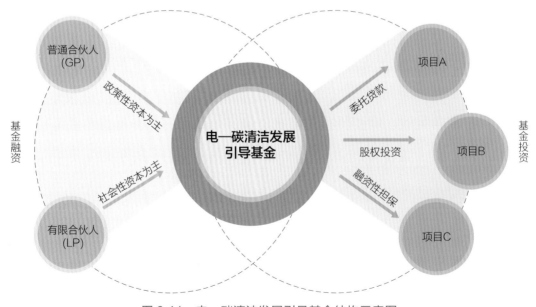

图 9.11　电—碳清洁发展引导基金结构示意图

债券融资提供投资补贴、税收优惠、债券贴息等，有效降低融资成本。**引入 PPP（政府和社会资本合作）投融资模式**。电—碳市场为绿色低碳 PPP 项目提供项目库管理和平台建设，统一进行项目策划筹备，制定实施计划，充分发挥市场机制在资源配置中的决定性作用，更好发挥政府的资源、信息等优势，激发市场主体活力。

　　资产管理方面，开展电—碳资产标准化认证。电—碳中央银行建立各国统一的电—碳资产认证标准，推动绿色低碳项目的碳减排量计量、认证和结算，实现电—碳资产同质化、标准化、可交易。电—碳资产可进一步用于电—碳交易、抵质押贷款、资产证券化等，成为企业、金融机构和个人投资者的交易媒介、投资标的和价值储存手段。**构建项目减排量认定体系**。电—碳中央银行对各国有减排效益的清洁能源项目和其他低碳项目进行实际减排量认证，将项目产生的碳减排额度按照统一标准转化为企业可支配的电—碳资产。同时，项目所产生的碳减排额度通过认证后，企业能够参与国际碳市场项目减排额度认证和交易。**开展电—碳项目资产证券化**。电—碳资产价值稳定、风险低，属于优质资产，企业基于项目未来产生的电—碳资产流进行项目资产证券化，以便捷、高效、灵活的方式实现表外融资[1]或信用增级，满足融资和风控需求。

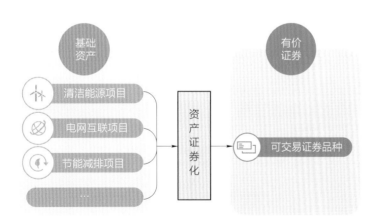

图 9.12　电—碳项目资产证券化示意图

　　发展电—碳金融衍生品市场，创新电—碳金融衍生品。电—碳市场以电—碳为标的资产进一步开发电—碳期权、电—碳期货、电—碳远期合约和电—碳互换协议等金融衍生品。交易合约分标准化及非标准化合约，交易方式分场内交易和场外交易，为电—碳交易方提供多样化金融交易产品和风险管理工具，

---

[1] 表外融资泛指未在资产负债表上反映的债务融资。相比表内融资，表外融资不影响企业未来的融资能力。

增强市场流动性，促进市场信息披露更加充分，形成相对稳定的电—碳市场均衡价格。另外，对基础类产品和金融衍生品结构进行创新，提供与能源供需、环境气候等因素挂钩，有不同风险收益结构的其他电—碳金融衍生品交易，为市场交易主体提供应对能源、环境、气候等更广泛风险的多样化金融工具。进一步细分电—碳衍生品市场，吸引更广泛的银行、信托投资公司、金融租赁公司、基金、个人投资者，和境外企业、投资机构等参与电—碳衍生品交易，扩大交易规模，提升流动性，推动市场繁荣。

9.5　发展路径

随着各国各洲经济发展、社会进步和清洁发展，全球电—碳市场建设有序推进，从现阶段到 21 世纪中叶逐步开展国家市场、洲内市场、全球市场建设，到 2050 年完成全球统一电—碳市场构建。2030 年前，重点开展国家电—碳市场建设；2040 年前，在国家市场基本建设完成的基础上，推动开展重点洲内电—碳市场；2050 年前，随着电—碳交易范围扩大和各洲电网互联建设不断推进，发展全球电—碳市场。

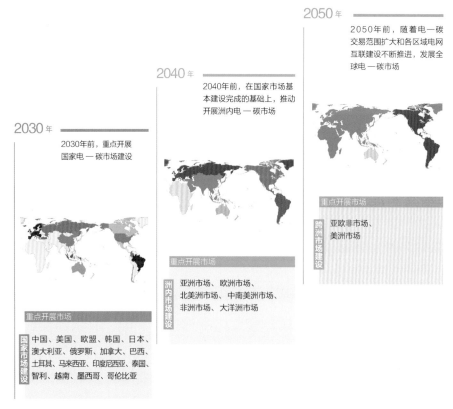

图 9.13　全球电—碳市场演进路径

9.5.1　2030 年建设目标

2030 年前,各国依据自身发展条件及市场化水平逐步向电—碳市场模式过渡。全球主要国家完成电—碳市场机制建设,部分国家尝试跨国市场合并,实现国家间电—碳贸易。

已开展电力及碳市场的国家,建立碳排放权与绿证等相关减排指标的关联交易,并向电—碳市场模式过渡。 现有电力与碳市场独立运行,缺乏对减排及清洁发展的统筹规划,同一可再生能源项目在开发阶段可通过清洁发展机制申请减排量认证,在碳市场出售相关认证获利,同时可对相同项目进行绿证申请,并通过在电力市场上出售绿证获利,造成减排重复计算,导致市场价格信号扭曲及企业竞争失衡,不利于维护市场平稳转型。因此,在已建立电力及碳市场的国家或区域,如中国、欧盟、美国、加拿大、澳大利亚、新西兰、韩国、日本、墨西哥、哈萨克斯坦等部分具备条件的国家,统筹规划清洁能源开发与碳减排目标,将清洁能源发电企业的绿证与火电企业的碳排放挂钩,通过设计折算方法,把绿证等相关减排指标额度折算为碳排放额度,绿证与碳排放权可以相互转换,实现电能与碳排放权的关联交易。

在未开展电力及碳市场的国家,直接推进电能与碳排放权的融合交易。 如俄罗斯、印度、巴西、埃及、南非、尼日利亚等国,在电力系统进行市场化改革的同时,直接将碳排放权与火电企业发电成本挂钩,通过相应的折算方法,计入火电企业上网电价,参与电力市场竞争,实现电—碳市场融合交易,并逐步将排放密集型的工业、交通、建筑行业逐步纳入市场管理范围,通过电—碳交易机制激励行业电能替代。

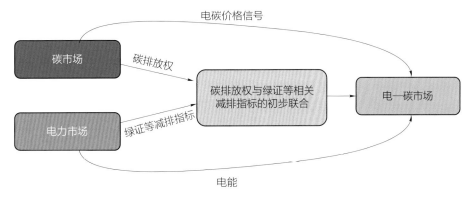

图 9.14　电—碳市场过渡模式示意图

到 2030 年，全球主要国家完成电—碳市场机制建设，清洁电能市场化交易规模不断扩大，市场管控碳排放占比不断增加，推动各洲碳排放达峰。各国市场形成较完备的交易产品、市场主体、关键机制，重点开发满足市场基本交易需求的电—碳实物、辅助服务等市场产品，形成市场关键交易机制，市场交易全面开展；市场基本覆盖电力行业，工业领域中钢铁、水泥、化工、建材、石化等高耗能、高排放行业，以及交通领域中航空等部门。市场管控年碳排放量不断增加，占全球能源活动年碳排放量的 50% 以上，超过 175 亿吨；市场年交易电量超过 20 万亿千瓦时，跨国年交易电量超过 1.5 万亿千瓦时；电—碳交易为各国累计增加超过 6 万亿美元财政收入。

9.5.2　2040 年建设目标

2040 年前，依托跨国电网网架，推进各洲跨国市场建设，实现各洲内跨国电—碳交易，逐步形成亚洲、非洲、欧洲、北美洲、中南美洲、大洋洲共 6 个洲内市场。

亚洲内部，发展中长期及现货交易，逐步开发金融市场。结合东亚区域水、风、光资源互补，东南亚水能资源跨季节互济，西亚太阳能资源优势，开展电力中长期及日前现货交易，实现亚洲各区域市场内部清洁电能优化配置。逐步推动洲内电—碳金融市场建设，扩大市场规模，带动跨区域金融交易。洲内跨区域，重点开展中亚、西亚与东亚、南亚之间的交易。中亚风能、西亚太阳能资源丰富，通过开展洲内中长期及日前现货交易，向东亚、南亚电力负荷中心供电，利用中亚、西亚与东亚、南亚的跨时区特性，实现清洁电能的消纳。跨洲交易，重点开展亚洲与非洲、亚洲与欧洲之间的太阳能交易。开展跨洲电力中长期交易，实现西亚向欧洲地中海地区负荷中心，以及西亚向东非与埃及等国家电力负荷中心的太阳能发电输送，实现跨季节跨时区清洁电力大范围优化配置。

非洲内部，撒哈拉以南非洲以中长期交易为主，北非开展日前现货交易。北非区域市场通过开展中长期及日前现货交易，实现东西部太阳能跨国优化配置。撒哈拉以南非洲开展电—碳跨国中长期交易，重点实现刚果河与尼罗河水能跨区域外送，满足西非及南非区域电力需求，并发挥水电"调节器"作用，支撑各区域风电、太阳能开发。跨洲交易，重点开展与欧洲、亚洲之间的中长期交易。一方面，通过开展中长期交易实现刚果河、尼罗河等水电，北非太阳能发电等富余电力打捆外送欧洲，将资源优势转化为经济优势；另一方面，通过与亚洲开展中长期电—碳交易，实现与西亚太阳能发电的互补互济。

欧洲内部，大力发展电—碳金融市场。欧洲在电力市场和区域一体化方面处于全球领先地位，建设统一电—碳市场优势明显。应加快建设覆盖欧洲各国，具备多市场主体参与、多元产品种类、多时间尺度、精确价格信号的洲内统一电—碳市场，并开发丰富的电—碳金融产品，扩大市场交易规模，增加市场活力。开展跨洲中长期交易，受入西亚、北非太阳能。在欧洲与亚洲、非洲电网互联通道建成的基础上，开展跨洲中长期交易，通过双边合约等交易方式，引入亚洲、非洲清洁能源，满足自身清洁能源需求。

北美洲内部，建设完备的电—碳市场。通过多元交易产品、多时间尺度的跨国交易，推动加拿大水电、美国西南部、中部和墨西哥北部风电、太阳能发电，输送至美国东、西海岸负荷地区。

中南美洲、大洋洲初步建成洲内市场。随着各洲内跨国输电通道的建设完成，中南美洲初步建成洲内市场，实现亚马孙水能、南美南部风能及沿海风能、阿塔卡玛沙漠太阳能发电跨国交易。大洋洲实现澳大利亚南部水风光、东北部风光资源满足东海岸用电需求，并实现与巴布亚新几内亚水电互补互济。

9.5.3　2050 年建设目标

2050 年前，进一步完善各洲内电—碳市场，加强洲内市场间中长期交易，构建亚欧非、南北美两大跨洲电—碳市场。在亚洲与欧洲之间，实现西亚、中亚、中国西北风能及太阳能等清洁电力跨季节跨时区大范围优化配置；亚洲与非洲之间，实现西亚太阳能发电与中非、东非水电互补调节；欧洲与非洲之间，实现北非太阳能、中非和东非水能与欧洲能源需求的有效对接；在北美洲与南美洲之间，实现北美洲中西部风电、水电与南美洲中北部水电的跨季节互补互济。

亚欧非电—碳市场。进一步完善亚洲、欧洲、非洲各洲内市场建设，亚洲以区域市场为基础，逐步扩大市场范围，完善市场交易机制，增强金融功能；非洲逐步开展日内现货、输电容量和辅助服务交易；欧洲在原有成熟市场基础上，加强与亚洲、非洲电—碳交易，进口清洁电力满足洲内需求。在此基础上，开展跨洲电—碳中长期交易，形成亚欧非跨洲电—碳市场，主要开展电—碳实物交易，辅助开展部分金融交易，增强市场流动性及交易规模。

美洲电—碳市场。进一步完善中南美洲市场建设，开展跨国电—碳中长期交易及输电容量交易，实现清洁资源跨洲互补互济；开展跨洲金融交易，扩大市场规模，稳定市场，吸引多方参与投资；连接中南美洲市场与北美洲市场，形成美洲电—碳市场。

到 2050 年，建成完备的全球电—碳市场，市场主体、产品、机制完善，金融化程度高，洲内及跨洲清洁电能交易活跃，市场管控碳排放占比高，推动全球碳排放总量持续下降，实现能源系统碳中和。重点开发丰富的电—碳金融交易衍生产品，形成交易活跃、流动性充裕的金融市场，为市场参与者提供多样化的风险管理和投资工具；市场覆盖范围进一步扩大，推动全球碳排放进一步降低，覆盖行业扩大至电力行业以外的工业、建筑、交通等各个行业部门。市场管控年碳排放量进一步增加，占全球能源活动年碳排放量的 80% 以上，管控碳排放量绝对值大幅下降，约为 60 亿吨；市场年交易电量增长至 65 万亿千瓦时，其中跨国年交易电量超过 5 万亿千瓦时；电—碳交易为各国累计增加超过 18 万亿美元财政收入。依托电—碳市场彻底摆脱能源系统对化石能源的依赖，从根源上减少碳排放，形成清洁主导、电为中心的能源系统，推动实现碳中和目标。

9.6 建设成效

全球电—碳市场在促进低碳发展、提高资源配置效率、提升能源利用经济性、促进市场交易繁荣、拉动清洁能源投资等方面带来显著成效。

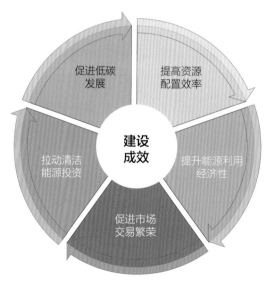

图 9.15 全球电—碳市场建设成效示意图

促进低碳发展。全球电—碳市场通过实现跨国跨区域清洁资源流通，更加充分挖掘各行业减排潜力，在生产侧大幅降低化石能源使用、转化等过程产生的碳排放，在用能侧加速推动节能与能效提升技术升级，降低工业生产、交通出行、生活取暖等过程产生的碳排放，促进全社会低碳发展。到 2030、2050年，以市场机制累计额外带动二氧化碳减排分别达到 153 亿、1783 亿吨。

提高资源配置效率。全球电—碳市场引导清洁资源优先得到开发，推动大型清洁能源基地建设；提升清洁能源发电的市场竞争力，促进清洁能源优先消纳；激发企业开展清洁能源发电及特高压输电技术、海底电缆技术、储能技术等相关配套技术研发，推动企业加速新技术的应用与推广，到 2050 年，市场激励全球低碳技术研发投资规模达 3.1 万亿美元。

提升能源利用经济性。全球电—碳市场推动在清洁能源丰富的地区集中开发大型清洁能源基地，发挥规模经济效益，有效降低全球用能成本；利用各大洲电力负荷特性曲线的互补性，进行跨洲峰谷调节，优化全球电力负荷曲线，从削峰填谷、降低备用容量等市场行为中获得额外经济效益。

促进市场交易繁荣。全球电—碳市场保障公平开放、有效竞争的市场环境，建立有效竞争的市场体系、价格体系和交易体系，打破区域间贸易壁垒，大幅提升市场交易规模。到 2030、2050 年，全球市场化市场年交易电量分别达到 22.7 万亿、66.2 万亿千瓦时，年碳排放相关交易规模分别达到 178 亿、59 亿吨，分别覆盖全社会排放占比的 55%、80%。

拉动清洁能源投资。全球电—碳市场通过价格发现机制及电—碳金融机制，提高清洁能源开发投资收益，降低投资风险，形成更加稳定的投资收益预期，吸引更广泛社会资本参与。到 2050 年，市场机制拉动全球低碳产业投资规模超过 30 万亿美元。

9.7　小结

● **构建全球电—碳市场是实现全球碳中和的重要机制保障**。电—碳市场推动电力市场与碳市场深度融合、协同发展，实现目标、路径、资源高效协同，实现气候能源协同治理，推动清洁资源全球开发、跨国跨区域优化配置，以高效率、低成本加速实现全球碳中和目标，在促进低碳发展、提高资源配置效率、提升能源利用经济性、促进市场交易繁荣、拉动清洁能源投资等方面带来显著成效。

● **电力市场与碳市场融合是大势所趋**。两个市场通过不同机制促进能源系统向更加清洁、高效和低碳的方向发展，且呈现相互交叉、相互影响、相辅相成的态势，市场覆盖国家范围高度趋同，覆盖领域和参与主体高度重合，交易机构出现整合、价格走势高度相关。

● **构建全球电—碳市场的总体思路是**：以打造清洁低碳、安全高效的现代能源体系和实现碳达峰、碳中和为目标，以能源互联网为物理载体，以机制产品创新为核心，推动市场深度融合，实施"三个构建"，即构建多元开放、公平竞争的市场体系；构建清洁低碳、灵活包容的市场机制；构建技术先进、安全高效的平台载体，实现清洁能源资源大范围开发、输送和使用，形成全球"大电网、大市场"格局。

● **构建全球电—碳市场的主要目标是**：到 2030 年，在各国国家电—碳市场基础上逐步开展洲内市场建设，清洁电能市场化交易规模不断扩大，市场管控碳排放占比不断增加，推动各洲碳排放达峰；**到 2050 年**，建成完备的全球电—碳市场，市场主体、产品、机制完善，金融化程度高，洲内及跨洲清洁电能交易活跃，市场管控碳排放占比高，推动实现全球碳中和目标。

● **构建全球电—碳市场的总体方案是**：**形成多级市场架构，设计多元化的市场主体、交易产品和关键机制**。形成"国家—洲内—全球"三级市场架构；培育包含市场管理主体及市场交易主体的多元化市场主体；开发包括实物类、权证类、金融类、服务类的多层次、多类型交易产品；构建电—碳交易机制、安全保障机制、电—碳金融交易机制的系统完备、科学合理的市场关键机制。

10 零碳负碳关键技术

　　创新是解决碳达峰、碳中和问题的关键，碳中和本身也是一场科技创新的竞赛，关键技术将为全社会碳中和提供根本支撑。零碳负碳技术主要包括特高压输电、清洁替代、节能及电能替代、大规模储能、氢能及电制燃料原材料、碳捕集封存与利用、数字智能等七大领域，逐渐成为能源开发清洁化、能源消费电气化、清洁能源大范围优化配置和构建电为中心综合能源服务体系的重要保障。当前，许多技术已经成熟并发挥重要作用，随着相关技术持续突破，实现性能提升和成本降低，加快试验示范和推广应用，将会进一步推动实现碳中和目标。

10.1　特高压输电技术

　　特高压输电技术能够实现数千千米、千万千瓦级电力输送和跨国、跨洲电网互联；柔性输电是提升系统运行灵活性，满足光伏、风电等清洁能源友好并网、支撑清洁能源灵活配置的重要技术，两者对于提升系统稳定水平、保障清洁能源广泛接入、输送及消纳，提升电网运行灵活性和可靠性具有重要意义。在构建全球能源互联网过程中，特高压输电技术会有更广阔的发展空间和应用市场。

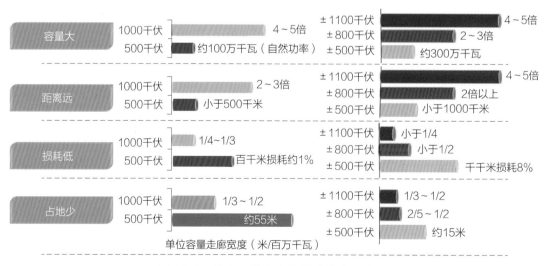

图 10.1　特高压输电主要技术特点示意图

10.1.1　特高压交流输电

特高压交流指电压等级在 1000 千伏或以上的交流输电技术，是构建大容量、大范围坚强同步电网的关键技术。截至 2020 年年底，全球在运特高压交流输电工程 13 条，在建 3 条，投运和在建工程变电容量超过 2.1 亿千伏安，总长度超过 1.5 万千米。特高压交流输电技术在关键技术和核心设备方面已实现大规模应用，并构建了完善的试验基地和标准体系，具备丰富的工程经验。中国在特高压交流工程的建设中，通过开展系统分析、过电压与外绝缘、电磁环境等关键技术研究，实现了一系列技术创新突破，包括系统安全稳定控制、复杂环境外绝缘特性、过电压深度抑制、电磁环境控制指标等关键技术难题，确定了工程的关键技术参数和技术条件，形成了系列标准、规程和规范，研制了特高压交流全套系统设备，确定了主设备参数，引领了全球交流电网建设的发展方向。

图 10.2　1000 千伏特高压交流变压器装备

经济性方面，1000 千伏特高压交流输电工程变电站造价约 2.6 亿美元/座，线路造价约为 70 万～90 万美元/千米[1]。

---

[1] 资料来源：电力规划设计总院，电网工程限额设计控制指标（2018 年水平），北京：中国电力出版社，2019。

| 专栏 10.1 | 中国晋东南—南阳—荆门
1000 千伏试验示范工程 |

中国晋东南—南阳—荆门 1000 千伏特高压交流试验示范工程，系统标称电压 1000 千伏，最高运行电压 1100 千伏，变电容量 600 万千伏安。工程起于山西晋东南（长治）变电站，经河南南阳开关站，止于湖北荆门变电站，全线单回路架设，全长 654 千米，跨越黄河和汉江。工程静态投资约 8.8 亿美元（57 亿元）。

2009 年 1 月 6 日 22 时，特高压交流试验示范工程完成 168 小时试运后投入商业运行。首个特高压交流试验示范工程的建设成功，不仅标志着中国在远距离、大容量、低损耗的特高压核心技术和设备国产化上取得重大突破，更将有效推动能源资源的优化配置，对保障能源安全及电力可靠供应具有重要意义。

图 1　特高压交流示范工程荆门变电站

节约走廊、降低损耗、环境友好、运行智能化是特高压交流输电技术发展的重点。紧凑型同杆并架技术、特高压可控串补、适用于极端天气的特高压变压器、GIS 和互感器等是重点攻关方向。**预计到 2030 年，**特高压交流输电技术在优化设计、可靠性增强、灵活性和经济性提升、适应全球各种极端气候条件的核心设备等方面将有所突破。特高压交流输电工程的主变压器、GIS、并联电抗器等核心装备的造价分别下降 24%、35%、15%，结合主要设备投资占比，全站设备购置费下降 28%；线路投资将基本维持现有水平，输电工程总投资降低约 10%。**预计到 2060 年**，基于特高压交流输电技术的大规模同步互联电网全面形成，实现能源基地远距离输电至负荷中心，特高压交流的变电投资将在 2030 年基础上再降低约 15%。

图 10.3　特高压交流示范工程气体绝缘开关装备

10.1.2　特高压直流输电

特高压直流指额定电压在 ±800 千伏及以上的直流输电技术，额定输送容量 800 万～1200 万千瓦，输送距离可达 2000～6000 千米，是实现远距离、大容量电力高效输送的先进技术。截至 2020 年年底，全球在运特高压直流输电工程 18 项，其中中国 14 项、印度 2 项、巴西 2 项[1]。特高压直流输电在关键技术和核心设备方面已实现大规模应用，并构建了完善的试验基地和标准体系，具备全球大规模推广应用条件。在特高压直流工程的建设中，实现了多方面的创新。**主回路方案**，确定了每极双 12 脉动换流器串联、电压平均分配的主回路方案。**过电压与外绝缘**，采用真型结构尺寸的模拟塔头和真型电极，系统地获得了 ±800 千伏直流输电线路长空气间隙放电特性、真型电极空气间隙放电特性及其海拔修正系数，确定了可直接应用于 ±800 千伏直流输电线路杆塔

---

[1] 资料来源：高冲、盛财旺、周建辉，等，巴西美丽山 II 期特高压直流工程换流阀运行试验等效性研究，电网技术，2019，432（11）：418-426。

空气间隙、直流场与阀厅空气净距推荐值。在工程实践过程中，攻克了±1100千伏关键技术，成功研制晶闸管、换流阀、平波电抗器等全套关键设备，并成功实现分层接入，优化了潮流分布、提升了系统可靠性、降低了关键设备研制难度。

经济性方面，±800千伏和±1100千伏电压等级换流站单站投资分别为6.6亿美元和11.8亿美元左右，架空线工程单位长度投资分别为50万~70万美元/千米和108万美元/千米左右[1]。

图 10.4　特高压直流工程换流阀装备

图 10.5　特高压直流工程换流阀 6 英寸晶闸管器件[2]

图 10.6　特高压直流示范工程复龙换流站

[1] 资料来源：电力规划设计总院，电网工程限额设计控制指标（2018 年水平），北京：中国电力出版社，2019。
[2] 1 英寸=2.54 厘米。

专栏 10.2　　中国准东—皖南 ±1100 千伏直流工程

　　中国准东—皖南 ±1100 千伏工程是世界上电压等级最高、输送容量最大、输电距离最远、技术水平最先进的直流输电工程。工程起于新疆昌吉回族自治州，终点位于安徽宣城市，经新疆、甘肃、宁夏、陕西、河南、安徽 6 省（自治区），输送容量 1200 万千瓦，线路全长 3324 千米，于 2019 年 9 月 26 日投运。该工程实现了直流电压、输送容量、交流网侧电压的全面提升。工程可有效缓解华东地区中长期电力供需矛盾，使华东地区每年减少燃煤约 3800 万吨。同时，工程可有力促进西部、北部能源基地开发与外送，扩大清洁能源消纳范围，促进新疆当地资源优势转化为经济优势，助力新疆长治久安和经济社会发展。±1100 千伏、1200 万千瓦的超大容量、超远距离、超低损耗特高压直流输电，对有序推进中国国内互联、洲内互联、洲际互联，构建全球能源互联网，具有重大示范意义。

专栏 10.3　　巴西美丽山 ±800 千伏直流输电工程

　　巴西美丽山 ±800 千伏工程（两回）是巴西第二大水电站——美丽山水电站（装机容量 1100 万千瓦）的送出工程，也是美洲首批特高压直流

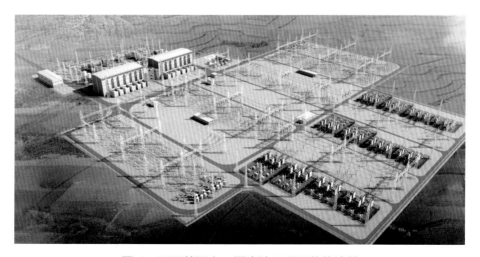

图 1　巴西美丽山二期直流工程里约换流站

输电线路。这条贯穿巴西南北的"电力高速公路"，横跨 4 个州，单回输
送距离超过 2000 千米，两回总输送容量合计 800 万千瓦，可将美丽山水
电站超过 2/3 的电能输送至巴西东南部的负荷中心，满足 4000 万人口
的年用电需求，是巴西规模最大的输电工程、南北方向的重要能源输送
通道。

**提高电压等级、输送容量、可靠性和适应性水平，进一步降低成本是特高
压直流输电发展的重点。**研发适应极寒、极热和高海拔等各种极端条件下的直
流输电成套设备，满足全球各种应用场景下清洁能源超远距离、超大规模输送
的需求；研发特高压混合型直流、储能型直流等新型输电技术。**预计到 2030
年**，特高压直流输电距离、容量、拓扑及关键设备将实现进一步提升和改进，
实现 ±1500 千伏电压等级和 2000 万千瓦输送容量的突破。特高压直流换流变
压器、换流阀、平波电抗器等设备造价分别下降 24%、15%、29%，结合各主
要设备投资占比，全站设备购置费下降 10%；线路投资将基本维持现有水平。
预计到 2060 年，特高压直流输电成为电网跨洲互联和清洁能源超远距离输送
的成熟技术，将进一步研发和推广特高压直流组网技术，在欧洲等区域形成广
泛连接负荷和清洁能源中心的直流电网。经济性方面，特高压直流输电工程的
换流站投资在 2030 年基础上再降低约 15%。

10.1.3 柔性直流输电

柔性直流输电技术（Voltage Source Converter based High Voltage
Direct Current Transmission，VSC-HVDC）是实现清洁能源并网、孤岛和
海上平台供电、构建直流电网的新型输电技术。截至 2020 年年底，世界已投
运的柔性直流输电工程超过 40 项，在建工程 20 项左右，主要分布在欧洲，其
次是北美洲、亚洲和大洋洲。其中，最高电压水平是中国 ±800 千伏/800 万千
瓦乌东德特高压混合多端柔性直流工程，第一个环形直流电网工程是中国 ±500
千伏/300 万千瓦张北四端柔性直流工程。经济性方面，柔性直流输电技术目前
总体造价仍高于常规直流。

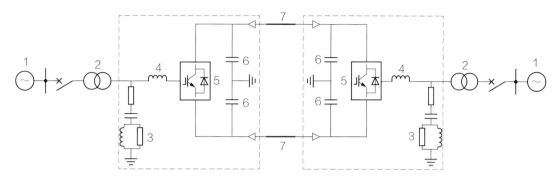

1—两端交流系统；2—联结变压器；3—交流滤波器；4—相电抗器；5—换流器；
6—直流电容；7—直流电缆/架空线路（背靠背式两端VSC-HVDC不包含7）

（a）多电平结构

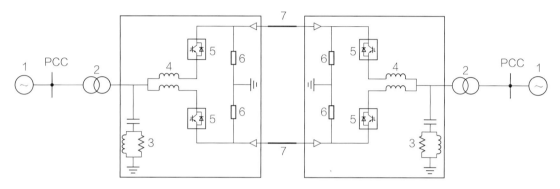

1—两端交流系统；2—联结变压器；3—交流滤波器；4—阀电抗器；5—换流器；
6—直流接地装置；7—直流电缆（背靠背式两端MMC-HVDC不包含7）

（b）MMC模块化多电平结构

图 10.7　柔性直流基本原理示意图

表 10.1　全球主要柔性直流工程

序号	工程名称	国家	电压（千伏）	容量（万千瓦）	线路长度（千米）	投运年份	备注
1	Heällsjön	瑞典	±10	0.3	10	1997	试验性工程
2	Gotland	瑞典	±80	5	70	1999	风电并网
3	Directlink	澳大利亚	±80	3×6	6×65	2000	电网互联
4	MurrayLink	澳大利亚	±150	22	180	2002	电网互联，电力交易
5	CrossSound Cable	美国	±150	33	40	2002	电网互联，电力交易
6	Estlink	波罗的海	±150	35	105	2007	非同步联网
7	NordE.ON1	德国	±150	40	406	2009	风电并网
8	Caprivi Link	纳米比亚	−350	30	970	2009	架空线，弱电网互联
9	Eest West Inter	爱尔兰—英国	±200	50	256	2012	联网，提高可靠性
10	DolWin1	德国	±320	80	165	2013	海上风电接入

续表

序号	工程名称	国家	电压（千伏）	容量（万千瓦）	线路长度（千米）	投运年份	备注
11	南澳	中国	±160	20/15/5	40.7	2013	风电并网，第一条多端，三端
12	舟山	中国	±200	40/30/10/10/10	141	2014	海岛供电五端
13	DolWin2	德国	±320	91.6	2×135	2015	海上风电接入
14	HelWin2	德国	±320	69	—	2015	海上风电接入
15	NordBalt	瑞典—立陶宛	±300	70	—	2015	联网，市场交易，提高可靠性
16	厦门	中国	±320	100	10.7	2015	真双极
17	鲁西	中国	±350	100	—	2016	背靠背混合柔性直流
18	DolWin3	德国	±320	90	—	2016	风电并网
19	Tres Amigas	美国	±345	75	—	2017	背靠背三端
20	Western Link	英国	±600	225	420	2018	跨海联网
21	渝鄂	中国	±420	2×2×125	—	2018	背靠背
22	张北	中国	±500	300/150/150/300	648	2019	四端直流电网
23	乌东德	中国	±800	800/500/300	1489	2020	首个特高压多端混合柔性直流工程

专栏 10.4　　　　**中国张北柔性直流电网工程**

中国张北±500 千伏直流电网工程是汇集风电、光伏、储能、抽蓄等多种电源设备，大规模输送新能源的四端柔性直流电网。它包括张北、康保、丰宁和北京 4 座换流站，额定电压±500 千伏，额定输电能力 450 万千瓦，输电线路长度 666 千米，总投资约 19 亿美元（125 亿元）。工程于 2018 年 2 月开工建设，2020 年 6 月 29 日竣工投产。张北柔性直流工程是 2022 年北京冬奥会重点配套工程，也是世界首个柔性直流电网。通过该工程，每年可向北京地区输送清洁电量约 2250 万千瓦时，相当于北京市年用电量的 1/10，折合标准煤 780 万吨、减排二氧化碳 2040 万吨。作为集大规模可再生能源友好接入、多种形态能源互补和灵活消纳、直流电网构建等为一体的重大科技试验示范项目，张北柔性直流工程不仅具备重大创新引领和示范意义，对于推动能源转型与绿色发展、服务绿色办奥、引领科技创新、推动电工装备制造业转型升级等具有显著的综合效益和战略意义。

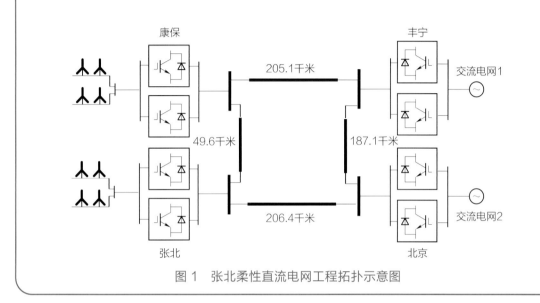

图 1　张北柔性直流电网工程拓扑示意图

提升基础器件可靠性及运行控制能力，降低换流损耗水平，实现直流组网是柔性直流输电技术发展的重点。预计到 2030 年，柔性直流换流站损耗从当前的 1.2%～1.5%下降至 0.8%左右，接近常规直流输电的损耗水平，可靠性提升至常规直流工程水平，单位容量造价下降至 86 美元/千瓦。**预计到 2060 年，**特高压柔性直流输电技术可实现全球大规模推广应用，有力支撑清洁能源的接入和直流电网构建。柔性直流输电工程的换流站投资有望在 2030 年基础上进一步降低约 25%。

专栏 10.5　　中国乌东德特高压混合柔性直流工程

　　中国乌东德特高压三端混合柔性直流工程是世界首个特高压多端混合柔性直流输电工程，世界上容量最大的特高压多端直流输电工程，首个特高压柔性直流换流站工程，也是首个具备架空线路直流故障自清除能力的柔性直流输电工程。2020 年 7 月 31 日实现阶段性投运。工程采用±800 千伏特高压三端直流方案，起点云南，落点广东、广西。该工程容量 800 万千瓦，送端采用常规 LCC 换流站，广西、广东两个落点采用 VSC 柔性直流换流站，采用高低端阀组串联形式。其中广东接受电力 500 万千瓦，广西接受电力 300 万千瓦。线路全长 1489 千米，途经云南、贵州、广西和广东四省区。工程的建成投产将进一步优化南方五省区的能源结构，支撑起更加稳定安全的西电东送绿色大电网。

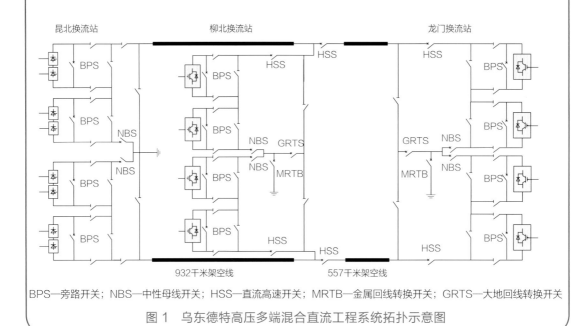

BPS—旁路开关；NBS—中性母线开关；HSS—直流高速开关；MRTB—金属回线转换开关；GRTS—大地回线转换开关

图 1　乌东德特高压多端混合直流工程系统拓扑示意图

10.1.4　高压大容量海缆

目前，全球跨海输电工程中超过 90% 为海底电缆工程，主要应用于海岛送电、海上平台用电、可再生能源开发、国际及区域性电网互联等方面。截至 2018 年年底，全球电力年需求总量达到 26 万亿千瓦时，其中海缆工程输送大约 1560 亿千瓦时，占比不到 1%。目前超高压直流海缆本体技术逐步趋于成熟，主要包括黏性浸渍纸绝缘（MI/PPL）和挤出绝缘（XLPE/P-Laser）两种技术路线，技术水平可达 ±200～±600 千伏、100 万～250 万千瓦。附件技术是实现大长度海缆的关键因素，相关材料和工艺极其复杂，是目前最大的薄弱环节。

经济性方面，通常海缆本体造价占整体综合造价的 40%～50%，其中导体约占 60%，绝缘占 20%～30%，铠甲和屏蔽层等其他部分占 10%～20%。目前 ±200～±600 千伏超高压直流海缆双极综合造价为 100 万～260 万美元/

千米，是同等级架空线造价的 5～10 倍，仍处于较高水平，一定程度上限制了直流海缆工程的更大规模应用。

提升绝缘材料电气强度、附件水平以及施工水平，提高海缆容量和可靠性是直流海缆发展的重点。预计短期内海缆技术水平可达到 ±800 千伏/400 万千瓦水平并实现工程应用。随着绝缘材料耐热性能的进一步提高，**预计到 2030 年**，可达到 ±800 千伏/800 万千瓦水平。**预计到 2060 年**，导体和绝缘材料特性取得重大突破的条件下，有望突破 ±1100 千伏电压等级技术水平。届时，±800 千伏/400 万千瓦和 800 万千瓦直流海缆造价将达到 260 万、440 万美元/千米，±1100 千伏/1200 万千瓦海缆造价有望达到 580 万美元/千米，具备较好的经济性和市场竞争力。

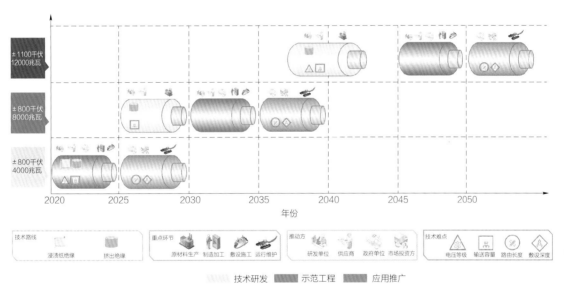

图 10.8　海缆行业发展路线示意图

10.2　清洁替代技术

可持续发展的核心是清洁发展，清洁能源发电技术是实施清洁替代、实现清洁发展的关键。清洁能源发电技术进步和成本下降是加快推动能源清洁转型、构建全球能源互联网的重要动力。经过多年发展，清洁能源发电技术取得长足进步，光伏/光热发电、风力发电、水力发电、核能发电等技术已实现规模化应用，未来具有更大的发展潜力。

10.2.1　光伏发电

光伏发电利用半导体的光生伏特效应将光能直接转变为电能，是目前进步最快、发展潜力最大的清洁能源发电技术，主要可分为晶硅电池和薄膜电池两大类。当前，晶硅电池组件的转换效率达到 24.4%，薄膜电池组件的转换效率达到 19.2%[1]。截至 2018 年，全球光伏发电装机容量约 4.9 亿千瓦，占总装机容量的 7%。2010—2018 年，全球光伏发电的平均度电成本已从 38 美分/千瓦时大幅下降到 9 美分/千瓦时[2]。

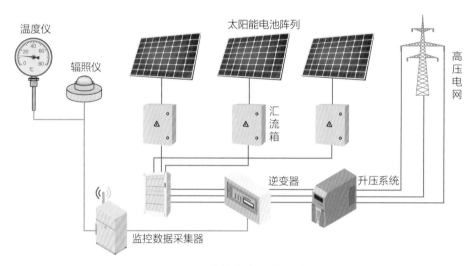

图 10.9　光伏发电系统示意图

提高电池转换效率是光伏发电技术发展的重点。其中，降低光损失、载流子复合损失和串并联电阻损失是提高电池转换效率的重要攻关方向，研究制造新型多 PN 结层叠电池，是突破单结电池效率极限的关键。

预计到 2030 年，晶硅电池组件转换效率达到 26%，铜铟镓硒薄膜电池组件转换效率达到 21%，平均度电成本预计降至 2.2 美分/千瓦时。全球光伏装机容量增至 39 亿千瓦，占总装机容量的比重约 28%；发电量达到 5.4 万亿千瓦时，占总发电量的比重为 13%。

预计到 2060 年，采用多 PN 结层叠电池的组件转换效率达到 37%。平均

❶ 资料来源：Green M A , Ewan D. Dunlop , Dean H. Levi , et al., Solar Cell Efficiency Tables (version 55), Progress in Photovoltaics Research & Applications, 2019, 21(5): 565-576.
❷ 资料来源：IRENA, Renewable Power Generation Cost in 2018, 2019.

度电成本降至 1 美分/千瓦时。全球光伏装机容量增至 204 亿千瓦，占总装机容量的比重约 51%；发电量达到 32 万亿千瓦时，占总发电量的比重为 36%。

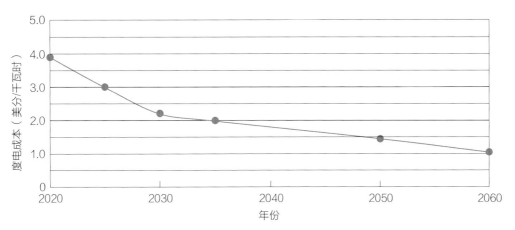

图 10.10　光伏发电度电成本预测

专栏 10.6　　　　　　腾格里沙漠光伏电站

　　腾格里沙漠位于中国内蒙古自治区阿拉善左旗西南部和甘肃省中部交界地区，为中国第四大沙漠。广阔的空地和充足的光照资源使这里成为开发大型光伏电站的极佳场所。腾格里沙漠太阳能电站是中国最大的光伏电站，总装机容量约为 154 万千瓦。该电站将光伏发电和沙漠治理、节水农业相结合，开创了全世界沙漠光伏并网电站的成功先河。

图 1　腾格里沙漠光伏电站

当地在建设发展光伏电站的同时，积极探索光伏产业和荒漠化治理同步发展的新模式。电站的外围用草方格沙障和固沙林组成防护林体系，利用土地平整和光伏板的遮阴效果，光伏板下安装滴灌设施，种植绿色经济作物。光伏电站区域的植物生长要明显好于其他地区，治沙的效果非常明显。实现经济效益、社会效益、生态效益三赢。

10.2.2　光热发电

光热发电技术通过反射太阳光到集热器进行太阳能采集，再通过换热装置产生高压过热蒸汽来驱动汽轮机进行发电，实现"光—热—电"的转化。光热电站按照集热方式不同，主要可分为槽式、塔式、碟式和线性菲涅尔式四种。槽式光热电站主要采用水或导热油为传热工质，系统运行温度在 230～430℃；塔式光热电站主要采用熔融盐传热，温度在 375～565℃。截至 2018 年年底，全球光热装机容量约 497 万千瓦，平均度电成本仍较高，约为 19 美分/千瓦时[1]。

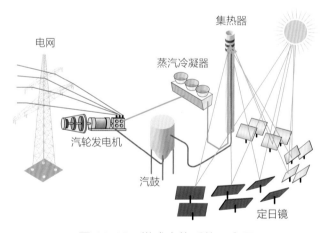

图 10.11　塔式光热系统示意图

提高运行温度、发电效率和降低成本是光热发电技术发展的重点。改进和创新集热场的反射镜排布和跟踪方式，研发新型硅油、液态金属、固体颗粒、热空气等新型传热介质，研发超临界二氧化碳布雷顿循环等新型发电技术是重要攻关方向。**预计到 2030 年，**光热电站传热及发电环节工作温度超过 600℃，

---

❶ 资料来源：IRENA, Renewable Power Generation Costs in 2018, 2019.

储热效率提高到 90% 左右，发电效率达到 50%；平均度电成本降至 8 美分/千瓦时。全球光热装机容量增至 1.6 亿千瓦，占总装机容量的比重约 1%；发电量达到约 5300 亿千瓦时，占总发电量的比重为 1.3%。**预计到 2060 年**，光热电站传热及发电环节工作温度达到 900℃，储热效率提高到 95% 以上，发电环节采用超临界二氧化碳布雷顿循环发电技术，发电效率约为 65%；平均度电成本降至 4.2 美分/千瓦时。全球光热装机容量增至 10.6 亿千瓦，占总装机容量的比重约 2.7%；发电量达到 3.8 万亿千瓦时，占总发电量的比重为 4.3%。

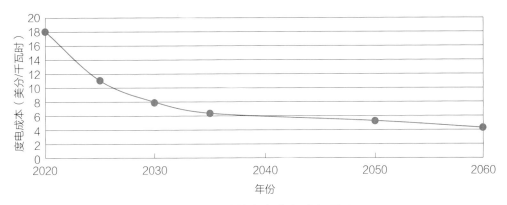

图 10.12　光热发电度电成本预测

专栏 10.7　中国敦煌首航节能 10 万千瓦光热电站

　　中国敦煌首航节能 10 万千瓦熔盐塔式光热电站位于甘肃敦煌光电产业园区西南片区，电站总投资约 4.6 亿美元（30 亿元），2016 年年底开工建设，2018 年 12 月 28 日成功并网投运。2019 年 6 月 17 日顺利实现满负荷发电，使中国成为世界上少数掌握百兆瓦级光热电站技术的国家，并于当年入选第一批"国家太阳能热发电示范项目"。

　　该电站配置 11 小时熔盐储热系统，镜场面积 140 万平方米，截至 2019 年，是全球聚光规模最大、吸热塔最高、储热罐规模最大、建设周期最短的百兆瓦级熔盐塔式光热电站。电站可 24 小时连续发电，年发电量达 3.9 亿千瓦时，每年可减排二氧化碳 35 万吨，相当于 1 万亩（1 亩=667 平方米）森林的环保效益。

图 1　中国敦煌首航节能光热电站

10.2.3　风力发电

　　风力发电是将风的动能转化为电能的技术，是最具规模化开发应用前景的清洁发电技术之一。风力发电技术经历了数十年的发展，技术和装备日趋成熟。目前全球陆上风机的平均单机容量 2.6 兆瓦，平均风轮直径 110 米；海上风机的平均单机装机容量 5.5 兆瓦，平均风轮直径 148 米[1]。截至 2018年年底，全球风电装机容量约 5.6 亿千瓦，占总装机容量的 8%。发电成本迅速下降，陆上风电平均度电成本为 6 美分/千瓦时，海上风电平均度电成本为 13 美分/千瓦时[2]。

---

[1] 资料来源：IRENA, Innovation Outlook Offshore Wind, 2016.
[2] 资料来源：IRENA, Renewable Power Generation Cost in 2018, 2019.

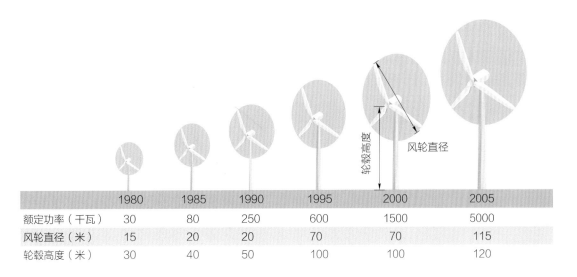

	1980	1985	1990	1995	2000	2005
额定功率（千瓦）	30	80	250	600	1500	5000
风轮直径（米）	15	20	20	70	70	115
轮毂高度（米）	30	40	50	100	100	120

图 10.13　风电机组单机容量变化示意图

　　提升单机容量、效率、低风速适应性，提高海上环境适应性，提升电网友好性是风电技术发展的重点。叶片结构设计、新型叶片材料研发、海上风机基础结构选择和结构模态分析、载荷计算和疲劳分析、风机抗低温运行技术和叶片除冰技术等是重要攻关方向。

　　预计到 2030 年，陆上风机平均单机容量超过 4 兆瓦，平均风轮直径达到 150 米；海上风机平均单机容量超过 10 兆瓦，平均风轮直径达到 200 米。陆上风电平均度电成本降至 3.8 美分/千瓦时，海上风电降至 8 美分/千瓦时。风电装机容量增至 29 亿千瓦，占总装机容量的比重约 21%；发电量达到 7 万亿千瓦时，占总发电量时比重为 17%。**预计到 2060 年**，陆上风机平均单机容量超过 15 兆瓦，平均风轮直径达到 230 米；海上风机平均单机容量超过 25 兆瓦，平均风轮直径达到 250 米。陆上风电平均度电成本降至 2 美分/千瓦时，海上风电降至 4 美分/千瓦时。全球风电装机容量增至 117 亿千瓦，占总装机容量的比重约 29%，发电量达到 30 万亿千瓦时，占总发电量的比重约 34%。

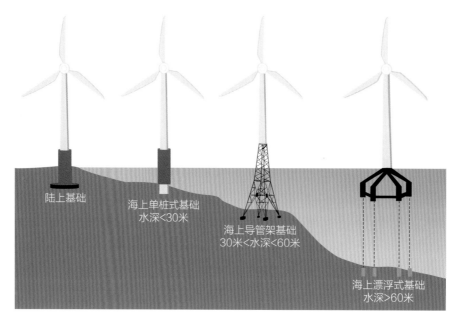

图 10.14　不同类型海上风电基础结构示意图

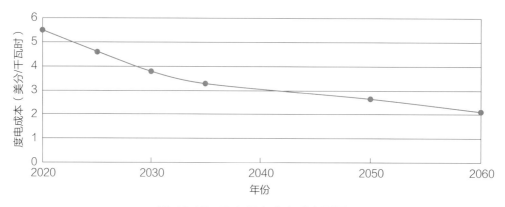

图 10.15　陆上风电度电成本预测

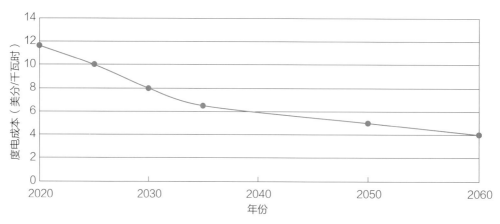

图 10.16　海上风电度电成本预测

专栏 10.8　　　**中国酒泉陆上风电场与英国沃尔尼海上风电场**

　　全球规模最大的陆上风电场是中国甘肃酒泉风电场，位于甘肃省酒泉市玉门镇西南戈壁滩上，地势平坦开阔，风能资源良好，是中国第一个千万千瓦级风电基地的启动项目。风电场代表年 70 米高平均风速为 7.9 米/秒，年平均风功率密度为 428 瓦/平方米。截至 2020 年年底，已建成并网风电装机容量达 1045 万千瓦，被称为"陆上三峡"。

图 1　中国酒泉陆上风电场

　　全球装机容量最大的海上风电场是英国沃尔尼（Walney）风电场，位于英国爱尔兰海。该风电场于 2017 年 8 月首次发电，2018 年 6 月全部投运。风电场距离英格兰坎布里亚海岸约 19 千米，总装机容量 66 万千瓦。风电场由 87 台风电机组组成，包括 47 台 8 兆瓦风机和 40 台 7 兆瓦风机。

图 2　英国沃尔尼海上风电场

10.2.4 水力发电

水力发电是将水体所蕴含的机械能转化为电能的技术。经历超过百年的发展和应用，水电已成为最成熟的可再生能源发电技术。水电站的形式多样，按水头集中方式可分为坝式、引水式和坝引混合式；按照在电力系统中的作用可分为常规水电站和抽水蓄能电站。全球已投运的最大水轮机单机容量达到 100 万千瓦，应用于中国白鹤滩水电项目。截至 2018 年，全球常规水电装机容量达到 11.3 亿千瓦，占总装机容量的 16%，平均度电成本为 4~6 美分/千瓦时。

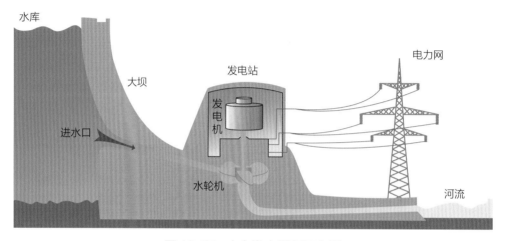

图 10.17 水力发电原理示意图

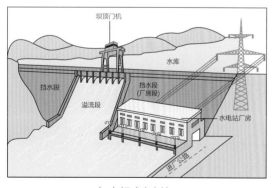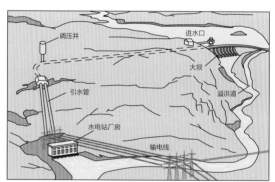

（a）坝式水电站 　　　　　　　　　（b）引水式水电站

图 10.18 坝式水电站和引水式水电站原理示意图

提高大型混流式水轮机、高水头冲击式水轮机和变频调速抽蓄机组的设计制造水平是水电技术发展的重点。水力设计、稳定性研究、电磁设计和结构优化、推力轴承制造和水电机组控制等方面是重要的攻关方向。**预计到 2030 年，大型混流式水轮发电机组单机容量达到 107 万千瓦，最高水头 670 米；冲击式水轮发电机组的单机容量达到 54 万千瓦，最高水头 1950 米；变频调速抽蓄机组单机容量达到 53 万千瓦，最高扬程 860 米，转速 570 转/分。全球常规水电装机容量增至 15.4 亿千瓦，占总装机容量的比重约 11%；发电量约 6 万亿千瓦时，占总发电量的比重为 14%。考虑到技术进步装备成本下降、水电资源开发条件日趋复杂的多重因素作用，预计度电成本将稳定在 4~6 美分/千瓦时或小幅上涨。**预计到 2060 年**，大型混流式水轮发电机组单机容量达到 150 万千瓦，最高水头 800 米；冲击式水轮发电机组的单机容量达到 80 万千瓦，最高水头 2200 米；变频调速抽蓄机组单机容量达到 75 万千瓦，最高扬程 1000 米，转速 700 转/分。全球常规水电装机容量增至约 25 亿千瓦，占总装机容量的比重约 6%，发电量达到 10 万亿千瓦时，占总发电量的比重为 11%。预计度电成本小幅上涨。

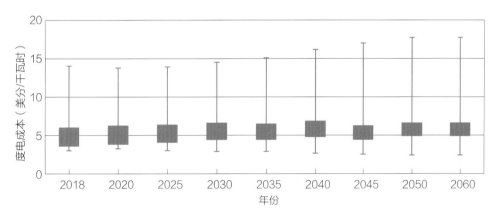

图 10.19 水电度电成本预测

专栏 10.9 三峡和伊泰普水电站

　　目前，全球装机容量最大的在运水电站是中国长江三峡水利枢纽工程项目，简称三峡工程。三峡工程采用坝后式厂房布置，共安装 32 台 70 万千瓦水轮发电机组，其中左岸 14 台、右岸 12 台、右岸地下 6 台，另外还有 2 台 5 万千瓦的机组，总装机容量 2250 万千瓦，年发电量约 1000 亿千瓦时，相当于节约标准煤 3190 万吨，直接减排二氧化碳 8580 万吨。三峡水电站项目耗资约合 260 亿美元（1800 亿元），于 2003 年开始投产运行。

图 1　三峡水电站

　　伊泰普水电站（Itaipu Binacional）位于巴西与巴拉圭交界的巴拉那河上，在友谊桥（巴西—巴拉圭）以北 15 千米，是全球第二大水电站。伊泰普水电站于 1974 年 10 月正式动工修建，1984 年 5 月第一台机组投入运转，1991 年 5 月竣工。20 台发电机组中的最后两台发电机组分别于 2006 年 9 月和 2007 年 3 月正式运营。伊泰普水电站的建成是拉丁美洲国家间相互合作的重要成果，曾被称为人类的"第七大奇迹"。该电站的发电装机容量为 1400 万千瓦，安装有 20 台单机容量为 70 万千瓦的发电机组，设计水头 118 米。在 2013 年，该发电厂发电量达到创纪录的 986 亿千瓦时，供应了巴拉圭 75% 和巴西 17% 的电力需求。

图 2　伊泰普水电站

10.2.5 核能发电

核反应包括核裂变及核聚变两种，目前基于可控自持链式裂变的核电技术不断发展成熟，已实现大规模商业应用。截至 2018 年，全球核电装机容量达到 3.7 亿千瓦，占总装机容量的比重为 5%。目前国际上核电已形成"三代为主、四代为辅"的发展格局，核电平均度电成本为 4~6 美分/千瓦时。在运核电机组主要有 6 种类型。分别为压水堆（Pressurised Water Reactor，PWR）、沸水堆（Boiling Water Reactor，BWR）、重水压水堆（Pressurised Heavy Water Reactor，PHWR）、气冷堆（Gas-cooled Reactor，GCR）、轻水冷却石墨慢化堆（Graphite Moderated Light Water-cooled Reactor，RBMK）和快堆（Fast Breeder Reactor，FBR），其中压水堆和沸水堆为最常见的核反应堆类型。

在保障安全的前提下，提高核裂变发电效率和运行灵活性是当前核电技术发展的重点。研发快堆配套的燃料循环技术，解决核燃料增殖与高水平放射性废物嬗变问题；模块化小堆方面，积极发展小型模块化压水堆、高温气冷堆、铅冷快堆等堆型是重要攻关方向。

影响核电发展的因素涉及很多方面，包括经济增长情况、能源需求、技术进步和发电成本，以及不同国家能源政策、对能源自主和安全性等方面的考虑。长期看，全球人口数量增长，发展中地区对电力需求的提升，气候变化问题和对空气质量的关切，保障能源供应安全等，是核电发展的基础性支撑因素。**预计到 2030 年**，第三代核电技术进一步优化，核电安全性不断提升，钠冷快堆等部分第四代核电投入商业运行，多用途模块化小堆核电逐步成熟，核燃料循环技术实现应用。全球核电装机容量增至 4.3 亿千瓦，占总装机容量的比重约 3%；发电量达到 3 万亿千瓦时，占总发电量的比重约 7%。**预计到 2060 年**，实现核能高效、灵活应用，并建立起较完整的核燃料循环体系；核聚变发电方面，突破聚变能利用的关键材料、燃料循环等诸多技术挑战。全面掌握聚变实验堆技术，积极推进聚变工程试验堆设计与研发，逐步实现聚变能的安全可控利用。核电装机容量增至 7.4 亿千瓦，占总装机容量比重约 2%；发电量达到 5.1 万亿千瓦时，占总发电量的比重为 5.7%。

10.2.6　氢能发电

氢能发电可分为燃料电池和氢燃气轮机两条技术路线，在未来以新能源为主体的新型电力系统中是重要的可调节电力来源。氢燃料电池容量较小、配置灵活，适用于分散式发电场景；氢燃气轮机单机容量大、转动惯量大，适合作为电网的调节和支撑电源。

1. 氢燃料电池

燃料电池（Fuel Cell，FC）是把燃料中的化学能通过电化学反应直接转换为电能的发电装置。氢燃料电池的技术路线很多，依据电解质的不同可分为碱性燃料电池（Alkaline Fuel Cell，AFC）、质子交换膜燃料电池（Proton Exchange Membrane Fuel Cell，PEMFC）、磷酸燃料电池（Phosphoric Acid Fuel Cell，PAFC）、熔融碳酸盐燃料电池（Molten Carbonate Fuel Cell，MCFC）和固体氧化物燃料电池（Solid Oxide Fuel Cell，SOFC）等五大类。

单个燃料电池的电压有限，为提高燃料电池的输出电压和功率，需要根据实际工况需求将不同数量的单电池串并联并且模块化，即组成电堆。除电堆之外，燃料电池系统还包括一些必要的辅机装置，才能实现对外输出电能，包括燃料供给与循环系统、氧化剂供给系统、水管理系统、热管理系统、控制系统和安全系统等。相比火电机组化学能—热能—动能—电能的转化过程，燃料电池不受热机卡诺循环极限的限制，理论上具有更高的能量转化效率（最高可达 85%），但受制于技术水平，理论效率极限很难达到，特别是低温燃料电池的实际效率降低更为显著。当前常见的燃料电池系统实际效率通常为40%左右。

2. 氢燃气轮机

氢气与天然气均为高能气体，都可利用燃气轮机进行发电，但氢的物理性能、燃烧特性与天然气相差较大，氢气的火焰传播速度是天然气的 9 倍，比热容是天然气的 7 倍，空气中的扩散系数约为天然气的 3 倍，氢燃气轮机相比现有的天然气燃气轮机需要进行相应的技术改造。

全球多家燃气轮机制造企业都致力于大功率氢燃气轮机的研究与应用。目前，已有高比例掺氢燃气轮机实现示范应用。富氢、纯氢燃气轮机的技术难点包括三方面，一是解决回火和火焰震荡问题以增加透平的安全和可操作性；二是高温高压下富氢、纯氢的自动点火问题；三是燃烧系统的设计需要考虑减少 NOx 排放。

提高氢燃料电池发电效率，实现氢燃机 100%纯氢发电是氢发电技术发展的重点。预计到 2030 年，氢燃料电池发电效率提升至 50%，纯氢燃气轮机实现示范性商业应用，发电效率达到 45%，氢发电装机容量达到 640 万千瓦。**预计到 2060 年**，氢燃料电池发电效率提升至 60%，纯氢燃气轮机大规模应用，联合循环发电效率接近 60%，氢发电装机容量达到 10 亿千瓦。

除光伏、光热、风力、水力、核能和氢能发电技术外，地热、海洋能发电也具有较好的发展潜力。**地热发电**方面，经过近百年的发展，水热型地热发电技术已经成熟，在全球多国实现了商业应用；干热岩型地热资源埋藏较深、开发潜力大，增强型地热系统（Enhanced Geothermal Systems，EGS）开发技术还处于试验阶段。地热发电的关键技术包括地热井开发、地热流体收集、地热发电设备设计及地热田回灌等，未来研发方向集中在提升中低温地热发电效率，突破干热岩资源勘探和储层改造等技术。**海洋能**开发技术路线繁多。其中，潮汐能发电技术最成熟，已实现商业应用；波浪能已有多个示范性工程；海流能和温差能发电处在原理性研究和小型试验阶段；盐差能发电仍处于实验室研究水平。未来海洋能发电技术研发将集中在提高电站的发电效率、装机容量，提升电站、设备在高盐、高腐蚀环境下长期可靠运行的能力，降低电站造价及运维成本，提升海洋能资源开发的经济性。

10.3 节能与电能替代技术

电能可方便地转化为光能、机械能、热能等人类直接利用的其他能量。电能是清洁的能源载体，随着各类用电技术的进步，推动用能侧电能替代，提升电气化水平，是大幅促进全行业减排，实现全社会节能提效和碳中和的关键。

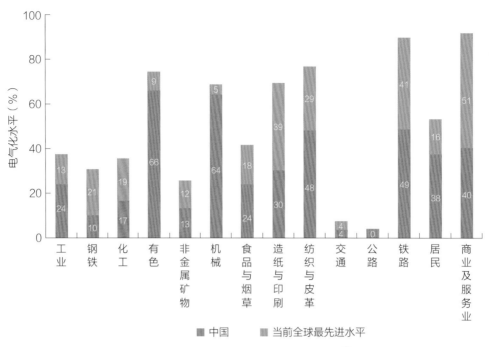

图 10.20　终端各领域电能替代潜力❶

10.3.1　照明技术

电照明技术经历了白炽灯、卤钨灯、荧光灯和发光二极管（Light Emitting Diode，LED）等四个发展阶段。LED 灯具有光效高、寿命长、环保、可灵活控制等优点，被认为是继爱迪生发明白炽灯以来新一轮光革命的开端。LED 灯可用于室内基础照明、展示照明、装饰照明、室外景观照明、建筑物外观照明、标志与指示照明、舞台照明及视频屏幕信息显示等各类场合，将逐渐成为照明技术的主流。截至 2018 年，全球照明用电量约 4.3 万亿千瓦时，约占总用电量的 17%，LED 照明渗透率已达 45%，商用 LED 灯光效在 100 流明/瓦左右。

研发高光效光源和提高照明智能化水平是电照明技术发展的重点。进一步提升 LED 灯光效、提高 LED 灯具设计制造水平是高光效光源技术的主要研发方向；智慧照明技术利用 LED 灯可控性强、响应速度快的特点，提升照明系统动态性能，实现照度的按需分配和系统级节能，并积极参与电力系统电压调节和频率调节。

预计到 2030 年，LED 灯渗透率达 70%，平均光效达 150 流明/瓦，新增智慧照明系统开始示范作为可控负荷为电力系统提供瞬时调节能力。**预计到**

---

❶ 资料来源：IEA, World Energy Balances, 2018.

2060 年，LED 灯渗透率达 90%，光效达 200～300 流明/瓦，电照明广泛参与电网调频，为系统提供的秒级瞬时调节能力达 1 亿千瓦左右。

10.3.2　电制热技术

电制热技术将电能直接转化为热能或间接驱动媒介实现热能转移。当前，全球电制热（冷）领域用电量约 5 万亿千瓦时，占总用电量的 20% 左右，涵盖工业制热、居民取暖和公共服务等多个行业，是工业及建筑领域重点的节能和电能替代方向。建筑领域的电能替代技术包括分散电采暖、电锅炉采暖、热泵和电炊具等；工业领域的电能替代技术包括金属电冶炼炉、工业电窑炉和电蒸汽锅炉等。

电热泵本质上是一种基于压缩机技术的热力循环系统，通过电能做功将低温热源（空气、水、土壤等）中的热量转移到高温环境的设备，工作原理与空调相同。热泵一般包括蒸发器、冷凝器、压缩机、膨胀阀和循环系统等主要部件，工质（制冷剂）在系统中进行热力学逆循环，实现热量在不同空间的转移。如果传递过程按相反的热量运行，热泵也可实现制冷。

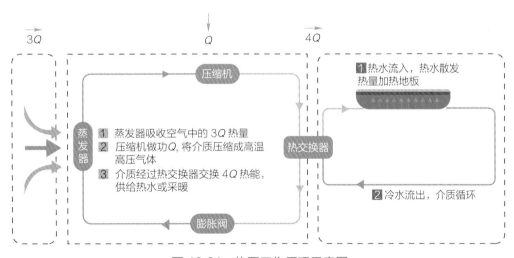

图 10.21　热泵工作原理示意图

在热源与供热端温差不大的情况下，能效比通常可达到 200% 以上。适用于满足新增供热需求（如新建小区）和替代分散式供热，可有效提高建筑用能领域的能效和电气化水平。**提升多级压缩机热泵系统的能效水平，提高空气源热泵在低温环境的适应性是热泵技术发展的重点。预计到 2030 年，热泵普及**

率超过 10%，每百户空调拥有量超过 150 台；**预计到 2060 年**，热泵普及率超过 40%，每百户空调拥有量接近 200 台。

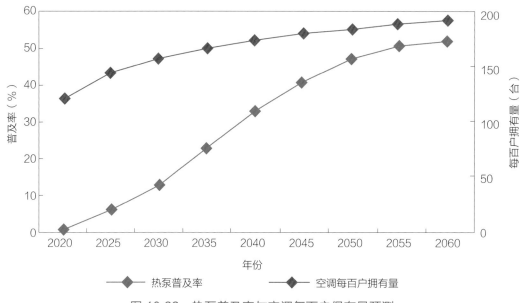

图 10.22　热泵普及率与空调每百户保有量预测

　　　　　　　　　热泵应用优势

　　热泵与其他供热方式不同，并非将输入能源转化为热量，而是利用能源做功来转移不同空间的热量。传统供热技术都是将能源直接转化为热量，由于存在损耗和散失，产生的热量必然小于输入的能源总量；热泵是通过电能驱动工质进行热力循环，将环境中的热能品位提高后转移至室内，输出的热能总量大于输入的电能。

　　在输出温度保持不变的情况下，热泵的能效比和环境温度密切相关，环境温度越低，热泵的热转化效率也越低。以北京市为例，冬季平均温度−1～8℃，采用单级压缩机的空气源热泵能效比为 300%～400%；夜间最低温度可达到−16℃及以下，此时热泵能效比为 200%～300%。按照目前全球的能源价格进行分析，热泵的运行成本高于燃煤锅炉，但低于燃油和燃气锅炉。未来随着燃煤的逐渐退出，电热泵将成为最具经济性的采暖技术之一。

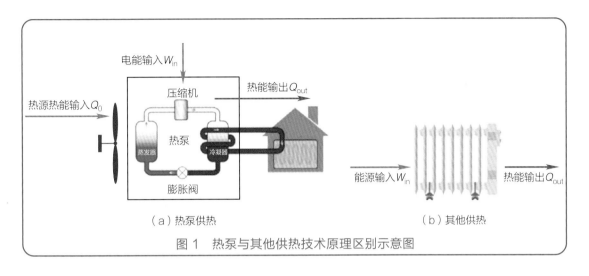

图 1 热泵与其他供热技术原理区别示意图

电窑炉利用电流使电热元件或者加热介质升温，从而对物料加热。按照加热形式的不同，分为间接加热和直接加热两种方式。间接电阻炉炉温和炉内加热过程可精确控制，炉内气体成分可根据加热要求选择和控制，对被加热工件材质、形状、尺寸等方面限制小，容易实现机械化、自动化，电效率高（接近100%）；直接加热电阻炉加热速度快，但温度精确控制较困难。

解决温度控制系统非线性、时变性等问题，提高温控的精确性是电窑炉技术发展的重点。电窑炉可广泛应用于工业生产领域，在机械加工行业，可用于锻压前金属加热、金属热处理；在化工行业，可用于化学物料加热；在冶金和食品加工行业，也可对加工对象进行热处理。未来，随着清洁电力成本的快速下降，电窑炉的应用潜力巨大。例如在水泥生产过程中，有近50%的碳排放来自熟料煅烧过程中煤炭等化石燃料的燃烧，通过电窑炉在生产环节的普及，能大幅提升电气化水平，降低碳排放强度。

10.3.3 电冶金技术

电冶金是以电能为能源进行金属提取和处理的工艺过程。根据电能转化形式可分为电化冶金和电热冶金两类。电化冶金又称电解冶金，是电流流过电解液并在阴极和阳极上引起氧化还原反应，将金属离子还原成金属的过程。根据电解液不同，电化冶金分为水溶液电解和熔盐电解。电热冶金是利用电能转变为热能，在电炉内进行提取或处理金属的过程，如电弧熔炼、电阻熔炼、感应熔炼、电子束熔炼和等离子冶金等。当前，电冶金技术已广泛应用于电解铝、电解精炼铜等行业，未来在钢铁冶炼等领域具有较大电能替代潜力。

电炼钢以废钢作为主要原料，将废钢经简单加工破碎或剪切、打包后装入电弧炉中利用电能所产生的热量来熔炼废钢，从而得到合格钢水。通过电炉炼钢替代转炉炼钢，实现对煤焦资源的替代，能缩短钢铁生产工序、节约炼铁能耗，有效减少温室气体及大气污染物排放。

提升各类电冶金设备能效，提高生产流程对电力波动的适应能力，实现负荷灵活可调是电冶金技术发展的重点。**预计到 2060 年，**电炼钢产量将达到 13 亿吨以上，占全球钢铁总产量的 47%。

10.3.4 电气化交通技术

当前交通领域用能以化石能源为主，电动汽车及氢能汽车是未来交通电气化发展重点。电动汽车在轻型乘用车领域具有明显优势，氢燃料电池汽车在长距离运输与高载重商用车领域发展空间大。

1. 电动汽车

电动汽车指以车载电池为动力，以电动机驱动行驶的车辆，主要包括纯电动汽车（Battery Etectric Vehicle，BEV）和插电式混合动力汽车（Plug-in Hybrid Electric Vehicle，PHEV），是交通领域实现电能替代的主要方式。截至 2020 年年底，全球电动汽车销量达 300 万辆，保有量已突破 1130 万辆。其中，中国电动汽车保有量达 450 万辆，德国、法国、英国等欧洲国家的电动汽车渗透率都超过了 10%[1]。

动力电池是电动汽车的"心脏"。自 2010 年以来，动力电池价格已下降 80%，电池能量密度提升超过 3 倍。预计未来动力电池价格还将持续快速下降，能量密度等指标和安全性能将随着技术进步不断提高。从中国的发展情况看，2022 年，纯电动汽车将与燃油汽车实现购置平价，电动汽车将加速替代燃油汽车并成为主导车型。

电动汽车的发展重点在于突破动力电池关键核心技术，进一步降低电池成本。包括降低制造成本、增加能量密度、提高充放效率、延长使用寿命和提高电池安全性等。电动汽车的安全性是消费者关注的首要问题，未来一方面要提高基础材料（正负极、隔膜、电解液）的安全性能，另一方面也要综合提升电

---

[1] 资料来源：国际能源署，2021 年全球电动汽车展望，2021。

池结构设计、组装工艺、电池管理、热管理、系统集成和防火防护等周边支撑技术。

预计到 2030 年，全固态锂离子电池等新架构动力电池将逐渐成为主流，单体能量密度将提高至 500 瓦时/千克，成本降至 6~8 美分/瓦时，整车安全性大幅提升，续航里程超过 1000 千米。**预计到 2060 年**，钠离子电池、锂离子电池、金属空气电池等不同技术路线的动力电池可满足不同电动汽车消费者的差异化需求，自动驾驶、共享出行和车网智能互动等技术广泛应用，全球电动汽车保有量达到 17.5 亿辆，在乘用车中占比达到近 100%。

2. 氢燃料电池汽车

2020 年，全球燃料电池汽车保有量约 34800 辆，以公交车和货运车为主，相较上年增加了 40%，韩国成为最大的燃料电池汽车销售国和保有国[1]。目前，燃料电池电堆功率密度、寿命、冷启动等关键技术与成本瓶颈已逐步取得突破，国际先进水平电堆功率已达到 3.1 千瓦/升，乘用车系统使用寿命普遍达到 5000 小时，商用车达到 2 万小时，车用燃料电池系统的发动机成本相比于 21 世纪初下降 80%~95%。

提高核心技术水平，降低成本和加强基础设施建设是氢燃料电池汽车发展的重点。氢燃料电池汽车的研发重点主要包括，一是氢燃料电池相关技术，包括提高功率密度、延长使用寿命、降低成本、提升燃料电池系统低温启动性能等；二是车载储氢技术，包括加强高压气态储氢罐、储氢材料等的研发，提高储氢密度和储氢质量分数等；三是燃料电池汽车整车集成技术。同时还应加强氢能产业顶层设计与规划，促进制氢、输氢、加氢、用氢等氢能产业链各环节协调发展。

氢燃料电池汽车更适用于对续航里程要求高、频繁往来于固定站点的大型客车和高载重货车，在极寒地区发展空间大。**预计到 2060 年**，燃料电池系统的体积功率密度将达到 6.5 千瓦/升，乘用车系统寿命将超过 1 万小时，商用车将达到 3 万小时。低温启动温度将降到 -40℃，系统成本降至 46 美元/千瓦[2]。氢燃料电池汽车保有量达到 4 亿辆。

---

❶ 资料来源：国际能源署，2021 年全球电动汽车展望，2021。
❷ 资料来源：中国氢能联盟，中国氢能源及燃料电池产业白皮书，2019。

3. 其他交通技术

其他交通领域通过电能、氢能或其他低碳燃料替代实现深度减排。目前电动飞机技术已取得突破性进展，2019 年全球第一台商用全自动 9 座客机在巴黎航展上展出，航程可达 1000 千米；电动船舶技术快速发展，2018 年世界首艘 2000 吨级新能源电动船在中国广州吊装下水，续航能力 80 千米。**预计 2030 年前**，将实现大型氢燃料电池船舶商业化运行❶。通过推进船舶岸电和机场桥载电源工程建设，推动电动船舶、电动飞机技术研发与产业培育，实现交通领域深度减排。**2060 年前**，超过 95% 的航运运输和超过 90% 的航空运输将采用电能、氢能和生物质能等清洁能源作为动力来源。

10.4　大规模储能技术

传统电力系统的储能设施主要配置在一次能源环节，如煤场、油库、天然气储罐等。随着能源清洁转型不断深入，风电、光伏等波动新能源发电装机占比不断提高，常规调节能力逐步减少，需要引入新型储能作为调节能力来源。储能可为电力系统提供调节能力，确保电力生产与消费平衡，在保证用电安全的前提下，提升系统经济性水平，降低用电成本。储能技术类型众多，技术经济特性各异，应用场景也有明显区别。随着储能技术成熟和成本下降，储能将广泛应用于电力系统各个环节。

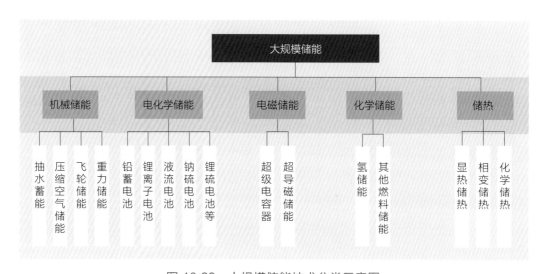

图 10.23　大规模储能技术分类示意图

---

❶ 资料来源：IEA, Energy Technology Perspectives 2020, 2020.

10.4.1　抽水蓄能

抽水蓄能技术成熟、可靠，使用寿命长，装机容量大，是目前应用规模最大的储能技术。截至 2020 年年底，全球抽水蓄能装机规模约 1.7 亿千瓦，占储能总装机容量的 90.3%[1]。全球最大的抽水蓄能电站是中国丰宁蓄能电站，建成后总装机容量将达到 360 万千瓦。目前，抽水蓄能电站能量转换效率为 70%~80%，建设成本为 770~1000 美元/千瓦[2]。

提高系统效率和机组性能是抽水蓄能技术发展的重点。预计到 2030 年，抽水蓄能转换效率达到 80%，随着优良的站址资源逐渐开发完毕，建设成本将有一定程度的上升，达到 850~1100 美元/千瓦，装机规模将达到 3.9 亿千瓦。**预计到 2060 年**，抽水蓄能的建设成本可能会进一步小幅上升，装机规模将达到近 6.7 亿千瓦。

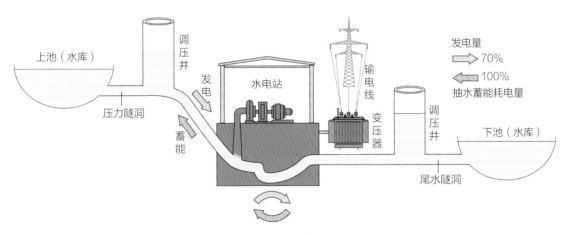

图 10.24　抽水蓄能电站工作原理示意图

专栏 10.11　**中国丰宁、洪屏抽水蓄能电站工程**

中国丰宁抽水蓄能电站是世界上最大的抽水蓄能电站，位于河北省丰宁满族自治县境内，总装机容量 360 万千瓦，电站上水库库容 5800 万立方米，下水库库容 6070 万立方米。工程于 2013 年开工建设，2021 年 5 月 21 日上水库开始下闸蓄水，是 2022 年北京冬奥会绿色能源配套服

---

[1] 资料来源：中关村储能产业技术联盟，储能产业研究白皮书 2021，2021。
[2] 资料来源：中国化工学会储能工程专业委员会，储能技术及应用，北京：化学工业出版社，2018。

务的重点项目。电站投运后，将为新能源消纳和奥运赛事提供灵活调节资源和电力保障，还可根据需求承担系统调频、调相、负荷备用和紧急事故备用等任务，维护电网安全、稳定运行。

中国江西洪屏抽水蓄能电站位于江西省靖安县境内，装机容量为240万千瓦，上下水库落差为528米。工程2011年年底开工，2016年一期120万千瓦机组建成发电，增强了电网调峰调频能力，提高了电网安全稳定水平和供电可靠性。

图1　中国洪屏抽水蓄能电站

10.4.2　新型储能

除抽水蓄能以外，电化学储能、压缩空气储能、飞轮储能以及储热等新型储能技术在电力系统中的应用前景也极为广阔。在各类新型储能中，电化学储能技术进步最快，发展潜力最大。锂离子电池储能综合性能较好，可选择的材料体系多样，技术进步较快，目前在电化学储能技术中占据主流。截至2020年年底，全球电化学储能装机规模约1420万千瓦，年平均增长率超过40%[1]。全球最大的锂离子电池储能电站是中国江苏镇江电站，容量约为10万千瓦/20万千瓦时。

目前，锂离子电池储能循环次数为4000~5000次，能量密度达200瓦时/千克。受正负极材料、电解液、系统组件等成本的制约，系统建设总成本为300~350美元/千瓦时。

---

[1] 资料来源：中关村储能产业技术联盟，储能产业研究白皮书2021，2021。

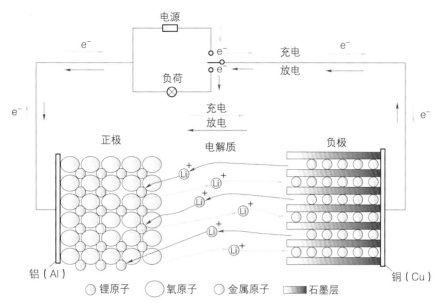

图 10.25　锂离子电池原理示意图

　　提高电池的安全性和循环次数，降低成本是电化学储能发展的重点。预计到 2030 年，成本更加低廉、材料来源更加广泛的非锂系电化学电池，如钠离子电池等，成为电力系统重要的大规模储能设备，全固态电解质的新型锂离子电池实现商业化应用，电池的安全性明显提高，循环次数提升至 7000～8000 次，能量密度提升至 250 瓦时/千克，系统建设成本降至 150～200 美元/千瓦时。

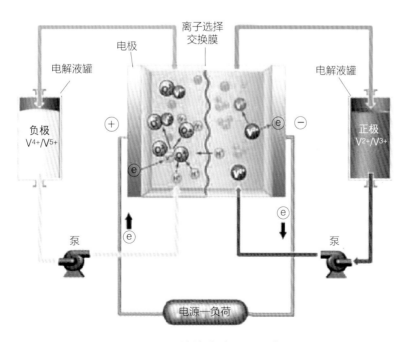

图 10.26　液流电池原理示意图

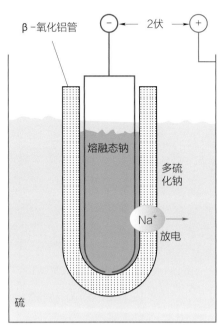

图 10.27　钠硫电池原理示意图

预计到 2060 年，全新结构的锂硫电池、金属空气电池实现大规模应用，电化学储能安全问题得到有效解决，循环次数提升至 1.2 万～1.4 万次，能量密度提升至 350 瓦时/千克，系统建设成本降至 50～70 美元/千瓦时[1]。

压缩空气储能和飞轮储能都可为电力系统提供转动惯量，也是未来高比例新能源电力系统中重要的储能形式。**压缩空气储能**方面，压缩机、膨胀机和发电机等关键设备效率及系统集成水平仍有待提高，能量转换效率较低，约为 50%～60%，功率成本较高，约为 1000～1500 美元/千瓦。未来，改进核心器件、优化储能系统设计、研究新型储气技术与设备、实现设备模块化与规模化，是提高系统效率、使用寿命和降低成本的关键。**飞轮储能**功率密度高，约 5 千瓦/千克，短时间内可输出较大功率，但持续放电时间短（分钟级）。未来，改进飞轮转子材料、研发新型超导磁悬浮技术、优化结构设计、提升制作及装配工艺，是提高功率和能量密度、降低损耗的关键。

10.5　氢能及电制燃料原材料技术

随着能源系统清洁转型的不断深入，供暖、交通等能源消费领域电能替代

---

[1] 资料来源：全球能源互联网发展合作组织，大规模储能技术发展路线图，北京：中国电力出版社，2020。

进程逐渐加快，而航空、航海、工业高品质热、化工、冶金等领域难以直接应用电能实现脱碳。通过清洁电力制取氢、甲烷、甲醇以及氨等燃料原材料直接利用，为这些领域间接实现电气化提供了可行的技术路线。

10.5.1　电制氢

　　氢是质量能量密度最高的物质，具有广阔的应用前景。电制氢主要包括三种技术路线，**碱性电解槽**技术发展成熟、设备结构简单，是当前主流的电解水制氢方法，缺点是效率较低（60%左右）。**质子交换膜**技术能有效减小电解槽的体积和电阻，电解效率可提高到 70%～80%，功率调节更灵活，但设备成本相对昂贵。**高温固体氧化物电解槽**技术利用固体氧化物作为电解质，在高温（800℃）环境下电解反应的热力学和化学动力学特性得以改善，电解效率可达到 90%左右，目前还处于示范应用阶段。

　　提高各类电解槽的转化效率，降低设备成本是电制氢技术发展的重点。预计到 2030 年，清洁能源发电成本和电解设备成本快速下降，电解水制氢将具备经济性优势，电制氢成本可达 2～2.5 美元/千克，逐步成为具有竞争力的制氢方式。**预计到 2060 年**，清洁能源发电成本进一步下降，电解水制氢成本将降至 1～1.1 美元/千克，成为最具竞争力和主流的制氢方式。

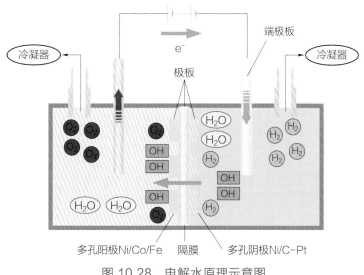

图 10.28　电解水原理示意图

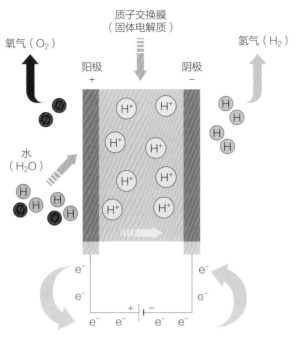

图 10.29　质子交换膜电解槽原理示意图

10.5.2　氢储运

单位质量的氢气蕴含的能量是化石燃料的 3~4 倍，但常温常压下单位体积氢气的能量密度仅为天然气的 1/3。因此，氢储运技术的关键在于提升体积能量密度、降低成本，同时保证氢储运过程的安全性。

1. 氢存储

高压气态储氢技术通过高压将氢压缩，以高密度气态形式进行储存，具有低成本，低能耗，易脱氢的特点，是当前最为成熟的储氢方式。高压氢气通常储存在储氢罐内，其中 20 兆帕的钢质氢瓶已得到广泛的工业应用，35 兆帕和 70 兆帕的纤维缠绕储罐自重轻，储氢密度高，尚处于商业化初期。

低温液态储氢技术将氢气在高压、低温条件下液化后存储，是较为常用的大容量氢气存储方式。低温液态储氢综合运行成本较高，一方面液态储氢对储氢罐的材质要求严格；另一方面氢气液化过程耗能较高，通常占被液化氢气自身总能量的 25%~40%（10~16 千瓦时/千克），远高于天然气液化的能耗水平（约为自身能量的 10%）。

固态储氢技术通过化学或物理吸附将氢气储存于固态材料中，其核心是固态储氢材料，包括金属合金、碳质材料、硼氮基材料、金属有机框架等。其中金属氢化物储氢技术较为成熟，一般具有很高的储氢体积密度，但储氢质量密度较低。目前该类储氢材料初步实现工程示范应用。

化学储氢技术主要包括有机液体储氢、液氨储氢、配位氢化物储氢、无机物储氢等，原理上是通过化学反应将氢转化为另一种容易存储的物质，需要用氢时再通过化学反应将氢释放。化学储氢技术可获得较高的储氢密度，但放氢过程一般需要吸收额外的能量，且得到的氢气还需要提纯。目前该类技术还处于工程示范阶段。

提高储氢密度并降低成本是储氢技术发展的重点。预计到 2030 年，对于大规模固定式储氢，15~50 兆帕的碳纤维缠绕高压氢瓶制造技术进一步成熟，储氢设备成本将下降至 100 美元/千克；对于车用储氢等小规模存储，70 兆帕全复合轻质纤维缠绕储罐技术成熟，实现规模化应用，成本下降至 500 美元/千克。预计到 2060 年，高压储罐成本进一步下降，同时固态储氢材料技术取得突破，实现商业应用，对于大规模固定式储氢设备成本将进一步下降至 50 美元/千克，小规模储氢设备成本下降至 250 美元/千克。

2. 氢运输

常见的氢运输方式主要分为长管拖车（高压气氢）和槽罐车（液氢）公路运输，氢气专用管道输送或天然气管网混输，以及航运输送等。不同运输方式适用于不同的输送距离和输送规模，氢的形态也有所区别。

长管拖车和**槽罐车**是陆路氢气运输的主要运输工具。长管拖车主要用于运输高压气氢，常见的拖车一般装配 8 根储气管，工作压力 0.2~30 兆帕，工作温度为-40~60℃。满载氢气的质量为 200~300 千克，一般运输距离不超过 200 千米，成本为 3~5 美元/（吨·千米）。槽罐车主要用于运输低温液氢，单台液氢槽罐车的满载体积约为 65 立方米，可净运输氢 4 吨，目前主要用于军工和航天领域。在运输距离 500 千米左右的情况下，成本为 2~3 美元/（吨·千米）。

管道输氢可采用纯氢管道运输或利用已有天然气管网进行天然气混氢管道运输。纯氢管道输氢运营成本低，能耗小，运输规模大，是实现氢气大规模长距离运输的重要方式。纯氢管道投资建设成本较高，造价约为天然气管道的1.3~2 倍。天然气管网掺氢混输可利用现有天然气管网实现氢气大规模远距离输送，降低新建设备投资，但不同天然气管网对掺氢比例的接受能力不同，一般在 20%以内；另外，需要考虑终端用能设备对混合气体的适用性，如果需要分离，还将增加额外能耗。

航运输氢对运输体积的要求较高，多采用液氢或载氢化合物（如氨、甲基环己烷）等形式，由于航运的规模效应以及成本对运输距离不敏感，多用于远距离且具备航运条件的场景。目前，日本与文莱直接实现航运输氢的示范性应用，以甲苯-甲基环己烷为氢的载体，通过海运驳船实现从文莱至日本川崎的氢运输，单程约 5000 千米，年运力 210 吨氢。

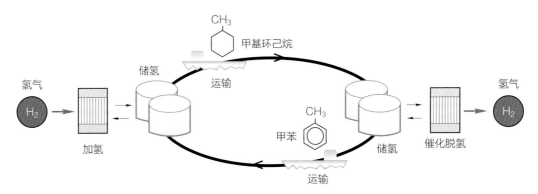

图 10.30　甲基环己烷氢储运示意图

预计到 2030 年，纯氢管道制造技术、减压和调压技术成熟，大规模输氢管道建设成本将与当前天然气管道成本相当，输氢成本在 0.4 美元/千克左右；小规模、中近距离的陆上输氢预计仍将以气氢拖车和液氢槽车为主，成本为 1~1.5 美元/千克。**预计到 2060 年**，纤维增强聚合物复合材料等新型输氢管道实现商业应用，大规模输氢管道建设成本达到当前天然气管道成本的 0.7 ~ 0.8 倍，输氢成本在 0.3 美元/千克左右；海运输氢的成本在 2 美元/千克左右。

10.5.3　电制燃料及原材料

电制燃料和原材料是深度电能替代的主要技术手段，利用绿氢与二氧化碳、氮等可以化合生成各类燃料、原材料，如甲烷、甲醇、氨等，这一过程与能源消费、化工生产以及资源回收、碳捕集过程相结合，碳与氢就成为能量载体，在可再生电力驱动下实现循环利用，净零排放。同时，从这些产物出发可以进一步合成烯烃、烷烃等有机原材料，替代石油和天然气作为化工原料，成为一种重要的人工固碳应用。

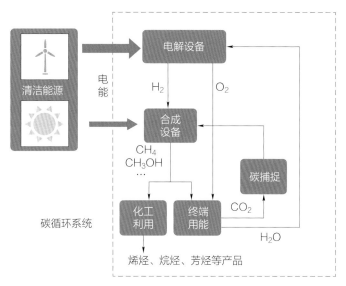

图 10.31 碳循环系统示意图

1. 电制氨

氨是氢气在工业领域规模最大的下游化工产品（耗氢量近半），也是化学工业中产量最大的产品。工业上主要通过哈伯法以氮气和氢气为原料合成氨，合成工艺与制氢原料有关。以电解水制氢代替煤、天然气制氢合成氨，是电制氨最为成熟和现实可行的技术路径。日本、德国已建成可再生能源电转氨示范项目。当前，电制氨的能量转化效率在 40%～44%[1]。以全球光伏项目最低中标电价计算，电制氨的成本可降至 0.6 美元/千克，已接近氨的市场价格（约 0.45 美元/千克）。

提高反应的选择性、能量转化效率，降低设备成本是电制氨技术发展的重点。研发新型高效、低成本催化剂，设计适应性更高的反应器是重点攻关方向。**预计到 2030 年**，优化电解水和哈伯法反应器两套系统的集成和配合，电制氨综合能效可提高到 55%，成本将降至 0.45 美元/千克，电制氨产业实现与化肥产业的紧密结合，成为电制原料产业的代表性产品。**预计到 2060 年**，电制氨成本将进一步降至 0.25 美元/千克，成为最具竞争力的合成氨方式。

2. 电制甲烷

电制甲烷技术路线主要为电解水制氢后通过二氧化碳加氢合成甲烷，选择

---

❶ 资料来源：Aziz M, Oda T, Morihara A, et al., Combined Nitrogen Production, Ammonia Synthesis, and Power Generation for Efficient Hydrogen Storage, Energy Procedia, 2017, 143, 674-679.

性可达 90%以上。德国、西班牙等欧洲国家已建立多项示范工程。在当前的技术和电价水平下，电制甲烷的综合能效在 50%左右，成本为 1.5~1.7 美元/立方米。二氧化碳直接电还原制甲烷也是一条可行的技术路径，主要受制于选择性差、能量转化效率低、反应速率慢等缺陷，尚处于实验室研究阶段。

提高全过程的能量转化效率，降低设备成本是电制甲烷技术发展的重点。预计到 2030 年，电制甲烷综合能效可提高到 60%，成本将降至 0.75 美元/立方米左右，开始在部分终端用户实现示范应用。**预计到 2060 年**，电制甲烷综合能效提高到 70%，成本将降至 0.35 美元/立方米，在远离天然气产地的用能终端得到广泛应用。

3. 电制甲醇

甲醇是优质能源，也是碳—化工的重要原料，电制甲醇是制备其他液体燃料和原材料的基础。借助甲醇化工产业链可实现烯烃、烷烃等一系列有机化工原料的制备，摆脱对石油、天然气资源的限制获取有机原料。目前，较成熟的电制甲醇技术路线为电解水制氢后通过二氧化碳加氢合成甲醇，该工艺尚存在单程转化率低、催化剂易失活、能量转化效率不高等缺陷，电制甲醇成本为 0.9~1.2 美元/千克，高于煤、天然气制甲醇的成本（0.25~0.35 美元/千克）。此外，二氧化碳直接电还原制甲醇也是电制甲醇的可行路径。与直接电制甲烷类似，这项技术目前存在选择性差、产物复杂分离成本高、反应速率慢等缺陷，尚处于实验室研究阶段。

提高全过程能量转化效率，降低设备成本是电制甲醇发展的重点。 研发高效反应器和催化剂、提高副产热量利用效率、研究二氧化碳直接电还原制甲醇技术是重点攻关方向。**预计到 2030 年**，开发出高效、稳定、高选择性二氧化碳甲醇化反应催化剂，通过完善甲醇化辅机设备，以多次循环利用燃料气提高反应总体转化率，同时增加反应余热回收利用，电制甲醇成本将降至约 0.55 美元/千克，在清洁能源富集地区逐步开展商业化实验和示范。**预计到 2060 年**，二氧化碳甲醇化反应的单程转化率、选择性有显著提升，电解槽、辅机等设备成本显著下降，同时二氧化碳直接电还原制甲醇技术取得突破，在原料需求终端得到广泛应用，预计电制甲醇成本将降至 0.25 美元/千克，初步构建以电制甲醇为核心的电制液体燃料和原材料产业链，以清洁能源为驱动力，水和二氧化碳为"粮食"的电制原材料开始走进千家万户。

10.6　碳捕集封存与利用技术

10.6.1　二氧化碳捕集、利用与封存

CCUS 是指将二氧化碳从排放源中分离后捕集、直接加以利用或封存以实现二氧化碳减排的过程，主要包括碳捕集、输送、封存和利用技术。当前全球 CCUS 项目超过 400 个，其中 40 万吨以上的大规模综合性项目达 43 个，主要分布在北美、欧洲、澳大利亚和中国。CCUS 技术环节多，成本构成复杂。**碳捕集技术方面**，燃烧后捕集相对成熟，可用于大部分火电厂的脱碳改造。随着新型膜分离技术和增压富氧燃烧技术进步，第二代燃烧后捕集技术逐渐成熟，能耗为 0.07～0.09 吨标准煤/吨二氧化碳[1]。**输送技术方面**，目前全球二氧化碳陆路车载运输和内陆船舶运输技术较为成熟，成本分别约为 0.17 美元/（吨·千米）和 0.05 美元/（吨·千米）。二氧化碳陆地管道输送技术是最具应用潜力和经济性的技术，目前输送成本低于 0.15 美元/（吨·千米）。二氧化碳海底管道输送技术尚处于概念研究阶段。**封存技术方面**，二氧化碳的陆上咸水层封存成本为 9～14 美元/吨，海底咸水层封存成本为 45～50 美元/吨，枯竭油气田封存成本为 7.5～9.5 美元/吨。捕集后的二氧化碳可在地质、化工、生物等领域实现转化和利用。**地质利用方面**，二氧化碳强化石油开采技术（CO_2-EOR）已可应用于驱油与封存示范项目。**化工利用方面**，将二氧化碳作为碳源，合成甲醇、烯烃等高价值化工品，实现资源化利用。**生物利用方面**，以生物转化为主要手段，将二氧化碳用于生物质合成，可生产食品、饲料、生物肥料、生物燃料和气肥等。生物利用技术的产品附加值较高，经济效益较好。

CCUS 技术能够移除化石燃料燃烧与工业过程碳排放的二氧化碳，并充分利用其生产石油、天然气、矿产、材料、饲料与食品等一系列产品，是全球未来减少碳排放的重要技术手段。

提高二氧化碳捕集效率、降低能耗与成本，减少二氧化碳输送过程中的泄漏，提高运输稳定性和地质封存的安全性是 CCUS 技术发展方向。其中，应用于燃烧后捕集的新型复合吸收剂研发、二氧化碳低温分馏技术、二氧化碳管网系统设计制造、二氧化碳利用与封存一体化技术等是重点攻关方向。

---

[1] 资料来源：全球碳捕集与封存研究院，全球 CCS 现状报告 2019，2019。

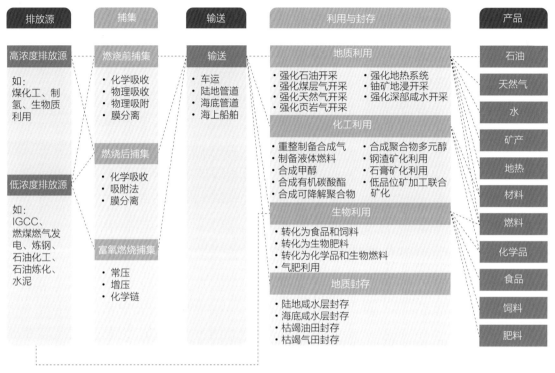

图 10.32　CCUS 技术流程及分类示意图[1]

10.6.2　生物质碳捕集与封存

生物质碳捕集与封存（BECCS）技术是结合生物质能和二氧化碳捕集与封存来实现温室气体负排放的技术[2]，通过将生物质燃烧或转化过程中产生的二氧化碳进行捕集和封存，实现二氧化碳与大气的长期隔离[3]。由于生物质本身通常被认为是零碳排放，即生物质燃烧或转化产生的二氧化碳与其在生长过程吸收的二氧化碳相当。因此，其封存的二氧化碳在扣除相关过程中的额外排放之后，能够实现负排放[4]。

---

[1] 资料来源：科学技术部社会发展科技司、中国 21 世纪议程管理中心，中国碳捕集利用与封存技术发展路线图，2019。

[2] 资料来源：常世彦、郑丁乾、付萌，2℃/1.5℃温控目标下生物质能结合碳捕集与封存技术(BECCS)，全球能源互联网，2019，2(03)：277-287。

[3] 资料来源：Global Carbon Capture and Storage Institute (GCCSI), Bioenergy and Carbon Capture and Storage, 2019.

[4] 资料来源：IEA, Biomass with Carbon Capture and Storage (BECCS/Bio-CCS), 2017.

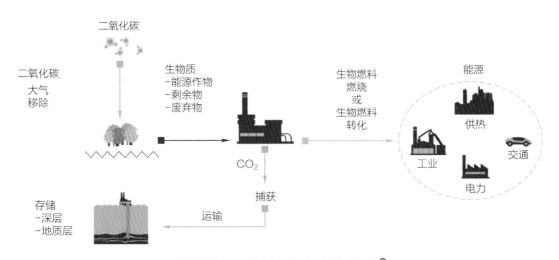

图 10.33　BECCS 基本原理示意图[1]

应用 BECCS 技术的项目较少，主要分布在欧美地区。截至 2019 年年底，全球共有 27 个 BECCS 项目，其中有 7 项在运，包括 1 个大型项目和 6 个示范试点项目，年二氧化碳捕集量约为 160 万吨[2]。

BECCS 技术链条长，技术种类众多，不同技术间应用成本差异较大，每吨二氧化碳减排所需成本介于 15～415 美元之间[3]，2015 年 BECCS 平均技术成本约为 145 美元/吨，未来成本将逐步下降。研究显示，生物质燃烧耦合碳捕集与封存技术的二氧化碳减排总成本最高，为 90～300 美元/吨；生物质制乙醇耦合碳捕集与封存技术的二氧化碳减排成本相对较低，为 22～185 美元/吨。**预计到 2030、2060 年**，成本将分别降至 110 美元/吨和 90 美元/吨[4]。

10.6.3　直接空气捕集

直接空气捕获（DAC）指通过物理或化学的方式直接分离空气中的二氧化碳并捕集，捕获的二氧化碳经过纯化封存或者再利用。目前 DAC 技术有多个技术路线，其中氢氧化物溶液捕获二氧化碳技术利用氢氧化物溶液直接吸收二氧化碳，然后将该混合物加热至高温释放二氧化碳，以便将其储存并重新使用氢氧化物，成本相对较低。其中，美国得克萨斯州在建的氢氧化物直接空气捕集

---

[1] 资料来源：GCCSI, Bioenergy and Carbon Capture and Storage, 2019.

[2] 资料来源：常世彦、郑丁乾、付萌，2℃/1.5℃温控目标下生物质能结合碳捕集与封存技术(BECCS)，全球能源互联网，2019，2(03)：277-287。

[3] 资料来源：GCCSI, Bioenergy and Carbon Capture and Storage, 2019.

[4] 资料来源：Huang X, Chang S, Zheng D, et al., The Role of BECCS in Deep Decarbonization of China's Economy: A Computable General Equilibrium Analysis, Energy Economics, 2020, 104968.

项目，每年二氧化碳捕集量可达 100 万吨。另一种使用胺吸附剂的小型模块化反应器的技术成本较高，但由于可进行模块化生产，加上释放二氧化碳用于存储所需的温度较低，具有一定发展潜力。

DAC 技术发展机遇与挑战并存。与 CCUS 技术以高浓度排放源为基础进行捕获的方式不同，DAC 技术不依赖于排放源地理位置的变化，因而在无法大规模布局 CCUS 和负排放技术的领域具有一定应用潜力。但从捕获—运输—封存利用的全技术链的角度考虑，空气中二氧化碳浓度很低，从空气直接捕集二氧化碳成本高昂，加上二氧化碳输送和储存成本，目前 DAC 的减排成本为 90~230 美元/吨二氧化碳。未来 DAC 的发展程度取决于技术方案的经济性与适用性。

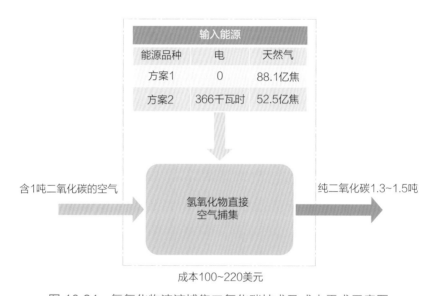

图 10.34　氢氧化物溶液捕集二氧化碳技术及成本需求示意图

为满足工业领域深度脱碳及全社会碳中和要求，全球通过 CCUS、BECCS 和 DAC 等碳移除技术的碳捕集量逐年增加。**预计到 2030 年**，碳捕集项目初具规模，达到 8.4 亿吨/年；**预计到 2060 年**，增至 62 亿吨/年。

10.7　数字智能技术

以新一代数字技术为代表的第四次工业革命正在向经济社会各领域全面渗透，引领生产方式和经营管理模式快速变革。世界主要国家已在数字化转型方面加大力度，积极推进产业数字化、智能化，促进数字经济与实体经济、智能系统、物理系统的深度融合，推动社会经济高质量发展。数字智能技术的蓬勃发展使人类生产生活方式产生巨大变化，也将成为推动能源系统清洁发展的重要创新动力。

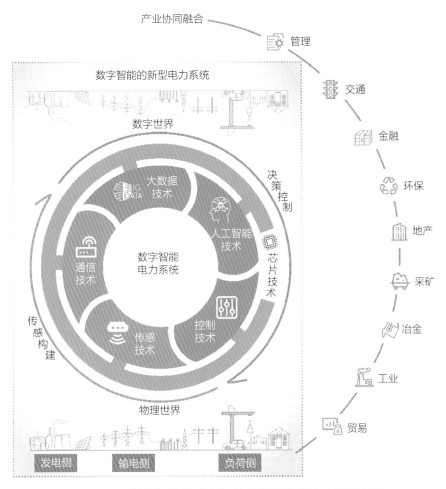

图 10.35　数字智能技术在智慧电力系统中的功能示意图

　　电力数字智能发展是发电清洁化和终端电气化新形势下电力行业发展的必然要求，高度发达的信息技术、通信技术和智能技术将成为构建新型电力系统的重要基础。电力系统将依托数字智能技术增强对分布式新能源的监控能力，提升新能源利用水平；发挥数据的生产要素作用，打通源网荷储各个环节，用数据流引领和优化能量流、业务流、信息流；增强系统灵活性、开放性、交互性、经济性和共享性，构建更加智能、安全、绿色和高效的新一代电力系统。

　　电力数字智能技术的发展、应用与推广，是能源电力行业实现智能化的关键。主要包括传感技术、通信技术、大数据与人工智能等关键技术。

10.7.1　传感技术

　　传感技术是实现物理世界和数字世界映射的基础，是实现电力系统可观测、可分析、可预测和可控制的前提。在能源网络规模越来越大、实时性要求越来越高的背景下，传感技术发展和进步的重要性与迫切性都被提升到前所未有的高度。近年来，先进传感技术的应用将能源电力系统推向新的发展阶段。其中，微机电系统（Micro-Electro-Mechanical System，MEMS）传感器、光纤传感器中应用了新机理、新材料，能够实现传感器的微纳集成与高度灵敏，实现对能源电力系统状态和趋势更加精准、快速的感知。

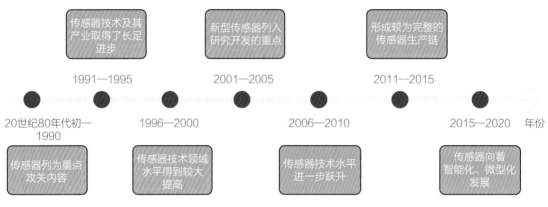

图 10.36　传感器发展历程示意图

　　新型传感器组网与自取能技术是传感技术重要的研究方向。总体看，传感技术将向低成本集成化、抗干扰内置化、多节点自组网、低功耗等方向发展，重点研发内容包括，多参量融合 MEMS 传感技术、嵌入式 MEMS 传感器、光纤电压电流测量技术、分布式光纤感知基础理论研究、电力能源装备内部光学状态检测技术、装备内部缺陷特征信息研究、传感器自取能技术等。**预计到2030 年，**传感技术全面成熟，支撑电力系统发电、输电、变电、配电和用电各环节的电气量、状态量和环境量可实现广泛实时感知。在发电环节，光照强度、风力风速等新能源发电状态感知得到推广应用，大大提升新能源发电出力预测精度；在输电环节，线路状态感知是研究热点，变压器、高压开关等重要设备的局部放电、温度、气体组分变化等环境量实现在线监测。

10.7.2　通信技术

　　通信技术实现了数据、信息、指令的快速传输，大大加速了信息的流动，缩短了空间距离，提高了社会经济的运行效率，创造了巨大的社会效益。电力系统对通信安全、速度有更高要求，需要与先进通信技术深度融合。电力通信是电网调度自动化、网络运营市场化的基础。电力通信网是专门服务于电力系统运行、维护和管理的通信专网，由发电厂、变电站、控制中心等部门相互连接的信息传输系统以及设在这些部门的交换系统或终端设备构成，是电网二次系统的重要组成部分。作为电力系统的支撑和保障系统，电力通信网不仅承担着电力系统的生产指挥和调度，同时也为行政管理和自动化信息传输提供服务。按照承载功能划分，各级骨干通信网一般由传输网、业务网和支撑网组成。随着通信技术进步，电力通信方式从单一通信电缆、电力线载波向 5G、光纤、微波和卫星通信等方式转变。

更大容量、更广覆盖、更低时延、更高安全性是电力通信技术发展的方向。通信技术的研发与应用方向包括，大容量骨干光通信网建设、宽带无线专网构建、实用化无中继超长站距光传输技术、确定性延时关键技术研究、极寒极热等场景适应性研究等。**预计 2030 年**，随着能源互联网规模和领域的不断扩展，将建成覆盖发电、输电、配电和用电全程全网的能源电力通信网络，形成光纤、5G、卫星等多种通信方式有机融合的空天一体化网络，实现与社会综合大数据的安全连通，全面支撑能源互联网运营和全社会零碳转型发展。

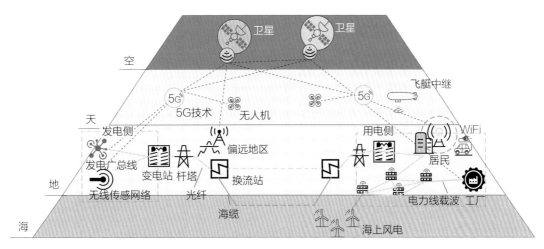

图 10.37　空天地海一体化通信网络示意图

10.7.3　大数据与人工智能

大数据技术是依托云计算等方法，对海量、高增长率和多样化的信息，进

全球碳中和之路

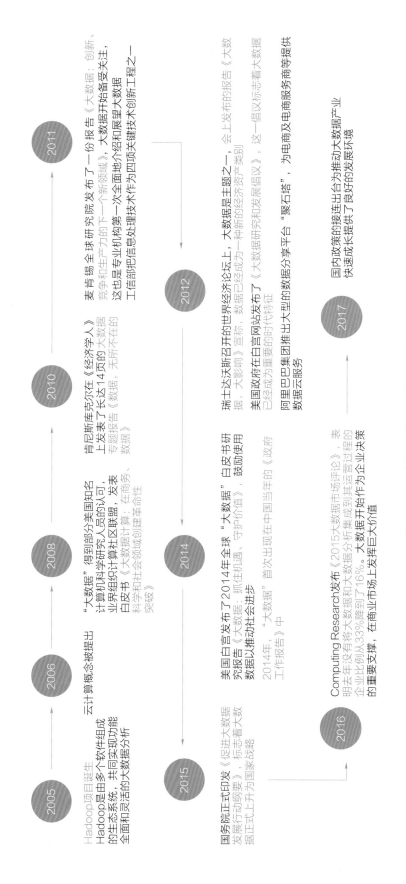

图 10.38　大数据发展历程示意图

386

行分析管理的技术，伴随计算速度与数据处理需求的提升，大数据技术得以广泛应用。**人工智能**是计算机科学的一个分支，旨在研究智能的实质并尝试创造能与人类相似方式做出反应的智能机器，该领域的研究包括机器人、语言识别、图像识别、自然语言处理和专家系统等。**大数据与人工智能技术目前正在逐步应用于现代电力系统，成为构建智能电网的关键技术。**

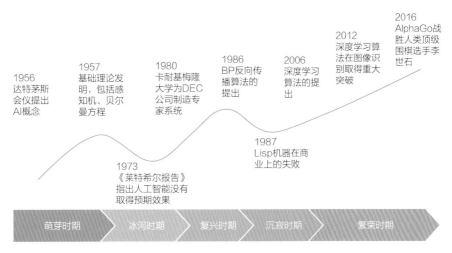

图 10.39　人工智能发展历程示意图

智能电网建立在集成、高速双向通信网络的基础上，通过先进传感和测量技术、设备制造技术、控制方法以及决策支持技术的应用，实现可靠、安全、经济、高效的运行目标，是能源电力技术、数字智能技术和电网基础设施高度集成的现代化电网。智能电网的主要特征包括抵御攻击、电网自愈、激励和保护用户、提高电能质量、容许各种发电设备广泛接入、高效管理电网资产。

大数据技术将进一步向分布式架构、处理、数据存储和虚拟化等方向发展。具体包括，数据软采与硬采方式优化、大数据存储技术可用性提升与成本降低、庞大结构化与半结构化数据深度分析挖掘、非结构化数据分析以及大数据安全与隐私保护等方面，完善电力数据平台，支撑企业业务协同贯通，为数字生态价值体系建设奠定基础。**人工智能技术将在群体智能、混合增强智能、认知智能和无人智能等方面实现进一步的突破。**研究应用方向包括，蚁群优化算法、粒子群优化算法、复杂人机问题泛在协作、多功能多媒体监控的无人智能系统、高安全风险领域的替代应用等。

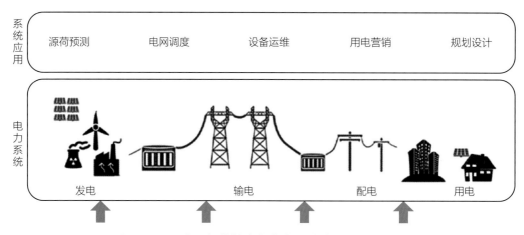

图 10.40   人工智能技术在电力系统中的应用示意图

　　预计 2030 年，智能电网将基于大数据、人工智能和其他数字智能技术实现升级。依托超大规模的硬件资源整合、超强计算能力，提供便捷、虚拟化、高通用的专业服务，实现电网运营、业务管理和产业融合全面数字化。凭借广泛互联，实时收集发电、输电和用电数据并实现电网云存储，在大数据中心进行及时加工和分析；分析结果一方面支撑电力系统调度、运行、管理的优化，另一方面支撑构建电—碳市场。新一代智能电网强大的"电力+算力"能力，将有力增强电力系统的灵活性、开放性、交互性、经济性和共享性。

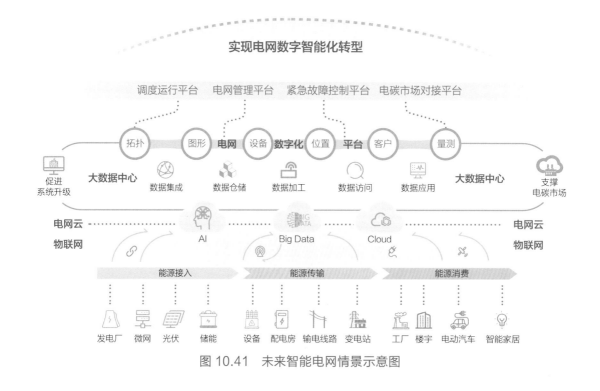

图 10.41   未来智能电网情景示意图

10.8　小结

- **零碳负碳技术的创新突破是实现全球碳中和的根本支撑。**当前，各类零碳负碳技术发展水平和成熟度各不相同，特高压输电、清洁能源发电、电制热等技术已成熟，在能源清洁转型中发挥着重要作用，应用前景广阔。大规模储能、电制燃料原材料、碳捕集封存与利用等领域，技术有待突破、经济性需要提升，为实现碳中和创造条件。

- **特高压输电技术：**在能源优化配置中发挥关键作用。特高压交流、直流输电技术将大规模推广应用，**预计到 2030 年，**特高压交流变电站和直流换流站成本将降低 10%～25%，**预计到 2060 年，**再降 15%左右。特高压柔性直流输电、大容量海底电缆技术逐步成熟，在清洁能源大规模、远距离输送以及大范围广泛互联方面将发挥重要作用。

- **清洁能源发电技术：**经济性水平快速提升。光伏、风电发电已实现平价上网。**预计到 2030 年，**光伏和风电的度电成本分别降至 2.2、3.8 美分/千瓦时；**预计到 2060 年，**进一步降至 1、2 美分/千瓦时。氢燃料电池技术基本成熟，经济性有待提高；纯氢燃机发电技术有待突破，**预计到 2030 年，**实现工程示范；**预计到 2060 年，**氢发电效率可达到约 60%，成为系统重要的调节电源。

- **电化学储能技术：**逐步成为系统重要的灵活性来源。**预计到 2030 年，**全固态锂离子电池、钠离子电池等成为主要的电化学储能技术，安全性明显提高，建设成本降至 150～200 美元/千瓦时；**预计到 2060 年，**全新结构的锂硫电池、金属空气电池实现大规模应用，电化学储能安全问题得到解决，建设成本降至 50～70 美元/千瓦时。

- **电制燃料原材料技术：**需要重点突破，降低成本。以电制氢为代表的电制燃料及原材料技术在催化剂和工艺设计等方面还存在瓶颈，**预计到 2030 年，**取得突破；**预计到 2060 年，**电制氢、氨、甲醇和甲烷的成本分别降至 1、0.25、0.25 美元/千克和 0.35 美元/立方米，成为实现净零排放的重要技术支撑。

● **二氧化碳捕集与封存等负碳技术：**链条长、路线多、能耗高，封存难度大，需要在不同技术路线上广泛研究、试点验证、重点突破，力争在 2030 年后碳捕集规模化应用，达到 8.4 亿吨/年；2060 年增至 62 亿吨/年，支撑实现全面中和。

11 亚洲碳中和实现路径

亚洲是世界经济发展的重要引擎，洲内多数是发展中国家，正处于快速工业化、城镇化进程中，经济将在较长一段时期保持增长态势，能源电力需求有较大上升空间，碳减排压力大。经济社会发展全面绿色转型已经在亚洲形成共识，各国根据各自的发展基础和阶段，提出了本国碳中和发展目标。实现亚洲碳中和，关键是发挥清洁资源优势，推动清洁能源开发利用、大范围资源配置，加强能源基础设施升级改造和互联互通，构建亚洲能源互联网，提升清洁电力供应能力，减少温室气体排放，推动实现高质量发展。

11.1 现状与趋势

11.1.1 经济社会

1. 经济发展

经济体量大，未来增长动能依然强劲。 2019 年亚洲各国 GDP 总和近 29 万亿美元，占全球经济总量的 33%，居各大洲之首；人均 GDP 为 6379 美元；GDP 增速 5.2%。亚洲对全球经济增长贡献率近 49%，约 2/3 的亚洲发展中国家实现了经济快速增长。结合亚洲经济发展现状，预测 2021—2030 年亚洲 GDP 增速将达到 4.7% 左右，2031—2050 年保持在 4% 左右，2051—2060 年则约为 3.4%；按照 2020 年不变价美元，2060 年亚洲 GDP 预计达到 146.6 万亿美元，人均 GDP 将达到 2.8 万美元。

表 11.1 亚洲 GDP 预测

年份	2021—2030	2031—2040	2041—2050	2051—2060
GDP 平均增速（%）	4.7	4.1	3.7	3.4
年份	2025	2035	2050	2060
GDP 总量（万亿美元，2020 年不变价）	39.4	60.0	104.9	146.6
人均 GDP（美元，2020 年不变价）	8160	11765	19829	27708

　　各国积极推动绿色转型发展。中国宣布力争 2030 年前实现碳达峰，2060 年前实现碳中和，加快调整优化产业结构、能源结构，推动能源消费方式的转变。**日本**力争 2030 年温室气体排放量比 2013 年减少 46%，并向减少 50% 的目标努力，提出《2050 碳中和绿色增长战略》作为面向 2030 年以及 2050 年日本能源中长期发展规划的政策指南和行动纲领。**韩国**宣布将在 2050 年前实现碳中和，发布《韩国 2050 年碳中和实施方案（草案）》并制订了三个温室气体净排放量值估算方案。**印度**表示 2030 年计划实现 4.5 亿千瓦的可再生能源目标，大力发展氢能等新兴能源，加速可再生能源建设和数字化改造。**印度尼西亚**重视能源开发利用方式多样化，实施可再生能源工程，积极发展水电、地热能、太阳能等清洁能源。**沙特阿拉伯**发布《2030 愿景》《国家转型计划》，积极推动发展油气和矿业、可再生能源、数字经济、物流等产业，将可再生能源发电占比提升至 4%。**哈萨克斯坦**积极转变高耗能发展模式，建立严格的排放限制和废弃物管理办法，力争到 2030 年温室气体排放量较 1995 年减少 30%。

2. 社会发展

　　亚洲是世界人口第一大洲，劳动力丰富。2019 年亚洲人口达 45.4 亿人，占世界总人口约 60%，人口密度 91 人/平方千米，居各大洲首位，其中东亚、

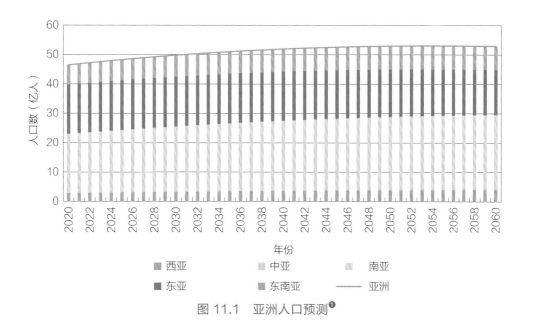

图 11.1　亚洲人口预测❶

---

❶ 资料来源：联合国，世界人口展望，2019。

南亚是世界人口密度最大的地区，人口数分别为 16 亿、18 亿人，占亚洲总人口的 40%、40.9%。中国、朝鲜、印度尼西亚、马来西亚、菲律宾等国家劳动力资源丰富、劳动力成本较低。日本、新加坡等国拥有大批具有较好知识体系和技术素养的人才，人才红利逐步显现。2060 年，亚洲人口总数将达约 52.9 亿人，继续稳居世界人口第一大洲。

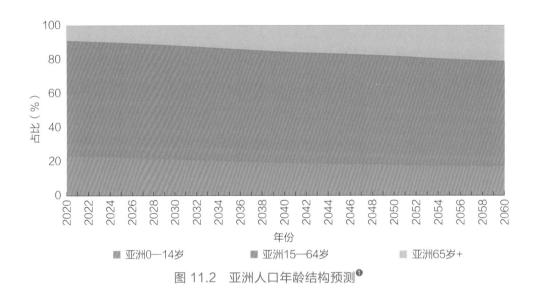

图 11.2 亚洲人口年龄结构预测[1]

城镇化规模不断扩大。亚洲整体城镇化水平约为 50%，经济发展带动主要国家城市化水平不断提高。2019 年，新加坡已实现全面城镇化，日本城镇人口比例达 92%。1978—2019 年，中国城镇常住人口从 1.7 亿人增长到 8.5 亿人，城镇化率从 17.9% 提高到 60.6%。泰国、越南城镇人口比例分别约为 51%、37%。印度大量人口向城市集聚，100 万人以上人口大都市数量急剧增加，城镇化率约为 35%。中亚和西亚城镇化进程持续推进，各地区城镇化发展速度与发展水平具有明显差异。

区域合作不断深化。亚洲正形成多层次、多方位复合型地区合作网络，区域经济一体化程度不断提高。区域内贸易、生产、投资相互依存度高，亚洲主要经济体对亚洲内部的贸易依存度在 50% 左右，东盟和中国在亚洲贸易中居于核心位置。"一带一路"倡议、《区域全面经济伙伴关系协定》（RCEP）、《东盟互联互通总体规划 2025》、欧亚经济联盟建设等进一步加深了区域经贸合作，区域内部货物、服务、直接投资、金融市场等领域贸易规模持续增加。

---

[1] 资料来源：亚洲开发银行，如何填补亚洲劳动年龄人口的差距，2016。

11.1.2　资源环境

1. 自然资源

矿产资源丰富。亚洲的矿物种类多、储量大，镁、铁、锡等储量均居世界首位，其中锡矿储量占比高达世界总储量的 60% 以上。从矿产分布看，东南亚拥有世界最大的锡矿带，其中马来西亚锡矿砂产量居世界第一位，同时铜、镍、钛、钾等资源也十分丰富；中亚的铁、锰、铜、钾等矿藏丰富，其中哈萨克斯坦铬铁矿探明储量仅次于南非、津巴布韦，居世界第三；西亚的铁矿储量大、品位高，此外铜、铬、铅、锌等储量也非常丰富。

化石能源资源总量丰富、分布不均衡。亚洲煤炭资源探明储量约 3196 亿吨，占全球的 30%，主要分布在中国、印度、印度尼西亚和哈萨克斯坦，其煤炭储量占亚洲的 95%。石油探明储量约 1242 亿吨，占全球的 46%，主要分布在伊朗、伊拉克、科威特、沙特阿拉伯和阿联酋等西亚国家，其石油储量占亚洲的 91%；西亚的石油品质好、易开采、成本低、竞争力强。天然气探明储量约 116 万亿立方米，占全球的 58%，主要分布在卡塔尔、伊朗和土库曼斯坦，其天然气储量占亚洲的 66%。

2. 生态环境

二氧化碳排放总量大，上升态势趋缓。1990—2016 年，亚洲化石燃料燃烧产生的二氧化碳气体排放由 51 亿吨增至 171 亿吨，占全球总量的 53%，年均增速为 4.3%。2020 年亚洲化石燃料燃烧产生的二氧化碳排放尚未达峰，2014 年以来排放量基本稳定在 170 亿吨左右。化石燃料燃烧产生的二氧化碳排放主要来源于煤的燃烧。2016 年，煤炭、石油和天然气燃烧产生的二氧化碳分别占化石燃料燃烧产生二氧化碳总量的 62%、24% 和 14%。

各国应对气候变化共识较高。为应对气候变化挑战，亚洲温室气体排放占比较高的国家签署了《巴黎协定》，制定了国家自主贡献目标和中长期减排战略。中国承诺力争实现 2030 年前碳达峰，2060 年前碳中和。印度承诺 2030 年前实现碳排放强度相对 2005 年降低 33%～35% 的目标。日本承诺 2050 年温室气体排放量相较当前水平降低 80%，即到 2050 年实现年排放目标约 2.5 亿～2.8 亿吨二氧化碳当量。

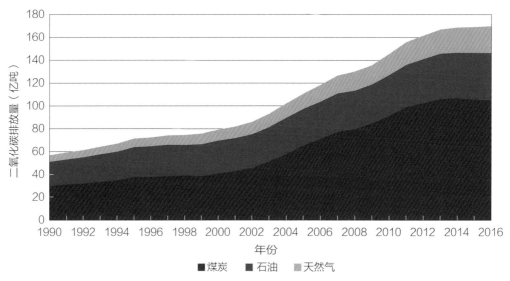

图 11.3 亚洲化石能源燃烧产生的二氧化碳变化

11.1.3 能源电力

1. 能源生产与消费

能源生产以煤油气为主，总量快速增长。 2000—2018 年，亚洲能源生产量从 53 亿吨标准煤增长到 95 亿吨标准煤，年均增长 3.3%，增速居全球首位。人均能源生产量 2 吨标准煤，相当于全球平均水平的 77%[1]。亚洲煤炭生产量先增后降，从 2000 年 19.5 亿吨增长到 2013 年峰值 53.2 亿吨，之后小幅波动下降至 53.1 亿吨，占亚洲能源生产量比重下降到 39%。

一次能源消费持续增长，化石能源占比超过 80%。 亚洲一次能源消费总量从 2000 年 48.1 亿吨标准煤大幅增长至 2018 年 92 亿吨标准煤，年均增长 3.7%[2]。化石能源消费占一次能源消费的比重从 2000 年的 77%上升至 2018 年的 86%，其中煤炭、石油、天然气在一次能源消费中占比分别为 42%、27%、17%。清洁能源比重从 23%下降至 14%，低于全球平均水平 5 个百分点。

---

[1] 资料来源：国际能源署，世界能源平衡，2017。
[2] 一次能源消费总量默认采用热当量法，如采用发电煤耗法，一次能源消费总量是 95 亿吨标准煤。

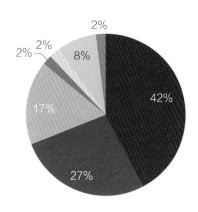

图 11.4　2018 年亚洲一次能源消费结构

煤炭 **石油** **天然气** **水能** **核能** **生物质能** **其他可再生能源**

终端能源消费以化石能源为主，电能比重上升。 2000—2018 年，亚洲终端能源消费总量从 33.1 亿吨标准煤增长至 62.3 亿吨标准煤，年均增长 3.6%，占全球比重增至 46%。2018 年，终端煤炭、石油、天然气消费占比分别为 21%、34%、11%。2000—2018 年，生物质能占终端能源比重从 21%下降到 10%，电能消费大幅增长，比重从 14%提高到 22%，比全球平均水平高 3 个百分点。

2. 电力现状

电力消费总量大，人均用电量水平偏低。 2018 年亚洲总用电量约 13 万亿千瓦时，占全球用电量的 50%。2010—2018 年，亚洲用电量年均增速 5.7%。电力消费主要分布在东亚和南亚，2018 年东亚和南亚用电量分别占亚洲总用电量的 67% 和 14%。亚洲整体电力普及率约 95%，仍有约 2.4 亿无电人口，主要分布在南亚和东南亚。2018 年，亚洲年人均用电量 2900 千瓦时，低于世界平均水平。

表 11.2　2018 年亚洲电力发展现状

区域	装机容量 （万千瓦）	用电量 （亿千瓦时）	年人均用电量 （千瓦时）	电力普及率 （%）
东亚	241789	87138	5229	99
东南亚	24896	10468	1597	95
南亚	46887	17963	1011	90
中亚	5088	2069	2872	100
西亚	32577	12207	3983	97
亚洲	351237	129845	2900	95

清洁能源装机容量占比超过 1/3。2018 年，亚洲总装机容量 35.1 亿千瓦。清洁能源装机容量 12.5 亿千瓦，占比 35%，其中太阳能发电、风电装机容量分别为 2.8 亿、2.3 亿千瓦，常规水电装机容量 4.9 亿千瓦。2018 年，亚洲清洁能源发电量 3.5 万亿千瓦时，占比 27%。

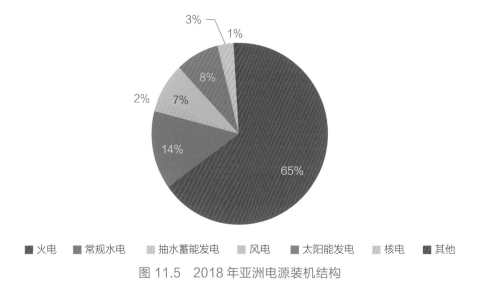

图 11.5　2018 年亚洲电源装机结构

各国电网发展水平差异较大，跨国互联有一定基础。中国已建成世界上规模最大、配置能力最强的特高压交直流混合电网。日本基本形成全国联网，建成 500 千伏交流主网架。东南亚电网跨境电力交换具有一定规模，国家之间多以点对网送电或电网单带邻国部分负荷的方式进行双边跨境电力交换，跨国互联电压等级主要是 220 千伏及以下。中亚各国形成以 500/220 千伏为主网架的交流电网。南亚电网互联较为紧密，印度与周边国家实现多回跨国互联。西亚海湾六国通过 400 千伏或者直流背靠背接入互联电网，实现备用容量共享。

11.2　减排路径

11.2.1　减排思路

亚洲经济发展迅速，具有劳动力成本优势、清洁资源优势，碳减排潜力大，各国减排共识强。未来，通过加快构建亚洲能源互联网能够实现 2030 年前碳达峰，2060 年前碳中和。

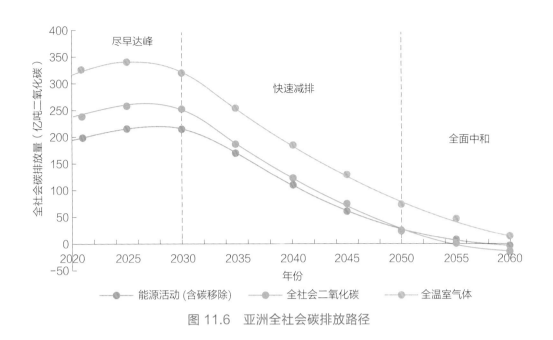

图 11.6   亚洲全社会碳排放路径

总体思路是以低碳转型为主线，以清洁促发展、以发展促减排，加速清洁能源集约化发展和电网互联互通，将资源优势转化为经济优势，减缓气候变化、提升气候韧性，实现经济繁荣、社会进步、气候治理和环境保护的全面协调发展。结合亚洲在气候环境、经济社会和能源电力领域的特点，碳中和路径总体可分为**尽早达峰、快速减排、全面中和**三个阶段。

第一阶段：尽早达峰阶段（2030 年前）。 以控制化石能源总量为重点，实现 2030 年前全社会二氧化碳排放达峰，峰值控制在 261.9 亿吨。其中，能源活动碳排放同步达峰，峰值约 218.6 亿吨。工业生产过程排放控制在 26.6 亿吨。通过碳捕集利用与封存等方式，到 2030 年实现碳移除 4.3 亿吨。通过加速构建亚洲能源互联网，大部分国家将于 2030 年前实现碳达峰，并进一步强化各国自主减排贡献（NDCs）目标。尽早达峰、控制峰值将使亚洲在实现碳中和目标、实现低碳转型上占据更大主动。

第二阶段：快速减排阶段（2030—2050 年）。 以全面建成亚洲能源互联网为重点，实现清洁能源优化配置，加速能源系统脱碳。2050 年电力系统实现近零排放，全社会二氧化碳排放降至 26.5 亿吨，下降近 90%，其中能源系统排放约 25.3 亿吨，相比峰值下降超过 88%，亚洲碳中和取得决定性成效。全面建成亚洲能源互联网是能源系统实现近零排放的基础，对于实现全社会碳中和具有基础性、关键性作用。

第三阶段：全面中和阶段（2050—2060 年）。以深度脱碳和碳捕集、增加林业碳汇为重点，能源和电力生产进入负碳阶段，2060 年前实现全社会碳中和。其中，能源活动碳排放 4.2 亿吨、工业生产过程排放 12.6 亿吨、土地利用变化和林业碳汇 16.7 亿吨、碳移除约 26 亿吨。通过保持适度规模负排放，控制和减少亚洲累积碳排放量。

11.2.2　减排重点

能源系统脱碳。加速清洁能源开发外送，建立有利于清洁能源规模化、集约化开发和大范围互补、高效利用的机制，迅速提高清洁能源在能源供应中的比重，到 2050 年，清洁能源占一次能源消费比重达 72%。大力推动以电代煤、以电代油、以电代气、以电代初级生物质能，到 2050 年，电能在终端能源消费占比达到 51%。2050 年化石能源排放（不含碳移除）由 2020 年约 200 亿吨减少至 50.9 亿吨，降幅达 75%，2060 年前实现能源领域净零排放。

电力系统脱碳。通过开发西亚、中亚、蒙古、中国西北和印度西部等地区太阳能资源，中国西北部和哈萨克斯坦中部、南部等地区风电资源，雅鲁藏布江、印度河和恒河等流域的水能资源，到 2050 年，清洁能源发电量占比达 95%以上。通过电网互联互通建设，形成由东亚、东南亚、中亚、南亚和西亚五个区域电网组成的互联电网，与欧洲、非洲和大洋洲互联，实现清洁能源资源的大范围优化配置。2050 年亚洲电力系统实现近零排放。

碳捕集及增加碳汇。通过植树造林、退耕还林等措施实现土地利用与林业领域由碳源到碳汇的转变，到 2050 年亚洲退耕还林成效显著，森林覆盖率大幅提升，碳汇量达到 15.5 亿吨。推动碳捕集利用与封存技术逐步商业化应用，在电力行业实施碳捕集、利用与封存工程，使其成为助力亚洲实现碳中和的重要手段。2030 年后碳捕集、利用与封存技术规模化应用于能源领域；2050 年碳捕集、利用与封存量达到 25.7 亿吨，满足实现全社会碳中和的负排放需求。

11.3　能源转型

11.3.1　一次能源

一次能源需求先增后降，所占全球比重上升。经济发展、人口增长推动亚洲能源需求增长。2030 年，亚洲一次能源需求达峰，由 2018 年的 92 亿吨标准煤增至 131 亿吨标准煤，年均增速 3%，之后持续下降，2030—2060 年年均下降 0.8%。亚洲占全球一次能源需求的比重由 2018 年的 46%上升至 2060 年的 56%。2018—2060 年，亚洲人均能源需求维持在 2 吨标准煤左右，超过目前世界平均水平。

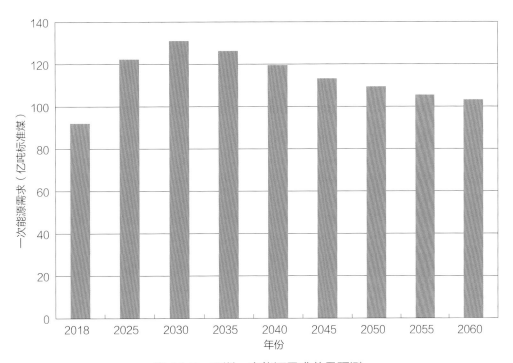

图 11.7 亚洲一次能源需求总量预测

能源结构从化石能源主导向清洁能源主导转变。2025 年，亚洲煤炭需求增至 42 亿吨标准煤左右，此后快速下降，2060 年降至 1.8 亿吨标准煤，比 2025 年下降 96%。石油需求在 2030 年左右达到峰值，约 40 亿吨标准煤，2060 年降至 6.3 亿吨标准煤。天然气需求在 2035 年左右达到峰值，约 31 亿吨标准煤，2060 年降至 6.7 亿吨标准煤。风、光等可再生能源需求增长快速，2040 年左右，清洁能源超越化石能源成为亚洲主导能源，2060 年达到 49.4 亿吨标准煤，年均增速达到 8.2%。2060 年，亚洲一次能源需求结构中煤炭、石油和天然气比重分别下降至 1.7%、6.1% 和 6.5%，清洁能源占一次能源比重从 2018 年的 14%大幅提高到 86%。

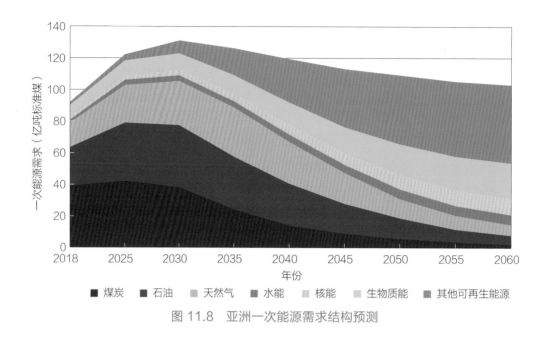

图 11.8　亚洲一次能源需求结构预测

11.3.2　终端能源

终端能源需求 2035 年前保持快速增长，之后持续下降。2018—2035 年，亚洲终端能源需求从 62.3 亿吨标准煤增长至 96 亿吨标准煤，年均增速 2.6%；2035—2060 年，需求缓慢下降，2060 年降至 81 亿吨标准煤，年均下降约 0.7%。

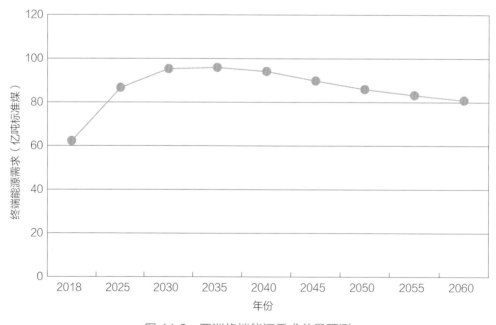

图 11.9　亚洲终端能源需求总量预测

　　2035 年左右电能成为占比最高的终端能源品种。 2018—2060 年，化石能源占终端能源的比重由 65%降至 13%。其中，石油需求在 2030 年左右达到峰值，约 36 亿吨标准煤，2060 年降至 6 亿吨标准煤。天然气需求在 2035 年左右达到峰值，约 19 亿吨标准煤，2060 年降至 4 亿吨标准煤。电能占终端能源比重不断提升，2035 年左右，电能将超过石油成为占比最高的终端能源品种。2018—2060 年，电能占终端能源比重从 22%提高到 56%，高于全球平均水平。随着终端氢能替代不断推进，氢能需求增长迅速，2060 年氢能需求增至 6.6 亿吨标准煤，占终端能源需求比重达 8%❶。

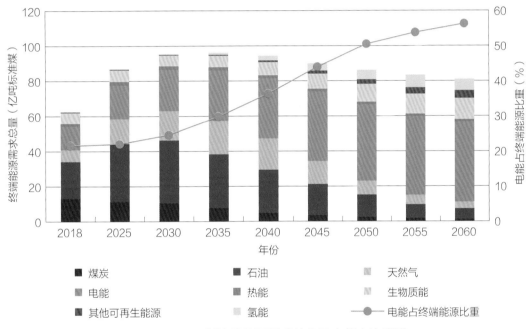

图 11.10　亚洲终端能源需求结构及电能占比预测

11.3.3　电力需求

　　发展与转型是电力需求增长的核心驱动力。 亚洲经济社会仍处于较快速发展阶段，大部分发展中国家处于工业化、城镇化快速推进期，未来电力需求增长空间较大。发展转型中的电能替代是推动电力需求增长的另一重要因素。工业、交通、居民生活等领域大力推广电锅炉、电窑炉、电热泵等设备，发展电动汽车、港口岸电、空港陆电等技术，提升家庭电气化，使用电能替代烧煤、燃油的能源消费方式。

---

❶ 氢能包含能源用氢和非能用氢。

　　电制氢发展是推动远期电力需求增长的重要因素。东亚人口密集，交通运输、制造、化工、建筑用能等领域用氢需求旺盛，氢能将成为终端能源消费的重要品种。南亚及东南亚人口红利显著，承接其他区域转移的制造业潜力大，当地清洁能源的富余电力可用于制氢供当地利用。西亚太阳能资源丰富，具有良好的港口和液化天然气（LNG）运输条件，光伏发电制氢可以以液氢或氢化合物的形式海运出口。预计 2030、2050、2060 年亚洲电制氢用电量将分别达到 0.5 万亿、5.8 万亿、6.8 万亿千瓦时。

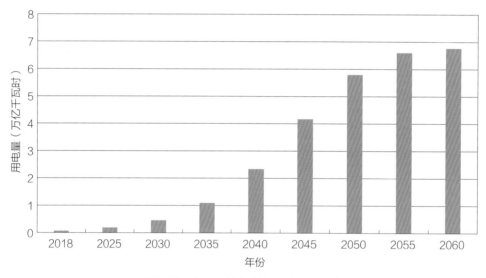

图 11.11　亚洲电制氢用电量预测

　　亚洲电力需求总量稳步增长，居全球各洲用电量首位。2030、2050 年和 2060 年亚洲电力需求分别达到 2018 年的 1.7、3.4 倍和 3.7 倍。用电量从 2018 年 13 万亿千瓦时，分别增长至 2030、2050 年和 2060 年的 22.2 万亿、44.8 万亿千瓦时和 47.7 万亿千瓦时。2030 年后，亚洲用电量占全球用电量的一半以上，是全球用电量第一大洲。

　　人均用电水平显著提升。2050 年亚洲电力普及率达到 100%，全面实现人人享有电能目标，满足经济社会绿色低碳发展需要。2030、2050 年和 2060 年亚洲年人均用电量从 2018 年的 2900 千瓦时增长至 4560、8690 千瓦时和 9200 千瓦时，达到全球平均水平。

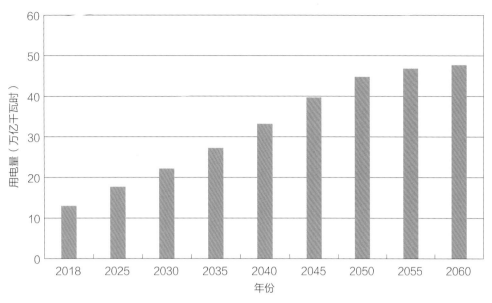

图 11.12　亚洲用电量预测

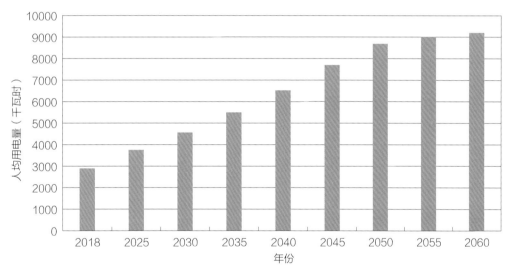

图 11.13　亚洲人均用电量预测

专栏 11.1　"电—矿—冶—工—贸"模式助力
加里曼丹岛低碳发展

　　"电—矿—冶—工—贸"联动发展模式是基于地区清洁能源与矿产资源优势，打造电力、采矿、冶金、工业、贸易协同发展的产业链、实现"投资—开发—生产—出口—再投资"良性循环的经济社会协调可持续发展新方案。

加里曼丹岛具有实施"电—矿—冶—工—贸"联动发展模式的良好资源基础。煤炭、天然气、铝土矿和铁矿等矿产资源，以及水电等清洁能源资源丰富。其中，煤炭资源储量约690亿吨，铝土矿资源储量约21亿吨，油气可采储量为6900万桶，水电技术可开发量约4400万千瓦。为将岛内矿产资源和清洁能源资源优势转换为经济优势，规划在北加里曼丹建设可再生能源电力基地，将东加里曼丹建设为政治经济中心，打造南加里曼丹为交通支点和钢铁产业中心，中加里曼丹为轻工业中心，西加里曼丹为铝产业中心，形成加里曼丹"电—矿—冶—工—贸"绿色经济走廊。

围绕绿色经济走廊建设，大力开发岛内水电资源，形成由岛内中部向南北两个方向送电的格局，升级改造现有电网，构建覆盖岛内沿海重要负荷中心和清洁能源基地的环岛500千伏交流主网架。在岛内负荷中心加强275/150千伏电网建设，形成坚强局部电网，加强对重点工业园区的供电保障，助力岛内能源密集型工矿产业发展。

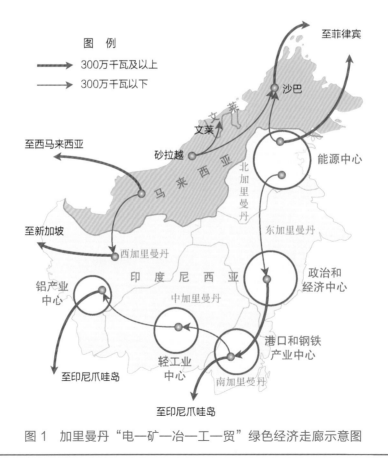

图 1　加里曼丹"电—矿—冶—工—贸"绿色经济走廊示意图

围绕海岛港口优势，建设矿产、冶炼和港口一体化发展的矿业加工中心。预计到 2050 年铝土矿产量将达到 5100 万吨，氧化铝产量达到 1700 万吨，电解铝产量将达到 800 万吨，产值将达到 161 亿美元。钢铁加工产量将达到 3000 万吨，年产值达到 210 亿美元。铝、钢加工业发展将拉动上下游就业 90 万人。岛内生活水平显著提升，2050 年加里曼丹年人均用电量有望提升至 4400 千瓦时。

11.3.4　电力供应

亚洲电源发展思路。电力供应逐步由化石能源为主导转变为清洁能源为主导，加快配套抽水蓄能等灵活性电源建设，加大新型储能资源的规模化利用，形成"风光领跑、多源协调"的供应格局。

清洁能源发电竞争力显著增强。2019 年全球光伏发电、陆上风电平均度电成本与 2010 年相比分别下降 83% 和 50%。预计 2025 年前，全球范围内光伏发电和风电竞争力将全面超过化石能源发电。到 2050 年集中式开发的光伏发电和风电的全球平均度电成本将分别下降到 1.5、2.6 美分/千瓦时。亚洲清洁能源资源丰富，随着清洁能源发电技术的快速发展，到 2050 年光伏发电和陆上风电平均度电成本有望分别降至 1.4、2.4 美分/千瓦时。

电源装机规模大，占全球总装机容量一半以上。2030、2050 年和 2060 年亚洲总装机容量分别达到 70.3 亿、206.5 亿千瓦和 218.6 亿千瓦，是 2018 年的 2、5.9 倍和 6.2 倍。亚洲电源装机规模占全球比重超过 50%。洲内火电装机容量占比持续降低，到 2030、2050 年和 2060 年装机容量分别为 27.3 亿、10.3 亿千瓦和 4.5 亿千瓦，占比分别为 38.8%、5.0% 和 2.1%。

电源装机结构以清洁能源为主。2030、2050 年和 2060 年亚洲清洁能源装机容量分别达到 43 亿、196.2 亿千瓦和 214.1 亿千瓦，占比从 2018 年的 35.5%，分别提升至 61.2%、95% 和 97.9%。其中，风电占比从 2018 年 6.5% 分别提升至 2030、2050 年和 2060 年的 18.3%、26.7% 和 27.9%；太阳能发电占比从 2018 年 7.9% 分别提升至 24.8%、55% 和 56.7%；常规水电占比从 2018 年 14% 分别下降至 9.2%、5.3% 和 5%。到 2060 年抽水蓄能发电、氢电和核电装机容量分别达到 4.5 亿、4.7 亿千瓦和 4.2 亿千瓦，装机占比分别为 2.1%、2.1% 和 1.9%。

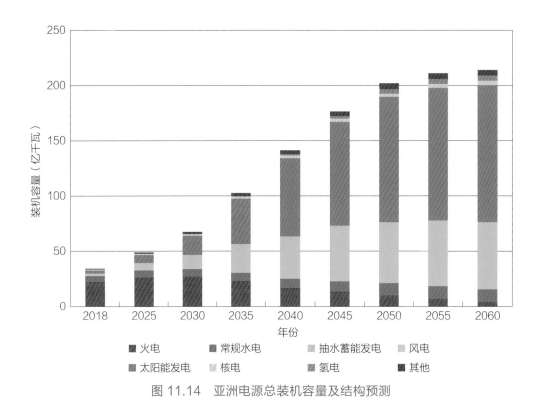

图 11.14 亚洲电源总装机容量及结构预测

清洁能源发电量占比快速提升。2030、2050 年和 2060 年亚洲清洁电源发电量分别为 10.5 万亿、42.7 万亿千瓦时和 46.7 万亿千瓦时，占总发电量比例为 47.2%、95.5% 和 98.1%。其中，太阳能发电量分别为 2.9 万亿、19.6 万亿千瓦时和 21.5 万亿千瓦时，占总发电量比例为 13.1%、43.9% 和 45.2%；风电发电量分别为 2.9 万亿、13.1 万亿千瓦时和 14.5 万亿千瓦时，占总发电

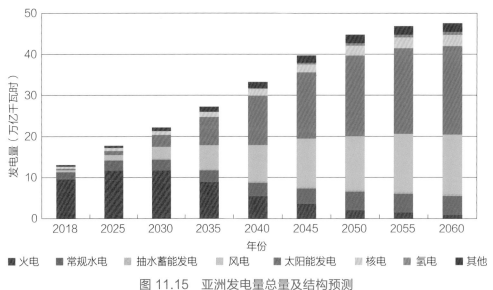

图 11.15 亚洲发电量总量及结构预测

量比例为 13.1%、29.2% 和 30.5%；常规水电发电量分别为 2.6 万亿、4.5 万亿千瓦时和 4.6 万亿千瓦时，占总发电量比例分别为 11.7%、10.1% 和 9.7%。到 2060 年亚洲抽水蓄能和氢能发电量占比将分别达到 0.9% 和 1.5%。

电化学储能规模化利用。随着技术升级、成本下降，电化学储能等新型储能将迎来爆发式增长，2030、2050、2060 年新型储能容量将达到 4.2 亿、26.4 亿、30.3 亿千瓦，满足系统运行灵活性需要。

11.4 清洁能源

11.4.1 太阳能

1. 潜力分布

亚洲太阳能资源丰富。根据太阳能水平面总辐射量数据测算，光伏发电理论蕴藏量为 59100 万亿千瓦时，占全球总量的 28%。综合考虑资源和各类技术限制条件，亚洲适宜集中开发的装机规模为 6060 亿千瓦，占全球总量的 23%，年发电量达 1100 万亿千瓦时，平均利用小时数约 1816 小时（平均容量因子约 0.21），开发潜力大[1]。

亚洲光伏资源主要集中在东亚的蒙古，中国北部和西部，南亚的巴基斯坦以及中亚和西亚地区。受地形地貌、地物覆盖等因素的影响，上述地区约 35% 的区域具备集中开发建设光伏基地的条件，主要分布在中国、蒙古、哈萨克斯坦、土库曼斯坦、乌兹别克斯坦、巴基斯坦、阿富汗、伊朗、伊拉克、叙利亚、约旦、沙特阿拉伯、也门、阿曼。其中，叙利亚、伊拉克、约旦、沙特阿拉伯、也门等国全境和巴基斯坦、阿富汗等国南部的光伏利用小时数在 1900~2000 小时，开发条件优越，沙特阿拉伯西北部的泰布克利用小时数最高，超过 2100 小时。中国青藏高原，中亚帕米尔高原等地区海拔高，工程建设难度大，集中式开发光伏资源的条件差；南亚的印度半岛、东南亚的中南半岛和马来群岛等地虽然部分地区太阳能资源条件较好，但大部分区域有城市、耕地或热带雨林分布，无法建设集中式光伏基地。印度、泰国、印度尼西亚等部分国家更适宜采用分布式开发模式，利用田间地头的空闲土地、城市屋顶等开发光伏资源。

---

[1] 资料来源：全球能源互联网发展合作组织，亚洲清洁能源开发与投资研究，北京：中国电力出版社，2020。

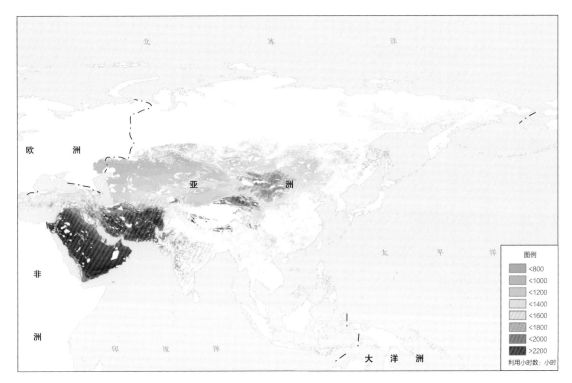

图 11.16　亚洲光伏技术可开发区域及其利用小时分布示意图

亚洲集中式光伏平均度电成本❶为 2.48 美分/千瓦时，各国平均度电成本在 1.94～3.38 美分/千瓦时之间。 按照光伏平均度电成本 3.5 美分/千瓦时评估，亚洲光伏经济可开发规模约 5452 亿千瓦，占技术可开发量比例约 90%。从平均水平看，阿联酋度电成本最低，为 1.94 美分/千瓦时，国内最低达到 1.84 美分/千瓦时。受局部交通及并网条件限制，土库曼斯坦、阿塞拜疆、阿富汗等国家部分区域存在高度电成本的情况。

2. 基地布局

亚洲布局 38 个大型光伏发电基地。 近中期，总装机规模约 6.9 亿千瓦，年发电量 1.3 万亿千瓦时，基地总投资约 3220 亿美元，度电成本为 1.81～3.28 美分/千瓦时。基于全球清洁能源资源评估平台，综合考虑开发条件、装机规模、工程设想、发电特性和投资水平，提出亚洲大型光伏基地初步开发方案。根据远景规划，未来开发总规模有望超过 15 亿千瓦。

---

❶ 为 2030 年左右本洲洲内各国平均度电成本及其年发电量的加权平均值，第 11—16 章各大洲的光伏、风电平均度电成本含义同此。

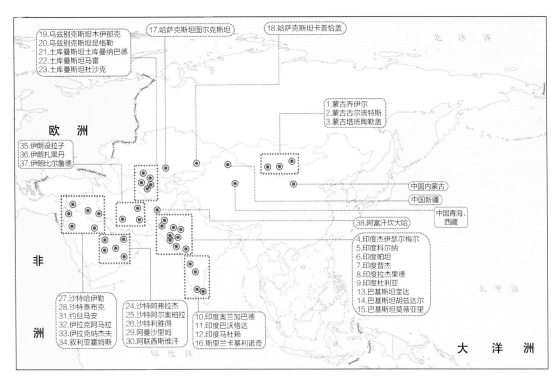

图 11.17　亚洲大型光伏基地布局示意图

3. 典型案例

沙特阿拉伯泰布克光伏基地。地处沙特阿拉伯西北部的泰布克区高原地区，北临图拜格山，南临希贾兹山脉，区域内的海拔高程范围 813~914 米，最大坡度 7.9°，地形较平坦，占地总面积 147 平方千米。基地多年平均太阳能水平面总辐射量为 2333 千瓦时/平方米。区域内地物覆盖类型为裸露地表，无自然保护区等限制性因素，选址主要避让西北部 3 千米外的耕地，接入电网条件较好，地质结构稳定。区域内无大型城镇等人类活动密集区，西部 18 千米和东部 63 千米处有中小型城镇分布，距离最近人口密集区域超过 330 千米，距离基地最近的大型城市为泰布克市。

基地装机规模 1010 万千瓦，年发电量 214 亿千瓦时，年利用小时数 2122 小时，总投资 42.9 亿美元，平均度电成本 1.81 美分/千瓦时。

基地全年 3—9 月总辐射大，发电能力强。每日高辐射时段集中在当地时间 12—14 时。根据测算，基地组件最佳倾角为 28°，预留对应前后排间距 6.7 米。

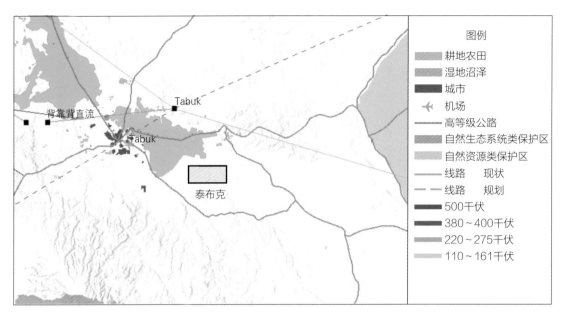

图 11.18　泰布克光伏基地选址示意图

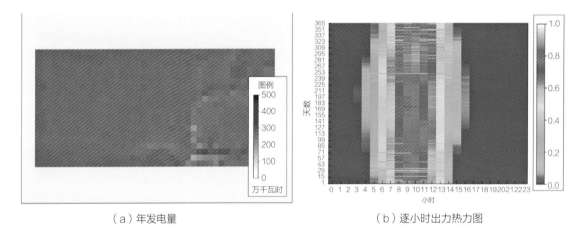

（a）年发电量　　　　　　　　　（b）逐小时出力热力图

图 11.19　泰布克光伏基地年发电量和逐小时出力热力图

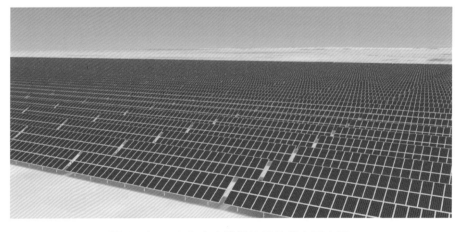

图 11.20　泰布克光伏基地组件排布示意图

11.4.2 风能

1. 潜力分布

亚洲风能资源丰富。根据 100 米高度的风速数据测算，亚洲风能资源理论蕴藏量 595 万亿千瓦时，占全球总量的 30%。综合考虑资源和各类技术限制条件，亚洲适宜集中开发风电的装机规模约 373 亿千瓦，占全球总量 28%，年发电量约 94 万亿千瓦时，平均利用小时约 2517 小时（平均容量因子约 0.29），开发潜力巨大。

亚洲风能资源主要集中在东亚的中国和蒙古，中亚的哈萨克斯坦，西亚的阿富汗、伊朗、沙特阿拉伯以及阿曼。上述区域受地物覆盖、地形地貌等因素影响，约 20% 的陆上区域具备集中开发建设风电基地的条件。其中，蒙古南部、中国北部、哈萨克斯坦南部、伊朗与阿富汗交界处、阿曼的印度洋沿岸、也门西南部红海沿岸等地区的风电利用小时数可以达到 3000 小时以上，开发条件优越，适合建设大型风电基地。中国东部南部大部分地区、日本、朝鲜半岛、印度和孟加拉国人口稠密，农业发达，耕地广泛分布，基本不具备集中式开发条件；中国西部的青藏高原、位于中亚帕米尔高原的吉尔吉斯斯坦、塔吉克斯坦等国家，海拔高、地形起伏大，开发条件较差；东南亚的缅甸、泰国、老挝、印度尼西亚等国，虽然部分区域风资源条件较好，但绝大部分国土覆盖茂密的热带雨林，无法建设大型风电基地。

亚洲集中式风电平均度电成本为 3.57 美分/千瓦时，各国平均度电成本在 2.65～6.99 美分/千瓦时之间。按照风电平均度电成本 5 美分/千瓦时评估，亚洲风电经济可开发规模约 315 亿千瓦，占技术可开发量比例约 84%。亚洲绝大部分可开发风电资源具有较好经济性，其中科威特平均度电成本最低，约 2.65 美分/千瓦时，其国内成本范围为 2.32～3.24 美分/千瓦时。

2. 基地布局

亚洲布局 39 个大型风电基地。近中期，总装机规模约 2.9 亿千瓦，年发电量 8744 亿千瓦时。基地总投资约 2862 亿美元，陆上风电基地度电成本为 1.98～3.85 美分/千瓦时，海上风电基地度电成本为 4.01～7.40 美分/千瓦时。根据远景规划，未来开发总规模有望超过 6 亿千瓦。

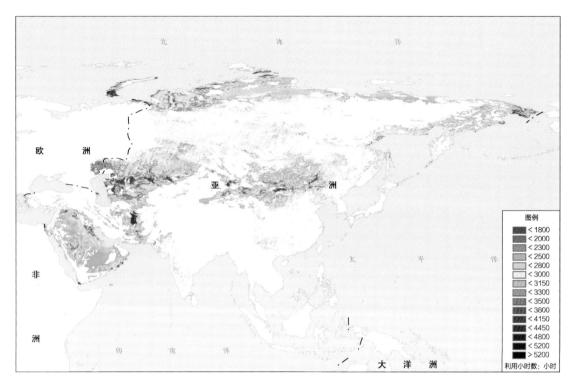

图 11.21　亚洲风电技术可开发区域及其利用小时分布示意图

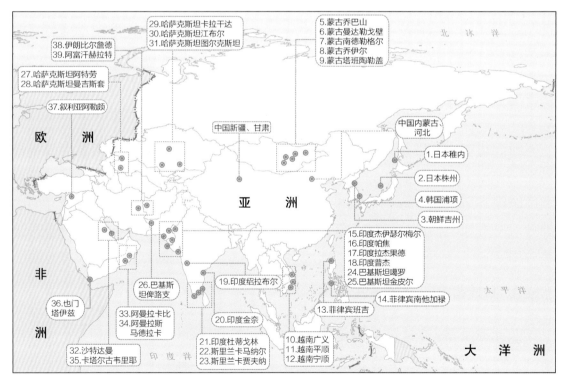

图 11.22　亚洲大型风电基地布局示意图

11.4.3　水能

1. 潜力分布

亚洲水能资源丰富。水能资源理论蕴藏量在 5000 万千瓦时及以上的河流共计 21756 条，水能资源理论蕴藏量共计 21.8 万亿千瓦时，占全球总量 47%。其中，勒拿河、叶尼塞河、鄂毕河、印度河、雅鲁藏布江—布拉马普特拉河、恒河、锡尔河、阿姆河、澜沧江—湄公河、伊洛瓦底江、怒江—萨尔温江、马哈坎河、拉让江、马利瑙河等 14 个主要流域覆盖面积 1438 万平方千米，占亚洲一级河流流域面积的 58%，水能资源总理论蕴藏量约 13.1 万亿千瓦时，开发潜力大。按照国家统计，亚洲水能理论蕴藏量主要分布在中国、印度、缅甸、阿富汗、尼泊尔、塔吉克斯坦等 21 个国家，其中中国水能资源理论蕴藏量最高，约 7.3 万亿千瓦时。

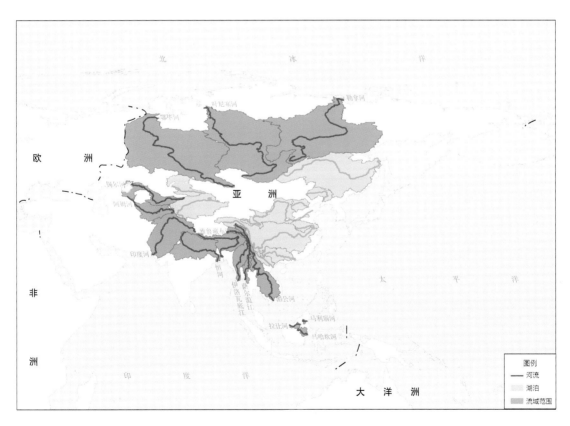

图 11.23　亚洲主要流域分布情况示意图

表 11.3　亚洲主要流域水能资源理论蕴藏量

序号	流域名称	流域面积（万平方千米）	理论蕴藏量（亿千瓦时）
1	勒拿河	246	7926
2	叶尼塞河	250	7834.7
3	鄂毕河	302	9545.9
4	印度河	172	12353.8
5	雅鲁藏布江—布拉马普特拉河	68	32455.5
6	恒河	123	14604
7	锡尔河	56	1462.5
8	阿姆河	34	17719.4
9	澜沧江—湄公河	92	7888.3
10	伊洛瓦底江	48	11354.8
11	怒江—萨尔温江	33	7009
12	马哈坎河	8	485.1
13	拉让江	4.6	409.5
14	马利瑙河	1.6	225.5
合计		—	131274

2. 基地布局

亚洲布局 10 个水电基地。亚洲未来主要开发恒河、布拉马普特拉河、马哈坎河、拉让江、马利瑙河、伊洛瓦底江、萨尔温江、湄公河、锡尔河、勒拿河 10 个流域，近中期总装机规模 9201 万千瓦，年发电量 4319 亿千瓦时。根据远景规划，10 个大型水电基地未来开发的总规模有望超过 1.3 亿千瓦。

表 11.4　亚洲主要待开发流域水能资源指标

编号	河流名称	理论蕴藏量（亿千瓦时）	待开发梯级方案		
			电站数目（座）	装机容量（万千瓦）	年发电量（亿千瓦时）
1	恒河支流科西河	1337.3	6	1420.5	622.25
2	布拉马普特拉河支流普纳昌河	466.6	5	927.5	408.60
3	马哈坎河干流	297.9	8	290.9	129.83
4	拉让江干流	374.5	4	135.5	57.70
5	马利瑙河干流	183.4	9	283.1	131.97

续表

编号	河流名称	理论蕴藏量 （亿千瓦时）	待开发梯级方案		
			电站数目 （座）	装机容量 （万千瓦）	年发电量 （亿千瓦时）
6	伊洛瓦底江干流	2967.5	6	1870.0	993.49
7	萨尔温江干流	4363.8	6	1631.0	902.85
8	湄公河干流	4537.3	8	1258.2	544.90
9	锡尔河支流纳伦河	357.7	21	403.6	133.33
10	勒拿河支流阿尔丹河	1095.9	15	980.8	393.57
	总计	15981.9	88	9201.1	4318.49

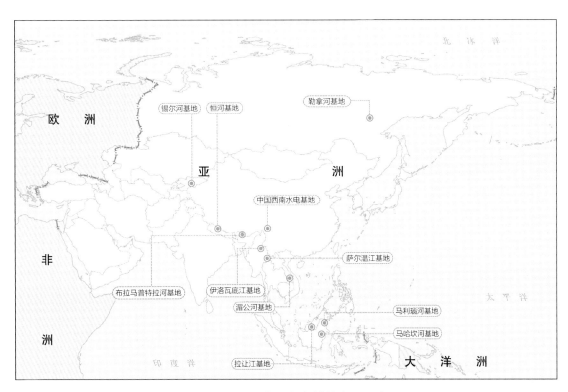

图 11.24　亚洲大型水电基地布局示意图

3. 典型案例

印度尼西亚加里曼丹岛马哈坎河干流基地。马哈坎水能丰富河段为上游麻拉本莱拉基道至隆博河段及隆博至马梅哈特博河段，理论蕴藏量共计 175 亿千瓦时。马哈坎河干流河段采用 8 级开发，共计利用落差 557 米，总装机容量 291 万千瓦，年发电量 130 亿千瓦时。

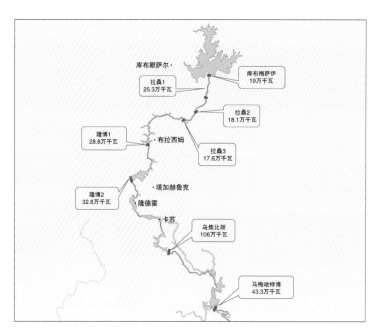

图 11.25　马哈坎河干流河段梯级位置示意图

　　乌焦比朗水电站坝址距东加里曼丹省首府三马林达市约 250 千米。水库区地形平缓，无大型崩塌、滑坡等不良地质体分布，地面覆盖物以树林为主，具备建库条件，库区面积约 59 平方千米。水库区域无自然保护区。电站坝址及库区周边区域构造稳定性好，坝址无大的历史地震记录。电站初拟采用坝后式厂房建基于基岩，总装机容量 106 万千瓦，多年平均年发电量约 48 亿千瓦时，总投资约 26 亿美元，度电成本约 4.74 美分/千瓦时。电站正常蓄水位 125 米，挡水建筑物采用混凝土坝，坝顶高程 127 米，坝轴线总长 480 米，总库容约 6.1 亿立方米。规划乌焦比朗水电站发电水头 66 米，发电引用流量 2040 立方米/秒。采用 4 台机组，单机容量 26.5 万千瓦，单机引用流量 510 立方米/秒。

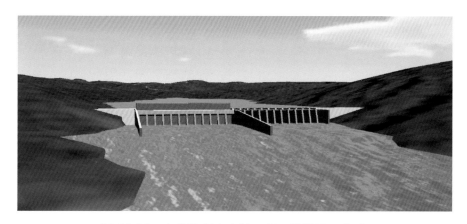

图 11.26　乌焦比朗水电站工程三维效果示意图

11.5　配置网络

　　根据亚洲清洁能源资源禀赋和空间分布，参考各国能源电力发展规划，统筹清洁能源与电网发展，加快各国和区域电网升级；依托特高压交直流等先进输电技术，充分发挥各区域优势，推进电网互联和跨国能源通道建设，形成覆盖清洁能源基地和负荷中心的坚强网架，全面提升电网的资源配置能力，支撑清洁能源大规模、远距离输送及大范围消纳和互补互济，保障电力可靠供应，满足亚洲各个国家和地区经济社会可持续发展的电力需求，带动能源向清洁、绿色、低碳转型，促进经济社会可持续发展。

11.5.1　发展定位

　　东亚是重要的负荷中心和电力配置平台。重点开发中国西南水电、中国"三北"和蒙古风电、中国西北和蒙古太阳能等清洁能源基地。在更大范围内优化配置电力资源，形成"西电东送、北电南送"的电力输送通道。在开发本地资源的基础上，跨区受入中亚和俄罗斯远东清洁能源，通过水风光互补互济，满足电力需求。中国、日本和韩国是能源消费中心，电力需求大，是亚洲电力受入的中心。

　　东南亚近期为电力受入地区，远期中南半岛依托伊洛瓦底江、萨尔温江和湄公河等流域的水电开发，满足本地及周边电力需求；马来群岛实现加里曼丹岛水电、太阳能，菲律宾北部风电有序开发及外送。加速清洁能源资源开发及与中国的互济，成为东亚与南亚、大洋洲与亚洲能源电力交换的重要中转站。

　　南亚印度和巴基斯坦等国家电力需求大、增长快，是亚洲电力受入中心。未来将重点开发尼泊尔和不丹水电，逐步开发印度和巴基斯坦太阳能，以及印度风电基地，在开发本国水、风、光资源的基础上，从周边区域大量受入电力。南亚将从北、东、西三个方向接受中国西南水电、东南亚水电和西亚太阳能电力。

　　中亚是亚洲重要的清洁能源基地。加快开发哈萨克斯坦东部和北部风电，哈萨克斯坦南部、土库曼斯坦和乌兹别克斯坦太阳能，重点开发塔吉克斯坦和吉尔吉斯斯坦水电，向西跨洲送电欧洲、向东送电东亚。

西亚也是亚洲重要的清洁能源基地，主要建设沙特阿拉伯东南、东北和北部、伊朗东部和南部、阿联酋、阿曼、也门等太阳能基地，并发展波斯湾、红海沿岸风电。在满足本区域负荷中心用电需求的基础上，发挥区域优势，跨洲外送欧洲，与非洲形成电力互济。

亚洲洲内总体呈现"西电东送、北电南送"格局，跨洲与欧洲、非洲和大洋洲互联。 2050 年，亚洲能源互联网跨洲跨区电力流总规模达 2 亿千瓦，其中跨洲电力流 5100 万千瓦，跨区电力流 1.5 亿千瓦。

跨洲，西亚外送欧洲和北非电力分别达到 1600 万千瓦和 700 万千瓦，受入东非电力 400 万千瓦；中亚外送欧洲电力达到 1600 万千瓦；东南亚受入大洋洲电力 800 万千瓦。

跨区，西亚外送南亚电力达到 2800 万千瓦；东亚与南亚、东南亚间电力流分别达到 3300 万千瓦和 2300 万千瓦；南亚与东南亚间电力交换规模达到 800 万千瓦；俄罗斯远东外送东亚电力达到 4200 万千瓦。

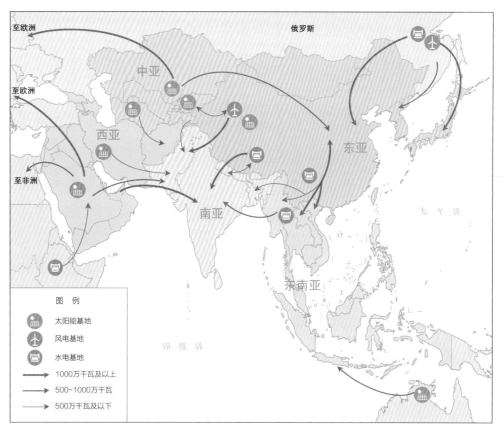

图 11.27　亚洲电力流格局示意图

11.5.2　电网互联

亚洲电网发展重点：一是加快西亚太阳能、中亚风光发电、东南亚水电等大型清洁能源基地的开发外送，将资源优势转化为经济优势；二是加快东南亚、南亚电网建设，提高电力普及率；三是通过建设多方向跨国输电通道，拓宽东亚负荷中心能源电力供给途径；四是充分发挥特高压技术优势，加快跨洲跨区电网互联，促进清洁能源基地与负荷中心大容量直供直送的"心连心"联网。

1. 总体格局

亚洲毗邻欧洲、非洲和大洋洲，其电网与欧洲、非洲和大洋洲互联。**到2050年，亚洲形成五个区域联网格局，加强跨洲联网通道，总体形成"四横三纵"的互联通道。**适时接受北极清洁电力，在全球能源互联网骨干网架中扮演重要角色。"四横"包括亚欧北横通道、亚欧南横通道、亚非北横通道和亚非南横通道，"三纵"通道包括亚洲东纵通道、亚洲中纵通道和亚洲西纵通道。跨洲，建设哈

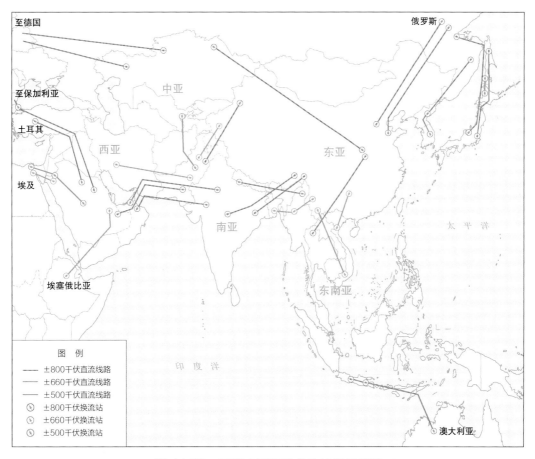

图 11.28　亚洲电网互联总体格局示意图

萨克斯坦—德国、沙特阿拉伯—土耳其—保加利亚和沙特阿拉伯—埃及直流工程，分别将中亚太阳能和风电、西亚沙特阿拉伯的太阳能送至欧洲和非洲；建设埃塞俄比亚—沙特阿拉伯直流工程，将东非水电送至西亚，实现水电和太阳能联合调节；建设澳大利亚—印度尼西亚直流工程，加强亚洲与大洋洲间的电力交换。洲内，建设哈萨克斯坦—中国、沙特阿拉伯—巴基斯坦、阿联酋—印度、伊朗—巴基斯坦和阿曼—印度直流工程，将中亚风光和西亚的太阳能送至东亚和南亚的负荷中心；建设塔吉克斯坦—巴基斯坦直流工程，将中亚水电送至南亚负荷中心；建设中国—缅甸—孟加拉国等中国—东南亚直流工程，将中国西南的清洁能源送至东南亚负荷中心；建设中国—巴基斯坦直流工程，将中国西北风光送至南亚；建设缅甸—印度、中国—印度直流工程，满足印度负荷需求；建设俄罗斯远东—中日韩朝直流工程，将俄罗斯风电和水电送至东亚负荷中心。

2. 区域电网互联

东亚电网，区内，中国进一步加强全国互联电网建设，形成"西电东送"和"北电南送"大通道；日本加强东西部间电力交换能力，提升北海道向本州输电的容量，满足日本东北部风电外送需求；韩国和朝鲜形成覆盖全国的交流环网；蒙古依托清洁能源基地电力送出需求，形成覆盖主要能源基地和负荷中心的交流网架。跨区，建设与俄罗斯远东、东南亚、南亚和中亚的电力互联通道。

东南亚电网，区内，中南半岛建设"三横三纵"特高压通道，形成"甲"字形特高压网架结构，覆盖缅甸、老挝、越南、泰国、柬埔寨等主要清洁能源基地和负荷中心，满足中南半岛各国之间电力输送和丰枯互济要求；马来群岛形成西、中、东部三个交流电网格局，马来群岛中部进一步开发马来西亚砂拉越和印度尼西亚加里曼丹水电等清洁能源资源，水光"打捆"送至菲律宾负荷中心。跨区，建设与中国的互联通道，解决中南半岛"丰余枯缺"问题；建设向南亚的输电工程，将缅甸北部水电送至印度负荷中心。跨洲，新增与大洋洲输电通道，将澳大利亚太阳能送至印度尼西亚负荷中心。

南亚电网，区内，印度、尼泊尔和不丹三国建成交流同步电网，满足尼泊尔、不丹水电就近消纳；印度形成首都新德里周边地区的交流环网，并连接北部地区的水电基地；南部地区加强主干网架，提高"北电南送"输送能力；西部提高孟买沿海城市圈的负荷中心受电能力，满足负荷增长需求；尼泊尔和不丹分别通过多条交流通道向印度输送水电；巴基斯坦在南北部负荷中心分别形成交流环网，南部风电和北部水电基地就近接入；南北部间形成交直流输电通道，形成南北互济。跨区，建设与东亚、东南亚、中亚和西亚的互联通道，跨区接受清洁电力。

中亚电网，区内，加强各国间电网互联，形成"三横两纵"的跨国通道，哈萨克斯坦形成特高压环网，其他国家加强交流电网建设，形成双环网网架。跨区，建设向欧洲和中国的特高压直流送电通道，实现亚欧互联。

西亚电网，区内，海湾六国形成网状结构，各国通过直流背靠背接入互联电网；沙特阿拉伯初步建成首都利雅得及周边地区的特高压交流环网，提高负荷中心的受电能力；伊朗初步建成连接德黑兰、伊斯法罕和阿瓦士三大负荷中心区的骨干网架；阿富汗在喀布尔和坎大哈两大核心区形成区域性环网，分别接受东北部水电和东南部太阳能基地的外送电力。跨区，建设西亚与欧洲、非洲、南亚的互联直流工程，西亚成为亚欧非联网中枢。

11.5.3 重点互联互通工程

1. 亚洲—非洲互联工程

西亚发挥区域优势，大型清洁能源电力外送北非，同时与东非形成电力互济。

基地外送：非洲通过埃塞俄比亚、苏丹、厄立特里亚、吉布提、埃及与西亚隔海相邻。其中，埃及是非洲第二大负荷中心，作为非洲主要电力消费体，用电量和最大负荷增长空间较大。西亚太阳能资源以基地形式大规模开发，利用所处阿拉伯半岛的地理优势，搭建电源—负荷间的"电力快速路"，成为亚洲最大的太阳能电力输出平台之一，满足埃及首都开罗负荷需求。

沙特阿拉伯光伏发电理论蕴藏量约 4400 万亿千瓦时。太阳能年总水平面辐射量较高，范围为 1900～2400 千瓦时/平方米。泰布克基地位于沙特阿拉伯西北部，基地年总辐射量超过 2300 千瓦时/平方米，基地装机规模 1010 万千瓦，年发电量 214 亿千瓦时。

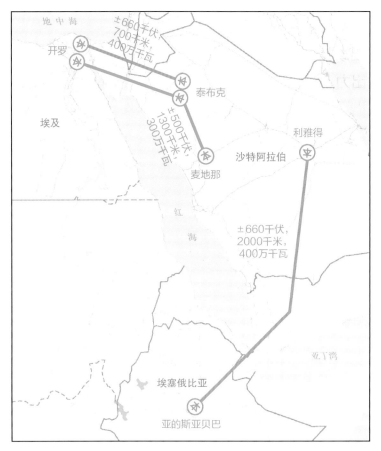

图 11.29 亚洲—非洲互联工程示意图

沙特阿拉伯麦地那—沙特阿拉伯泰布克—埃及开罗输电工程,拟采用±500千伏三端直流,输送容量300万千瓦,线路长度约1300千米,其中跨海长度20千米。工程总投资约16亿美元,输电价约1.51美分/千瓦时。

沙特阿拉伯泰布克—埃及开罗输电工程,拟采用±660千伏直流,输送容量400万千瓦,线路长度约700千米,其中跨海长度20千米。工程总投资约14亿美元,输电价约0.98美分/千瓦时。

亚非互济:埃塞俄比亚是青尼罗河发源地,目前青尼罗河已开发水电装机392万千瓦,开发比例仅17.8%,水电具备较强的调节能力。西亚与埃塞俄比亚联网工程可汇集埃塞俄比亚水电基地电力与沙特阿拉伯光伏互济,减少季节性火电装机,缓解西亚地区调峰压力,提供多样化能源供应。

西亚居民生活用电以空调为主,约占50%～70%,受气温影响大,全年最大负荷出现在6—9月,日用电高峰多在15—16时。考虑光伏发电出力特性,年调峰最大需求出现在 9 月，最小需求出现在 3 月；日调峰最大需求出现在傍晚，最小需求出现在中午。埃塞俄比亚水电丰枯期出力特性差别较大，7—10 月水电可达满出力，与西亚季节性调峰电源需求最大时间基本吻合。11 月—次年 6 月埃塞俄比亚水电出力和西亚季节性调节电源需求同时减少，同时西亚电力富余，可将西亚太阳能送至东非。利用埃塞俄比亚水电特性与西亚调峰电源需求变化规律的互补性，通过电网互联，可以减少西亚光伏出力变化对供电的影响，实现地区间电源的互补互济，提高网源利用效率。

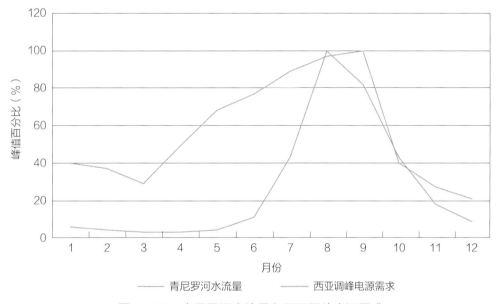

图 11.30　青尼罗河水流量和西亚调峰电源需求

結合用电和电源情况，埃塞俄比亚亚的斯亚贝巴—沙特阿拉伯利雅得直流输电工程拟采用 ±660 千伏直流，输送容量 400 万千瓦，线路长度约 2000 千米，其中跨海距离约 40 千米。工程总投资约 21 亿美元，输电价约 1.5 美分/千瓦时。

2. 中国云南—缅甸曼德勒—孟加拉国吉大港互联工程

缅甸和孟加拉国均是发展中国家，发展潜力大，目前电力供应持续紧张。根据孟加拉国、缅甸电力需求，以及中国云南、缅甸清洁能源装机情况，近期可将云南的清洁电力送出，缓解缅甸、孟加拉国电力供需矛盾，降低用电成本。中远期，缅甸水电开发后，可向中国、孟加拉国送电，实现资源优势转化成经济优势，带动相关产业，促进地区社会经济发展。

　　工程方案考虑缅甸和孟加拉国受电规模与电网情况，宜建设中国云南—缅甸曼德勒—孟加拉国吉大港 ±660 千伏直流输电工程，输电容量 400 万千瓦，线路长度 1150 千米。总投资约 15.5 亿美元，输电价约 1.08 美分/千瓦时。

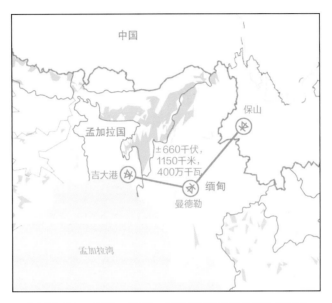

图 11.31　中国—缅甸—孟加拉国互联工程示意图

11.6　小结

（1）亚洲经济与能源电力发展预测

● **人口：** 2030 年和 2050 年亚洲人口分别达到 49.7 亿人和 52.9 亿人，到 2060 年基本稳定在 53 亿人左右。

● **GDP：** 2020—2060 年亚洲 GDP 增速保持在 4%左右，2030、2050 年和 2060 年 GDP 分别达到 48.8 万亿、104.9 万亿美元和 146.6 万亿美元。

● **能源需求：** 2030、2050 年和 2060 年一次能源需求分别达到 131 亿吨、109 亿吨标准煤和 103 亿吨标准煤，终端能源需求分别达到 95 亿吨、86 亿吨标准煤和 81 亿吨标准煤，一次能源需求和终端能源需求分别在 2030 年和 2035 年达峰。

● **电力需求：** 工业化、城镇化、电制氢以及电能替代等成为能源电力需求增长的重要因素，2030、2050 年和 2060 年用电量分别达到 22.2 万亿、44.8

万亿千瓦时和 47.7 万亿千瓦时，电能占终端能源的比重达到 25%、51%和56%，2035 年电能成为终端能源消费主体。

（2）亚洲碳中和路径

亚洲碳中和路径分为尽早达峰、快速减排、全面中和三个阶段。

● **尽早达峰阶段（2030 年前）：** 以控制化石能源总量为重点，实现 2030 年前全社会二氧化碳排放达峰，峰值控制在 261.9 亿吨，其中能源活动碳排放同步达峰，峰值约 218.6 亿吨。

● **快速减排阶段（2030—2050 年）：** 以全面建成亚洲能源互联网为重点，实现清洁能源优化配置，加速能源系统脱碳。2050 年电力系统实现近零排放，全社会二氧化碳排放降至 26.5 亿吨，下降近 90%，其中能源系统排放约 25.3 亿吨，相比峰值下降超过 88%。

● **全面中和阶段（2050—2060 年）：** 以深度脱碳和碳捕集、增加林业碳汇为重点，能源和电力生产进入负碳阶段，2060 年前实现全社会碳中和，其中能源活动碳排放 4.2 亿吨、工业生产过程排放 12.6 亿吨、土地利用变化和林业碳汇 16.7 亿吨、碳移除约 26 亿吨。

（3）亚洲清洁能源开发

● **电源总装机容量：** 2030、2050 年和 2060 年亚洲电源装机容量分别达到 43 亿、206.5 亿千瓦和 218.6 亿千瓦。

● **清洁能源装机容量：** 2030、2050 年和 2060 年亚洲清洁能源装机占比分别达到 61.2%、95%和 97.9%，其中 2060 年风电和太阳能发电装机容量分别达到 60.9 亿千瓦和 123.9 亿千瓦。

● **清洁能源基地开发：** 在资源优质、开发条件好的地区，集中布局 38 个大型光伏发电基地，39 个大型风电基地和 10 个水电基地。

（4）亚洲能源互联互通

● **电力流：** 亚洲总体呈现"西电东送、北电南送"电力流格局，跨洲与欧洲、非洲和大洋洲互联。2050 年亚洲能源互联网跨洲跨区电力流规模为 2 亿千瓦。

- **电网互联：**建成五个区域电网，加强跨洲联网通道，总体形成"四横三纵"联网格局。洲内加强各区域交流主网架建设，通过超/特高压直流将区域电网紧密互联，实现西亚、中亚、东南亚、俄罗斯远东等清洁能源基地向东亚、南亚等负荷中心送电。跨洲建设与欧洲、大洋洲特高压直流送电通道，满足清洁能源大规模远距离配置需求；加强与非洲电网互联，实现清洁能源互补互济。

12 欧洲碳中和实现路径

欧洲在应对气候变化、促进清洁能源发展、区域一体化协同等方面走在世界前列，欧盟和欧洲各国围绕碳中和积极开展行动，大力推动重大研究和行业创新发展，为实现绿色低碳发展奠定了坚实基础。实现欧洲碳中和，关键是大力发展清洁能源，提高电能消费比重，创新构建电—碳市场机制，进一步提高欧洲能源一体化水平，建设清洁低碳高效、多能互补互济、区域共建共享的欧洲能源互联网，加快能源、工业、农业等各产业的低碳转型进程。

12.1 现状与趋势

12.1.1 经济社会

1. 经济发展

欧洲经济发展水平高，未来仍将保持稳定增长。2019 年欧洲各国 GDP 总和为 22.4 万亿美元，占全球经济总量 25.5%，人均 GDP 约 3 万美元，在全球处于领先位置。预计 2021—2030 年欧洲 GDP 增速约为 2.3%，2030 年以后增速总体保持平稳，2051—2060 年 GDP 增速约为 1.3%；按照 2020 年不变价美元，2060 年欧洲 GDP 达到 43 万亿美元，人均 GDP 超过 6.2 万美元。

表 12.1 欧洲 GDP 预测

年份	2021—2030	2031—2040	2041—2050	2051—2060
GDP 平均增速（%）	2.3	1.7	1.5	1.3
年份	2025	2035	2050	2060
GDP 总量（万亿美元，2020 年不变价）	24.9	29.6	37.6	43.0
人均 GDP（美元，2020 年不变价）	33422	40332	52947	62452

欧洲各国积极推动绿色转型。欧盟推出《欧洲绿色新政》《欧洲气候法》，以立法形式明确"2050 气候中和"目标。欧盟将绿色发展和数字经济视为未来战略自主支柱和新经济增长点，重点在循环经济、可再生能源、节能建筑及低排放交通等领域，预计每年将新增 2600 亿欧元的投资，并制定和实施"欧洲产业未来新长期战略"，调整欧盟竞争政策，使之更好地服务产业战略。芬兰计划在 2035 年成为世界上第一个实现碳中和的国家。奥地利承诺在 2030 年实现 100%清洁电力，在 2040 年实现气候中性。德国发布"德国适应气候变化战略""适应行动计划"《气候保护规划 2050》《联邦气候立法》《可再生能源法》《国家氢能战略》等一系列国家法律法规及长期战略规划。英国颁布《气候变化法案》确立到 2050 年实现温室气体"净零排放"，启动 500 万英镑新研究计划，以帮助其适应气候变化，增强抵御能力。瑞士、挪威、爱尔兰、葡萄牙等国家纷纷宣布于 2050 年实现碳中和。

2. 社会发展

欧洲人口发展平稳。2019 年欧洲人口为 7.5 亿人，约占世界人口的 10%，人口密度达 70 人/平方千米。其中，欧盟国家人口数为 5.1 亿人。俄罗斯、德国以 1.4 亿、0.8 亿人居第一、第二位。根据联合国预测，2035、2060 年分别为 7.4 亿、6.9 亿人。

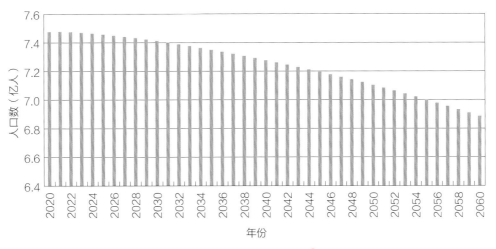

图 12.1 欧洲人口预测❶

---

❶ 资料来源：联合国，2019 世界人口展望，2019。

　　欧洲社会发展水平较高，城市化水平高。2019 年欧洲城市化率为 74%，高出全球平均水平的 55.5%近 20 个百分点❶。其中俄罗斯、德国、法国城市城镇人口分别超过 1 亿、0.6 亿、0.5 亿人。未来欧洲城市人口占比将进一步提高，预计 2030、2050 年城市人口将超过 5.7 亿、6 亿人❷。**国家竞争力全球领先。**在全球最具竞争力的 141 个国家和地区中，前 10 位有 4 个来自欧盟，德国（第 3 位）、荷兰（第 6 位）、瑞典（第 9 位）、丹麦（第 10 位），此外与欧盟经贸联系紧密的非成员国瑞士、英国分列第 4、第 8 位❸。世界银行最新发布的营商环境排名中，前 50 名中超过一半是欧洲国家。**生态环境良好，宜居程度高。**欧洲在 2020 年全球环境保护绩效指数排行榜中占据前五位，芬兰居榜首❹。全球城市生活质量排名前 10 的城市中有 8 座欧洲城市，维也纳居榜首❺。**区域合作程度全球最高。**欧盟是区域一体化典范，有 27 个成员国对内采取相应的统一措施，对外政策高度一致。对内金融市场高度融合，统一关税自由流动，已有 19 个国家、约 3.4 亿人使用欧元，其中 9 个国家和地区采用欧元为单一货币。

12.1.2　资源环境

1. 自然资源

　　化石能源资源分布不均。欧洲煤炭资源探明储量约 2950 亿吨，占全球总储量 28%，主要分布在俄罗斯、德国、乌克兰等，其中俄罗斯占欧洲煤炭储量 54%以上。石油探明储量约 164 亿吨，占全球总储量 6.7%，主要分布在俄罗斯、挪威等，其中俄罗斯占欧洲石油储量 89%。天然气资源丰富，探明储量约 42.8 万亿立方米，占全球总储量 21.7%。主要分布在俄罗斯、乌克兰、挪威，其中俄罗斯占欧洲天然气储量 91%。

　　清洁能源开发潜力大，开发成本相对较高。欧洲水能资源理论蕴藏量超过 4.4 万亿千瓦时，主要分布在欧洲大陆主要山脉水系，土耳其底格里斯河—幼发拉底河流域，以及俄罗斯伏尔加河流域等。风能理论蕴藏量超过 200 万亿千瓦时，主要分布在丹麦沿海海域及格陵兰岛、爱尔兰、英国、法国、德国和波兰沿海。太阳能资源理论蕴藏量接近 1 亿亿千瓦时，主要集中在西班牙、意大

---

❶ 资料来源：联合国经济和社会事务部，2018 年世界城市化趋势，2018。

❷ 资料来源：联合国，2020 年世界城市报告，2020。

❸ 资料来源：世界经济论坛，2019 年全球竞争力报告，2019。

❹ 资料来源：耶鲁大学，2020 年全球环境绩效指数报告，2020。

❺ 资料来源：美世，2019 年全球城市生活质量排名，2019。

利等欧洲南部国家。受地形地貌、地物覆盖等因素的影响，欧洲清洁能源资源开发成本总体较高。

2. 生态环境

欧洲碳排放缓慢下降，但总量较大。 2016 年，欧洲化石燃料燃烧产生的二氧化碳气体约 50 亿吨，占全球总量 15.6%。化石燃料燃烧产生的二氧化碳排放主要来源于石油与天然气。

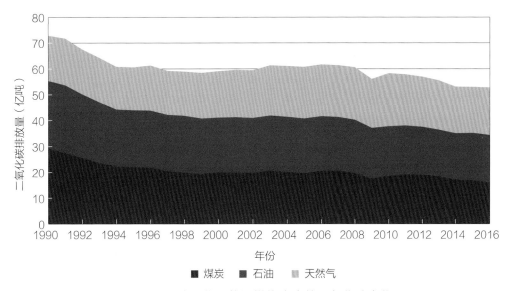

图 12.2　欧洲化石能源燃烧产生的二氧化碳变化

欧洲各国提出长期减排行动计划。 欧洲受清洁能源资源和开发条件限制，减排成本较高，实现应对气候变化目标存在挑战，但各国在国际合作、应对气候变化挑战等方面有极强共识。为应对气候变化挑战，欧洲多个国家签署了《巴黎协定》，并通过欧盟委员会发布了《欧洲绿色新政》，提出欧盟未来绿色低碳发展路径，申明将在 2050 年前成为全球首个碳中和大洲。此外，欧盟承诺 2030 年温室气体排放量相比 1990 年至少减少 55%。英国、法国、芬兰、瑞典、丹麦等多个国家提出将于 2050 年前实现碳中和的长期减排目标，芬兰提出 2035 年实现净零排放。俄罗斯、乌克兰分别承诺 2030 年温室气体排放量相比 1990 年减少 25%～30% 和 40%。瑞士承诺 2030、2050 年温室气体排放分别比 1990 年减少 50% 和 75%～80%。挪威承诺到 2030 年温室气体相较 1990 年减排 40%，到 2050 年实现低碳社会。

12.1.3 能源电力

1. 能源生产与消费

能源生产以油气为主，总量小幅增长。2000—2010 年，欧洲能源生产量从 32.8 亿吨标准煤增长到 35.4 亿吨标准煤，年均增长 0.8%，之后保持平稳，2018 年为 35.5 亿吨标准煤，2000—2018 年年均增长 0.4%，占全球比重下降至 18%[1]。人均能源生产量 4.3 吨标准煤，约为全球平均水平的 1.6 倍。2018 年，欧洲化石能源产量占能源生产总量的 76%，其中煤炭、油、气比重分别为 16%、29%、31%。俄罗斯推动欧洲化石能源产量增长。2000—2018 年，欧洲煤炭产量从 11 亿吨标准煤增长到 11.2 亿吨标准煤，年均增长 0.1%，石油、天然气产量从 6.6 亿吨、8470 亿立方米增长至 7.3 亿吨、9142 亿立方米，年均增长 0.6%、0.4%。

一次能源消费总量先增后降，清洁能源比重不断提升。欧洲能源消费总量在 2010 年前保持增长，2000—2010 年年均增长 0.7%，之后下降至 2018 年的 38.2 亿吨标准煤[2]，2010—2018 年年均下降 0.2%，所占全球比重下降至 20%。人均能源消费量 5.1 吨标准煤，是全球平均水平的 1.9 倍。2000—2018 年，欧洲化石能源消费占一次能源比重从 80%下降至 77%，煤炭、石油消费持续下降，天然气消费先增后降，煤炭、石油、天然气在一次能源消费中占比下降至 16.4%、29.2%、31.6%；清洁能源比重从 20%持续提升至 23%，高于全球平均水平 4 个百分点。

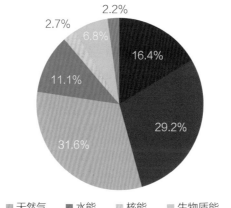

图 12.3 2018 年欧洲一次能源消费结构

---

[1] 资料来源：国际能源署，世界能源平衡，2018。
[2] 一次能源消费总量默认采用热当量法，如采用发电煤耗法，一次能源消费总量是 40.9 亿吨标准煤。

终端能源消费先增后降，电能占比持续提升。2000—2010 年，欧洲能源消费总量从 25.7 亿吨标准煤增长至 27 亿吨标准煤，年均增长 0.5%，之后下降至 2018 年 26.3 亿吨标准煤，2010—2018 年年均下降 0.3%。2000—2018年，终端石油消费持续下降，天然气消费先增后降，石油和天然气消费总量维持约 16.1 亿吨标准煤，石油、天然气占终端能源消费比重从 39%、24%变化至 37%、24.5%，煤炭比重下降至 3.7%。终端电能比重从 17.2%持续提升至19.4%，略高于全球平均水平。

2. 电力现状

电力消费总量较高，人均用电量处于世界领先水平。2018 年欧洲总用电量5.2 万亿千瓦时，占全球总用电量的 20%。其中 35%、25%的电力消费分别集中在西欧、俄罗斯及周边区域。2018 年欧洲电力普及率为 100%，人均用电量6278 千瓦时，约为世界平均水平的 1.8 倍。2018 年人均用电量最大的国家是冰岛，达到 5.9 万千瓦时，挪威、芬兰、瑞典年人均用电量分别为 2.6 万、1.6 万、1.5 万千瓦时。

表 12.2　2018 年欧洲电力发展现状

区域	装机容量（万千瓦）	用电量（亿千瓦时）	年人均用电量（千瓦时）	电力普及率（%）
不列颠群岛	10072	3836	5331	100
北欧	11109	4285	15919	100
西欧	57024	18242	7250	100
南欧	17371	4989	5246	100
东欧	19844	7375	4242	100
波罗的海国家	922	312	5162	100
俄罗斯及周边	33499	13006	6392	100
合计	149840	52046	6278	100

清洁能源装机占比较高。2018 年欧洲电源总装机容量约 15 亿千瓦，其中清洁能源装机容量 8.2 亿千瓦，约占总装机容量 54.7%；风电、太阳能发电装机容量分别为 1.9 亿、1.2 亿千瓦，常规水电装机容量约 2.5 亿千瓦。2018

年欧洲人均装机容量 1.8 千瓦，约为世界平均水平的 2 倍。2018 年，欧洲总发电量约 5.2 万亿千瓦时，其中清洁能源发电量约 2.8 万亿千瓦时，占比53.8%。

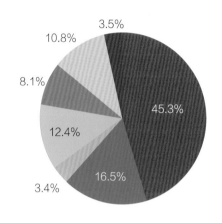

图 12.4　2018 年欧洲电源装机结构

欧洲电网整体发展水平较高，跨国互联紧密。 当前，欧洲共有 36 个国家的43 家运营商加入了欧洲输电运营商联盟（ENTSO-E），形成了世界最大的跨国互联电网，其中欧洲大陆、北欧、英国及爱尔兰电网主网架为 400 千伏，波罗的海国家电网主网架为 330 千伏，相互之间通过直流互联。欧洲大陆电网通过西班牙—摩洛哥的两回 400 千伏线路与北非互联；在东部与乌克兰电网互联；在东南部与西亚电网互联。波罗的海国家电网与俄罗斯电网互联。

欧洲推动电力领域清洁发展。 为了应对气候变化，欧盟提出 2050 年 80%电力来源于可再生能源，制定了 2030 年跨国电网互联水平达到 15%以上的目标；许多国家制定了煤电退出目标，德国计划 2038 年煤电全部退役，英国和意大利计划 2025 年煤电全部退役。俄罗斯提出将风电、光伏发电及 2.5 万千瓦以下小型水电作为重点支持领域。

12.2　减排路径

12.2.1　减排思路

欧洲经济发达、工业基础好，全社会碳排放已经达到峰值，正处在下降通道。未来，通过加快构建欧洲能源互联网能够实现 21 世纪中叶前温室气体中和，**总体思路**是以零碳社会为主线，加快洲内清洁能源开发，加大洲外清洁能源受入，以清洁和绿色方式满足经济社会发展对能源电力的需求，打造欧洲及周边能源电力合作平台，实现能源资源大范围优化配置，促进区域协同发展。结合欧洲在气候环境、经济社会和能源电力领域的特点，碳中和路径总体可分为**加速减排、全面中和**两个阶段。

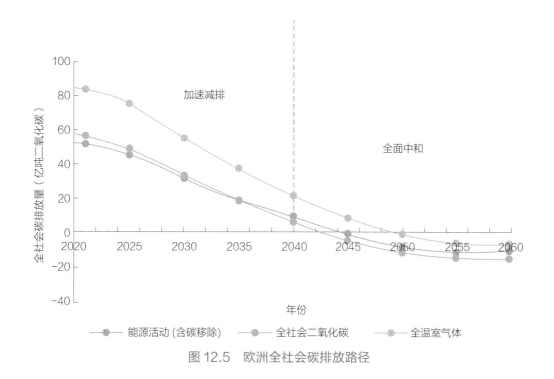

图 12.5 欧洲全社会碳排放路径

　　第一阶段：加速减排阶段（2020—2040 年）。加快构建欧洲能源互联网，2030 年前碳排放从稳中有降向加速下降转变，2040 年左右实现近零排放，全社会二氧化碳排放较当前水平下降 90% 以上。2040 年全社会二氧化碳排放降至 5.6 亿吨，其中能源系统排放约 8.7 亿吨。全社会快速减排的核心在于清洁能源发展规模和能源效率的提升，关键是加快构建欧洲能源互联网，实现清洁能源优化配置，促进减排成本下降，加速能源系统脱碳。

　　第二阶段：全面中和阶段（2040—2050 年）。全面建成欧洲能源互联网，实现深度清洁替代与电能替代，能源领域进入负碳阶段，2045 年前实现全社会碳中和。其中，能源活动排放（含碳移除）−1 亿吨、工业生产过程排放 1.6 亿吨、土地利用变化和林业碳汇 5.4 亿吨、碳移除约 10.5 亿吨，全社会净二氧化碳排放约-4.6亿吨。通过保持适度规模的负排放，控制和减少欧洲历史累积碳排放量。

12.2.2 减排重点

能源系统脱碳。加速区内清洁能源开发与区外清洁电力受入，集中式与分布式开发并举，迅速提高清洁能源在能源供应中的比重，到2050年，清洁能源占一次能源消费比重达85%。大力推动终端电能替代，提升能源利用效率，到2050年，电能在终端能源消费占比达到52%。2050年化石能源排放（不含碳移除）由2020年的52亿吨减少至4.1亿吨，降幅超过92%，2045年左右实现能源领域净零排放。

电力系统脱碳。通过集中开发意大利、西班牙、葡萄牙等光照条件较好的欧洲南部地区的太阳能资源，北海、波罗的海地区的大型海上风电场，以及北欧斯堪的纳维亚山脉水系、俄罗斯伏尔加河等流域和土耳其底格里斯河—幼发拉底河上游流域区水电基地，到2050年清洁能源发电量占比超过98%。加强电网互联互通，跨洲连接中亚、北非、西亚太阳能基地，实现清洁能源资源的大范围优化配置。2040年前欧洲电力系统实现净零排放，之后提供稳定负排放，助力实现全社会碳中和。

碳捕集及增加碳汇。通过森林保护、再造林等措施提升土地利用与林业领域的碳汇，保障森林覆盖率稳定提升，到2050年碳汇量达到5.2亿吨。推动碳捕集利用与封存技术逐步商业化应用，使其成为欧洲实现碳中和的有力补充。2030年左右，规模化发展发电、燃料制备领域的碳捕集、利用与封存工程，2050年碳捕集、利用与封存量达到12.6亿吨，通过稳定的负排放保障欧洲实现全社会碳中和，控制和减少累积碳排放。

12.3 能源转型

12.3.1 一次能源

一次能源需求逐步下降。欧洲一次能源需求已达峰，步入持续下降通道，2045、2060年分别降至25.3亿、22.9亿吨标准煤，2018—2060年均下降约1.2%，其中，2018—2045年年均下降约1.5%，2045—2060年年均下降约 0.7%，占全球一次能源需求比重下降至 12%。**人均一次能源需求持续下降。**
2018—2060 年，欧洲人均能源需求从 5.1 吨标准煤下降至 3.3 吨标准煤，降
幅 35%。

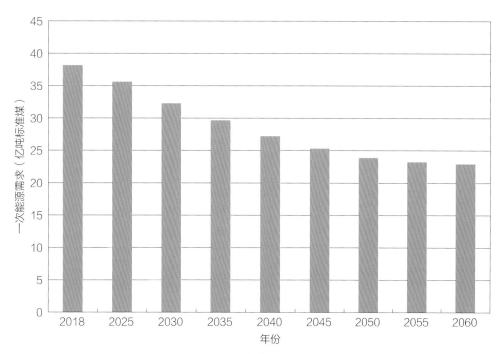

图 12.6 欧洲一次能源需求总量预测

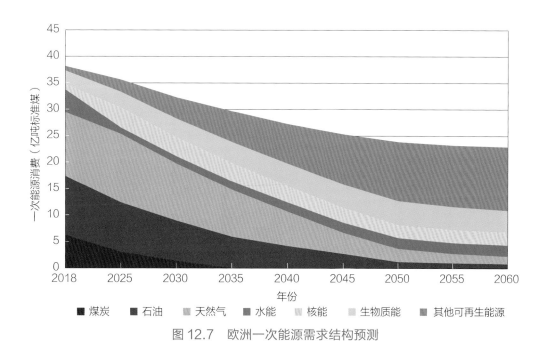

图 12.7 欧洲一次能源需求结构预测

439

2030 年左右清洁能源成为欧洲主导能源。2018—2060 年，欧洲化石能源需求持续下降，由 29.5 亿吨标准煤下降至 2.3 亿吨标准煤，其中，煤炭 2035 年实现净零，石油、天然气分别下降 92%、88%。2018—2060 年，欧洲清洁能源需求增长 1.4 倍，达到约 20.6 亿吨标准煤，年均增长 2.2%。2060 年，欧洲一次能源需求结构中煤炭、石油和天然气比重分别下降至 0、4%和 6%，清洁能源占一次能源比重从 23%增至 90%，其中北欧清洁能源占比较高，俄罗斯及其周边地区清洁占比相对较低。

12.3.2 终端能源

欧洲终端能源需求呈下降趋势。考虑到人口负增长、终端用能技术效率提高等因素，2018—2060 年，欧洲终端能源需求由 26.3 亿吨标准煤下降至 18.2 亿吨标准煤，年均下降 0.9%，其中，2018—2045 年年均下降 1.1%，2045—2060 年年均下降 0.5%。

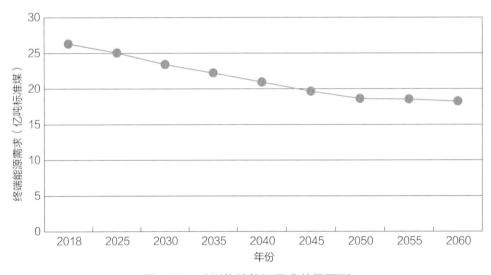

图 12.8　欧洲终端能源需求总量预测

2030 年左右电能成为占比最高的终端能源品种。2060 年，石油、天然气需求分别降至 0.8 亿、0.4 亿吨标准煤，化石能源占终端能源比重由 2018 年 65%降至 2060 年 6.6%。2018—2060 年，电能占终端能源比重从 22%提高到 56%，高于世界平均水平 1 个百分点。氢能加速在欧洲大规模应用，需求增长迅速，2060 年氢能需求增至 4 亿吨标准煤，占终端能源需求比重达 22%❶。

---

❶ 氢能包含能源用氢和非能用氢。

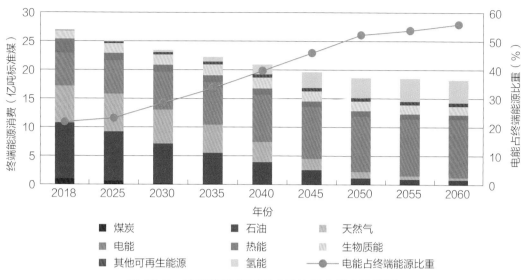

图 12.9　欧洲终端能源需求结构及电能占比预测

12.3.3　电力需求

考虑经济社会稳步发展，交通、工业等领域电气化加速发展，电制氢、热泵、电动汽车等新型用电和电能转换技术进步显著并快速普及，未来欧洲电力需求将稳步增长。

电制氢将成为欧洲电力需求新的增长点。未来氢能在欧洲的主要用途包括：建筑供暖，欧洲地处高纬度地区，冬季用能需求大，风电制氢主要可以用于直接供暖或热电联供；交通运输，欧洲汽车保有量大，随着各国对燃油汽车的禁

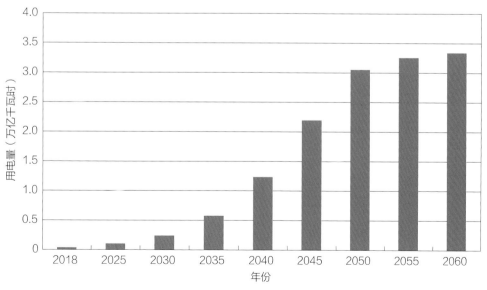

图 12.10　欧洲电制氢用电量预测

售，氢燃料汽车将快速增长，特别是在北欧等高寒地区，氢燃料电池汽车更具发展潜力；作为有机化工原料，用于制氨、甲醇、甲烷等。预计 2030、2050、2060 年欧洲电制氢用电量将达到 0.2 万亿、3.1 万亿、3.3 万亿千瓦时。

供热/制冷、交通领域电能替代促进欧洲用电量增长。基于用热/用冷需求的增长，同时考虑热泵等供热/制冷技术广泛应用带来的能效提高，预计 2030、2050、2060 年供热/制冷领域新增用电量分别约为 0.9 万亿、1.6 万亿千瓦时和 1.7 万亿千瓦时。交通领域，考虑乘用车、中小型货车直接采用电动汽车实现电能替代。预计交通领域 2030、2050、2060 年新增用电量分别约为 0.25 万亿、0.68 万亿千瓦时和 0.73 万亿千瓦时。

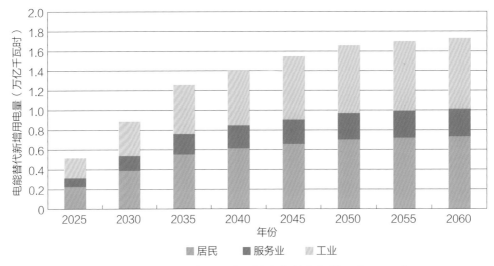

图 12.11　欧洲供热及制冷领域电能替代新增用电量预测

大型数据中心成为新兴用电需求。随着云技术、高速通信技术的进步和广泛应用，未来数据中心将向更加集中、更大规模发展，形成新兴用电增长点。北欧挪威、瑞典、芬兰、丹麦等国家在气候条件、清洁能源及网络基础设施条件等方面优势突出，正在逐步成为大型数据中心重要布局市场。未来数据中心主要布局北欧、不列颠群岛等区域。预计每年新增或升级大型数据中心 10～20 个，新增用电量约 250 亿千瓦时。预计到 2030、2050 年和 2060 年，新增大型数据中心用电量将分别达到 2800 亿、6200 亿千瓦时和 6600 亿千瓦时。

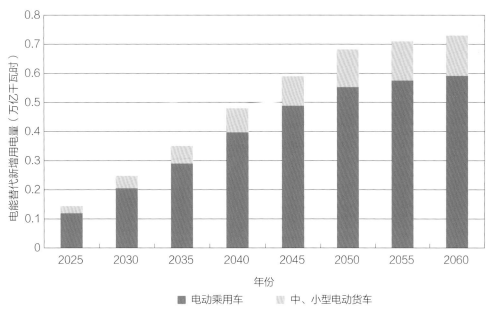

图 12.12　欧洲交通领域电能替代新增用电量预测

欧洲总用电量将保持稳步增长。 2018—2030、2030—2050 年欧洲用电量增速逐步提升，分别为 2% 和 3%，随着电能替代等过程的逐步放缓，欧洲用电量增速将逐渐降低，2050—2060 年欧洲用电量年均增长率约为 0.5%。欧洲用电量从 2018 年的 5.2 万亿千瓦时增加到 2030 年的 6.6 万亿千瓦时、2050 年的 12 万亿千瓦时和 2060 年的 12.7 万亿千瓦时，2030、2050、2060 年用电量分别是 2018 年的 1.3、2.3、2.4 倍。

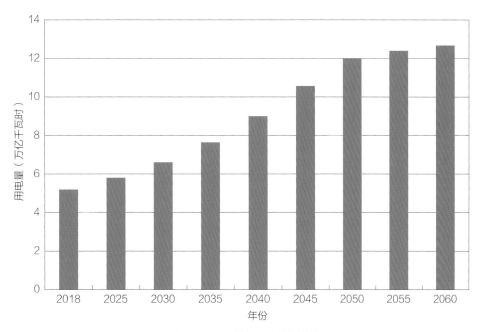

图 12.13　欧洲用电量预测

欧洲人均用电量水平持续提升。2018 年欧洲人均用电量 6278 千瓦时，随着用电量增长、人口总数下降，欧洲人均用电量水平持续提升，到 2030、2050、2060 年，分别达到 0.8 万、1.5 万千瓦时和 1.6 万千瓦时。

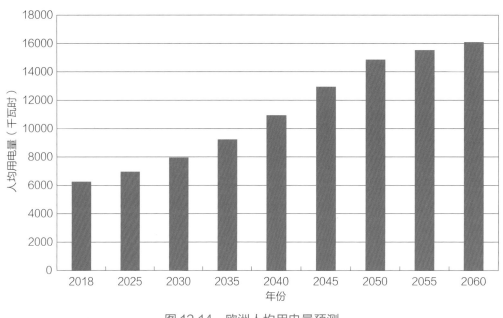

图 12.14　欧洲人均用电量预测

12.3.4　电力供应

欧洲电源发展思路。统筹资源禀赋、能源电力需求、能源开发成本、土地价值、环境承载能力和电力系统运行要求等因素，以实现欧洲能源清洁转型和可持续发展为目标，逐步减煤减油；大力开发海上风电、陆地风电和太阳能发电，充分利用地热、生物质能源发电。清洁能源开发与利用形成集中式与分布式并举和洲内开发与洲外受入并举。

发电成本快速下降为清洁能源发展创造了条件。随着清洁能源发电技术快速发展，预计 2025 年前全球光伏和陆上风电竞争力将全面超越化石能源。欧洲风电资源丰富，商业化开发水平全球领先。2023 年欧洲第一个零补贴海上风电场将在荷兰投运。随着行业集中度提高、协同效应显现、政策机制完善，欧洲风电竞争力优势将更为突显。

清洁能源集中式和分布式开发并举。清洁能源集中式发电具有成本低、可靠性高和易维护等优势。欧洲清洁能源资源丰富，但分布不均。北部海上风能资源优势显著，可根据技术成熟度与地质条件，分阶段集中开发；西欧、北欧山脉地区水系发达，适于集中开发水电。欧洲大陆平原面积广阔，地势平坦，经济发达，荒地面积比例低，以人口密集的城镇、农田、草地等为主，适于采用分布式发电。

洲内开发与洲外受入并举。欧洲洲内大力开发北部海上风电，欧洲周边的北非、西亚和中亚太阳能资源丰富，开发条件优越、成本优势显著。北非、西亚太阳能与欧洲北部风电季节性互补作用明显，中亚与欧洲利用时区差，错峰互济效益明显。通过电网互联互通可发挥清洁能源互补互济优势，降低清洁能源供应成本，节约土地资源，减少季节性装机容量，实现清洁能源供给渠道的多样化。

欧洲装机规模持续增长、结构持续低碳化。2030、2050、2060 年，欧洲电源装机容量达到 23.4 亿、47.6 亿、50 亿千瓦，其中清洁装机容量分别为 19.1 亿、46.4 亿、49.1 亿千瓦，清洁能源装机占比分别达到 77.8%、97.6%、98.6%。2030、2050、2060 年，欧洲风电装机容量分别达到 6.3 亿、18.8 亿、20.4 亿千瓦；太阳能发电装机容量分别达到 6.4 亿、17.4 亿、18.3 亿千瓦。

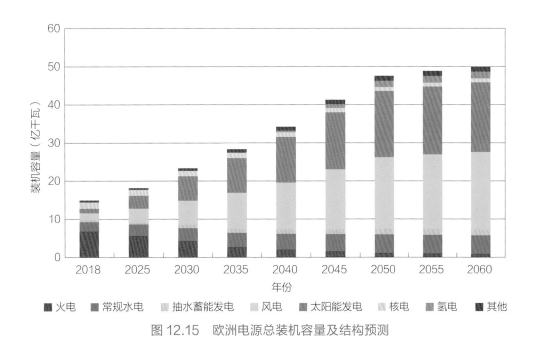

图 12.15　欧洲电源总装机容量及结构预测

欧洲清洁能源发电量占比快速提升。2030、2050、2060 年，欧洲清洁能源发电量达到 5.1 万亿、11.6 万亿、12.3 万亿千瓦时。清洁能源发电量占比分别达到 81.6%、98.1%、98.6%。2030、2050、2060 年，欧洲风电发电量分别达到 1.9 万亿、6.2 万亿、6.8 万亿千瓦时；太阳能发电量分别达到 0.8 万亿、2.1 万亿、2.2 万亿千瓦时。2050 年前后，风电发电量超过总发电量 50%，2060 年风电发电量占比达到 54.2%。

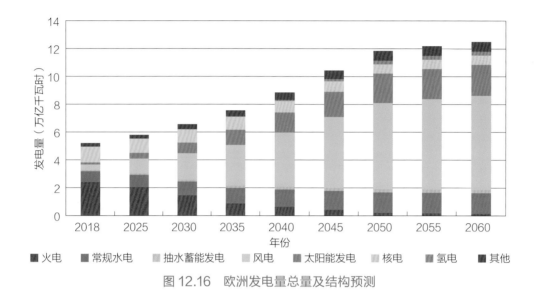

图 12.16　欧洲发电量总量及结构预测

电化学储能规模大幅增加。随着技术升级、成本下降，电化学储能等新型储能将迎来爆发式增长，2030、2050、2060 年新型储能容量将达到 0.6 亿、2.8 亿、3.4 亿千瓦，满足系统运行灵活性需要。

12.4　清洁能源

12.4.1　风能

1. 潜力分布

欧洲风能资源丰富。根据 100 米高度的风速数据测算，欧洲风能理论蕴藏量 213 万亿千瓦时，占全球总量 11%。综合考虑资源和各类技术限制条件，适宜集中开发的陆上风电装机规模约 39 亿千瓦，年发电量约 10.6 万亿千瓦时[1]。欧洲陆上风电的平均利用小时数约 2707 小时（平均容量因子约 0.31）。

---

[1] 资料来源：全球能源互联网发展合作组织，欧洲清洁能源开发与投资研究，北京：中国电力出版社，2020。

欧洲陆上风能资源主要集中在英国、冰岛、挪威和俄罗斯等地。受地物覆盖、地形地貌等因素影响，欧洲仅 9%的陆上区域具备集中开发建设风电基地的条件。冰岛东部和西部、英国北部、挪威北部和俄罗斯北部地区，风电利用小时数达到 3000 小时以上，开发条件好。欧洲西部、中部和南部大部分地区人口稠密，农业发达，耕地广泛分布，基本不具备集中建设大型风电基地的条件；位于阿尔卑斯山脉地区的瑞士、意大利北部、奥地利西部等国家和地区海拔高、地形起伏大，集中开发风电的条件较差。欧洲大部分国家更适宜采用分散式开发方式，利用乡村和森林周边、田间地头的空闲土地开发风电资源。

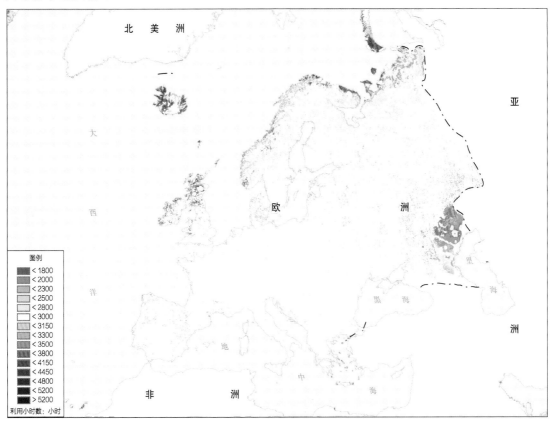

图 12.17 欧洲陆上风电技术可开发区域及其利用小时分布示意图

欧洲集中式风电平均度电成本为 3.63 美分/千瓦时，各国平均度电成本为 2.32~6.84 美分/千瓦时。按照风电平均度电成本 5 美分/千瓦时评估，欧洲风电经济可开发规模约 34 亿千瓦，占技术可开发量比例约 86%。整体而言，欧洲风电资源绝大部分经济性较好，其中丹麦平均度电成本最低，约为 2.32 美分/千瓦时，其国内成本范围为 1.92~2.59 美分/千瓦时。

2. 基地布局

欧洲布局 17 个大型风电基地。近中期，总装机规模约 1.6 亿千瓦，年发电量 6803 亿千瓦时。基地总投资约 2630 亿美元，陆上风电基地度电成本 2.66 美分/千瓦时，海上风电基地度电成本为 4.86～7.08 美分/千瓦时。根据远景规划，未来开发总规模有望超过 2.6 亿千瓦。

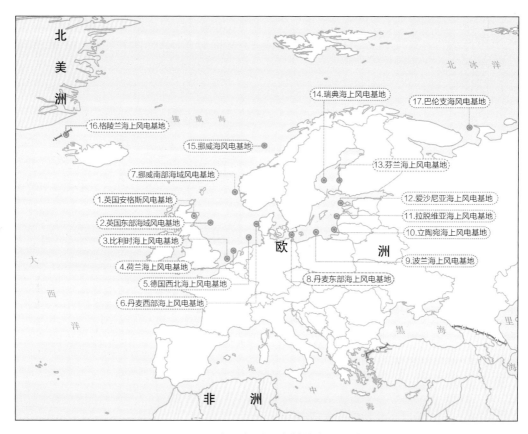

图 12.18　欧洲大型风电基地布局示意图

3. 典型案例

英国东部海上风电基地。基地地处英国东部的北海海域，由 5 个风电场构成，海深均小于 50 米。基地风电场离岸最近 10 千米，最远 180 千米，占地总面积约 6700 平方千米。基地全年平均风速范围 8.3～9.9 米/秒，综合平均风速 9.3 米/秒，区域内盛行西南风。选址主要避让自然生态系统类保护区、自然资源类保护区、港口、主要航线。英国东部海岸电网基础建设完善，接入电网条件较好。

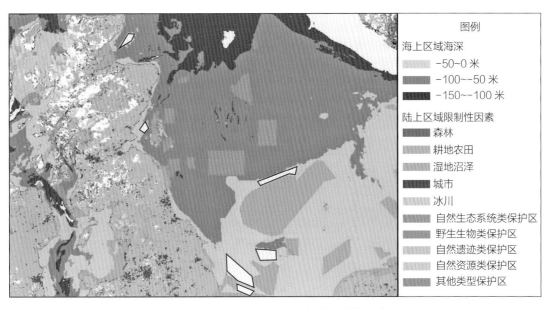

图 12.19　英国东部海上风电基地选址示意图

基地装机规模 3350 万千瓦，年发电量 1468 亿千瓦时，利用小时数 4381 小时，总投资约 557 亿美元，度电成本约 5.59 美分/千瓦时。

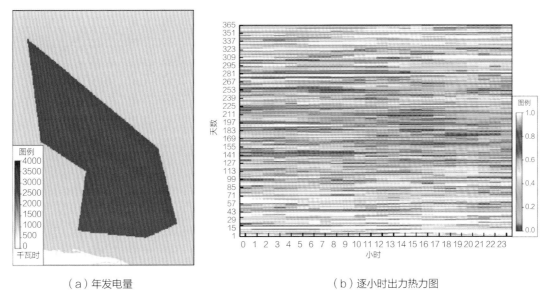

（a）年发电量　　　　　　　　（b）逐小时出力热力图

图 12.20　英国东部海上风电基地年发电量和逐小时出力热力图

基地全年 10 月至次年 2 月风速大，发电能力强。每日大风时段主要集中在当地时间 19—22 时。采用梅花型布机方式，行内间距 3 倍叶轮直径，共布置风机 3350 台。

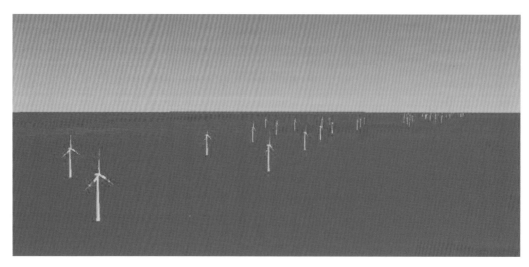

图 12.21　英国东部海上风电基地区域风机布置示意图

12.4.2　水能

1. 潜力分布

欧洲水能资源较丰富，开发程度高。欧洲水能资源主要分布在主要山脉水系，土耳其底格里斯河—幼发拉底河上游流域，以及俄罗斯伏尔加河流域等。欧洲水能资源理论蕴藏量在 5000 万千瓦时及以上的河流共计 3200 条以上，水能资源理论蕴藏量超过 4.4 万亿千瓦时，占全球总量 9.6%。北欧水能资源主要分布在斯堪的纳维亚山脉两侧，欧洲大陆水能源资源主要分布于阿尔卑斯山脉和比利牛斯山脉两侧。

2. 基地布局

根据水能资源特性和开发条件，考虑在北欧、俄罗斯和土耳其等地区或流域建设大型水电基地。

北欧水电基地：沿斯堪的纳维亚山脉两侧河流，进一步开发中小水电站，扩大挪威和瑞典水电群规模，提高北欧水电对北海风电、波罗的海风电的调节作用。中远期，北欧水电基地装机容量达到 9200 万千瓦。

土耳其水电基地：大力开发土耳其东南部底格里斯河—幼发拉底河上游流域水电，与周边太阳能发电、风电协调互补，送至土耳其西部负荷中心消纳。土耳其已计划近期在此流域新建 106 座水电站，装机容量 1074 万千瓦。中远期，土耳其水电基地装机容量达到 3000 万千瓦。

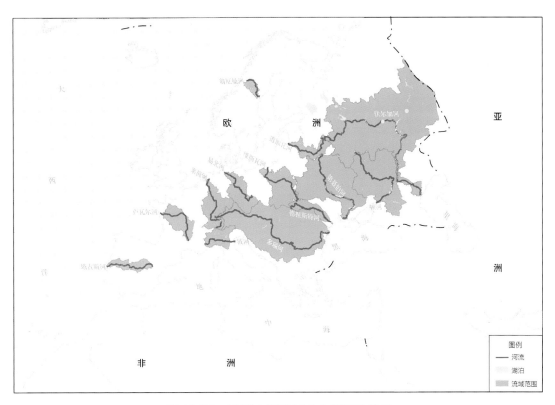

图 12.22　欧洲主要流域分布情况示意图

俄罗斯水电基地：加快伏尔加河流域等水电站开发与高效送出，与周边风电场建设相配合，促进水风互补。中远期，俄罗斯水电基地装机容量达到 5800 万千瓦。

12.4.3　太阳能

1. 潜力分布

欧洲太阳能资源一般。根据太阳能水平面总辐射量数据测算，欧洲光伏资源理论蕴藏量 9550 万亿千瓦时，占全球总量 5%。综合考虑资源和各类技术限制条件，仅 8% 的区域具备集中开发建设光伏基地的条件，适宜集中开发的装机规模为 104 亿千瓦，平均利用小时数约 1357 小时（平均容量因子约 0.15）。从分布上看，光伏技术可开发区域主要分布于南部的西班牙、希腊、意大利、法国、葡萄牙以及东部的俄罗斯、乌克兰等国家。

欧洲集中式光伏平均度电成本为 3.18 美分/千瓦时，各国平均度电成本为 2.27~9.58 美分/千瓦时。按照光伏平均度电成本 3.5 美分/千瓦时评估，欧洲

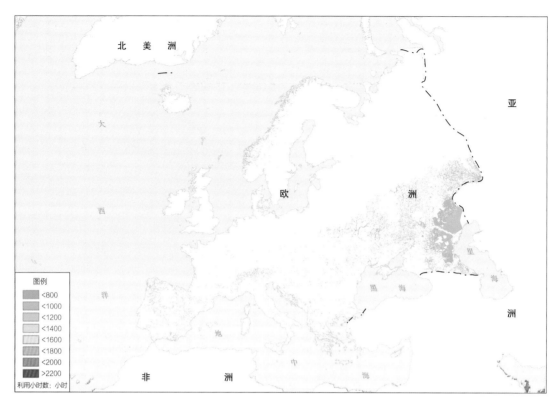

图 12.23　欧洲光伏技术可开发区域及其利用小时分布示意图

光伏经济可开发规模约 76 亿千瓦，占技术可开发量的比例约 73%。整体而言，欧洲不具备大规模基地开发条件，由于辐照水平、交通及并网条件较差，意大利、法国、乌克兰、西班牙等国家部分区域度电成本高。马耳他平均度电成本最低，约为 2.27 美分/千瓦时，其国内最低度电成本为 2.2 美分/千瓦时。

2. 基地布局

欧洲太阳能资源开发遵循"光伏为主、光热为辅、分布式为主、集中式为辅"的原则。欧洲太阳能主要通过分布式建筑光伏进行开发。鉴于欧洲土地成本较高、环保要求较严格等因素，可对现有建筑或新建建筑进行改造升级，通过大力发展工商业建筑光伏、无储能/带储能居民建筑屋顶光伏等灵活、占地小、价格竞争力强的分布式开发模式，提高太阳能资源的利用水平。

12.5　配置网络

欧洲能源电力需求大，自身及周边区域清洁能源资源丰富，统筹清洁能源与电网发展，依托特高压、柔性直流等先进输电技术，形成覆盖清洁能源基地和负荷中心的直流电网，加强跨洲跨区跨国电网互联，全面提升电网的资源配置能力，支撑清洁能源大规模、远距离输送及互补互济，保障电力可靠供应，为欧洲加快碳中和进程，实现经济社会绿色可持续发展发挥关键作用。

12.5.1　发展定位

不列颠群岛：风能资源主要分布在北海及爱尔兰海沿岸地区，适宜大规模集中开发。不列颠群岛位于格陵兰、冰岛、挪威和欧洲大陆的中间，具备汇集北极、北海风电和北欧水电形成多能互济平台的条件。

北欧：风能资源主要分布在挪威、丹麦（含格陵兰岛）、瑞典等国沿海和近海区域。北欧斯堪的纳维亚山脉两侧的挪威和瑞典是欧洲水能资源最丰富的地区。大力开发北欧水电、风电，满足本地用电需求后可送电欧洲大陆。

西欧：西欧是重要的负荷中心。风能主要分布于北海、大西洋沿岸地区。太阳能资源集中在西班牙、葡萄牙等南部地区。西欧作为欧洲最大的能源电力需求中心，未来煤电、油电逐步退役，需加快开发沿海风电和西班牙、葡萄牙太阳能，满足区内电力需求。

南欧：太阳能资源主要分布于意大利、希腊等国家。大力开发光伏和光热，与区域内外多种清洁能源实现互补互济，提高清洁能源利用效率。

东欧：风能资源主要集中在波罗的海和爱琴海沿岸。太阳能资源主要集中在土耳其、罗马尼亚等国。水能资源主要集中在土耳其底格里斯河—幼发拉底河流域。未来重点开发波兰沿海风电，土耳其太阳能和水能资源，实现区域内多能互补互济。

波罗的海国家：风能资源主要分布于波罗的海沿岸。大力开发海上风电，满足本地用电需求的基础上，可外送周边区域。

俄罗斯及周边：风能资源主要分布在北极地区、俄罗斯西南部高加索地区及东部地区。水能资源主要分布在俄罗斯伏尔加河等流域。重点开发北极地区和高加索地区风电，西伯利亚水电，满足本地需求的基础上，可外送周边区域。

总体来看，未来北欧和波罗的海国家是两个重要的清洁能源基地，在满足本地用电需求基础上，送电欧洲其他地区。不列颠群岛总体自平衡，承接北欧、格陵兰清洁电力转送欧洲大陆，是电力中转站。西欧、南欧和东欧电力需求较大，为电力受入中心，接受洲内北部盈余电力和亚非清洁电力。

欧洲电力流总体呈"**洲内北电南送、跨洲受入亚非电力**"格局。

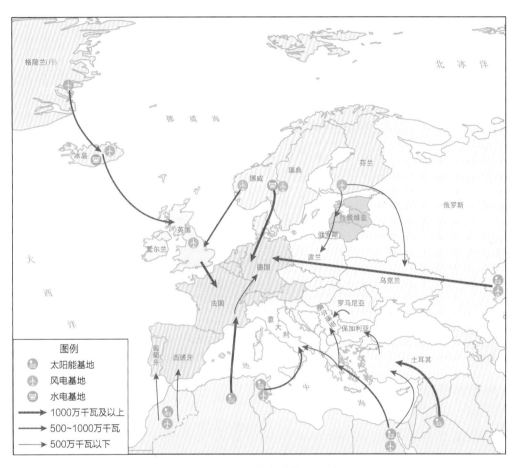

图 12.24　欧洲电力流格局示意图

2050 年，欧洲跨洲跨区电力流总规模达到约 1.3 亿千瓦，其中跨洲电力流 7500 万千瓦，跨区电力流 5800 万千瓦。

跨洲，西欧受入北非、中亚电力分别为 2300 万、1600 万千瓦，南欧受入北非电力 1600 万千瓦，东欧受入西亚、北非电力分别为 1600 万、400 万千瓦。

跨区，北欧外送电力 3700 万千瓦，至不列颠群岛、西欧、俄罗斯及周边、波罗的海国家分别为 1600 万、1600 万、400 万、100 万千瓦。波罗的海国家外送电力 400 万千瓦至东欧。

12.5.2　电网互联

欧洲电网发展重点：一是加强国内输电通道建设，提升清洁能源接入与配置能力；提高电网智能化水平，保障系统的运行可靠性。二是加强跨国输电通道建设，扩大电网互联规模，满足北海、波罗的海和北极千万千瓦级风电基地送出需要，发挥北欧水电"欧洲调节池"作用，实现洲内清洁能源资源互补互济。三是扩大跨洲互联规模，形成亚欧非联网格局，跨洲受入清洁能源，丰富能源供应来源。

1.　总体格局

为实现大规模开发利用清洁能源和大范围水风光互补互济，欧洲需要采用更高电压、更灵活、更高效的输电技术。欧洲未来可考虑采用特高压直流输电技术实现跨洲跨区远距离大规模输电，以及柔性直流电网技术升级洲内输电主网架，提高输电灵活性，形成覆盖欧洲的直流电网。为应对欧洲土地资源使用成本高造成的输电线路建设困难问题，可以采用改造升级老旧线路，充分利用高速公路、铁路沿线等公共用地及采用地下电缆、综合管廊、海底电缆等解决措施。

随着电网升级和互联规模的不断扩大，欧洲总体形成以欧洲大陆柔性直流电网为核心，连接北海、波罗的海、挪威海、巴伦支海风电基地和北欧水电基地，跨洲连接北非、西亚、中亚清洁能源基地的直流电网格局。

不列颠群岛、北欧和西欧通过汇集北海、挪威海、格陵兰周边区域海上风电及北欧水电形成 ±800 千伏直流电网；**波罗的海国家、北欧、东欧、西欧**通过汇集波罗的海、巴伦支海周边区域海上风电形成 ±800/±660 千伏直流电网；**西欧、南欧、东欧**建设网格型 ±800/±660 千伏柔性直流环网，大规模受入清洁能源并实现跨国互补互济。**跨洲**，经伊比利亚半岛、亚平宁半岛、巴尔干半岛通过 ±800/±660 千伏直流跨地中海接受北非、西亚清洁电力，实现北风南光互补。通过 ±800 千伏直流接受中亚电力，实现亚欧互济。

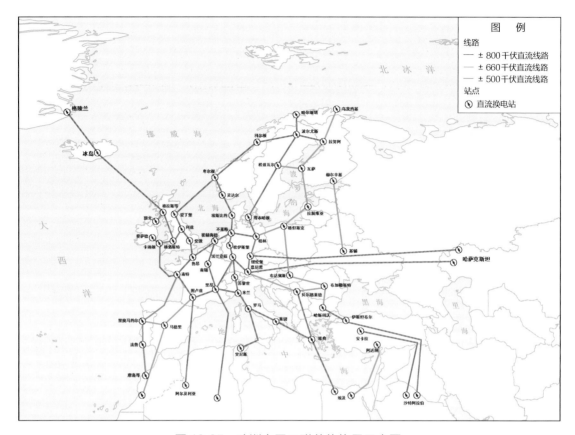

图 12.25 欧洲电网互联总体格局示意图

2. 区域电网互联

不列颠群岛未来重点开发北海西部、爱尔兰海风电资源，建设沿海风电外送通道，加强爱尔兰与英国本岛、英国南部与北部、北海沿岸输电通道建设；受入北欧电力，本地消纳部分后转送欧洲大陆，成为电力交换枢纽，实现清洁能源大范围消纳与互济。区内，英国进一步加强南北 400 千伏输电通道和中南部负荷中心 400 千伏网架建设，同时形成"两纵一横"±800 千伏直流网架；加强英国北部 400 千伏输电通道，延伸至苏格兰北部沿海地区；加强爱尔兰与北爱尔兰南北互联通道，形成覆盖全岛的 400 千伏电网；爱尔兰岛与英国本岛之间通过海上风电汇集点建设 2 回直流工程，提高互联水平，提高风电汇集消纳能力。跨区，建设格陵兰、冰岛、挪威与英国多回 ±800 千伏直流工程，受入部分电力后，通过英国—法国直流通道转送至西欧。

北欧未来将重点开发北海、挪威海、波罗的海沿岸及格陵兰东南部沿海风电，斯堪的纳维亚山脉两侧的水电群，进一步提高各国电力清洁化水平；加强与不列颠群岛、西欧、东欧、俄罗斯及周边的输电通道建设，满足水风打捆外送和跨区跨国互济需要。区内，沿斯堪的纳维亚山脉两侧加强挪威、瑞典南北纵向 400 千伏输电通道建设，提高水电汇集送出能力；进一步加强北海东部、波罗的海西北部、巴伦支海等风电基地外送通道建设，建设多个海上风电直流汇集点；形成"两横三纵"直流网架，纵向向北延伸输电通道至挪威、瑞典北部风电基地，向南延伸至瑞典和芬兰负荷中心，横向加强挪威、瑞典、芬兰的互联。跨区，建设多回 ±800 千伏/±660 千伏直流，外送电力至德国、英国、乌克兰。

西欧未来将重点开发德国、荷兰、比利时等国北海沿海风电、西班牙南部太阳能、法国地中海沿岸风电；建设区内连接清洁能源基地和负荷中心的坚强灵活可控柔性直流电网主网架，提升跨国电力交换能力；加强各国 400（380）千伏主网架建设，提高供电可靠性。建设跨洲跨区通道，受入北欧风电、水电，北非、中亚太阳能等清洁电力，实现多能互补、高效利用。区内，德国加强南北输电通道、交流主网架和直流疏散通道建设；法国重点加强东部 400 千伏网架，提升电网供电能力；西班牙马德里形成 400 千伏双环网，加强与葡萄牙交直流联网通道；跨国形成覆盖西欧各国的 ±800/±660 千伏柔性直流梯形网架，西部德国—荷兰—法国—葡萄牙直流通道主要承接北海风电、北欧水电，东部德国—瑞士—法国—西班牙直流通道主要承接北欧水电、波罗的海风电、中亚电力，东、西直流通道间通过 5 回直流互联，跨国电力交换能力得到大幅提升，满足区内风、水、光互补互济需要。跨区，建设 3 回西欧—南欧直流联网工程，形成欧洲大陆直流网架。跨洲，通过多回 ±800 千伏直流，从北欧、北非、中亚受入电力。

南欧未来将重点开发区内南部太阳能和地中海、爱琴海沿海风电；进一步加强意大利、巴尔干纵向输电通道和亚得里亚海两岸联网，提高南北送电能力、承接北非电力受入。区内，加强亚平宁半岛东侧和巴尔干半岛西侧纵向 400 千伏输电通道，加强各国 400 千伏主网架，满足南电北送和跨国互济需要；建设意大利与希腊、黑山间多回跨海直流工程，提高亚得里亚海两岸电力交换能力。跨区，与西欧、东欧加强直流联网。跨洲，建设与北非埃及、突尼斯多回 ±800 千伏直流，受入北非电力。

东欧未来将重点开发波罗的海风电、土耳其太阳能和水电，加强各国 400 千伏主网架，提升南北通道的送电能力；加强与西欧、东欧联网，加强跨洲受电通道建设。区内，建设波兰—匈牙利—罗马尼亚直流工程，形成贯穿东欧的纵向输电通道，南北输电能力进一步提高。跨区，形成与波罗的海、西欧直流联网。跨洲，建设多回土耳其至埃及、沙特阿拉伯 ±800 千伏直流，受入北非、西亚电力。

波罗的海国家未来将重点开发海上风电基地，加强各国 330 千伏主网架与跨区联网通道建设，满足本地用电需求后向东欧送电。区内，进一步加强各国 330 千伏主网架，同时结合波罗的海风电基地开发，形成海上直流互联通道。跨区，通过芬兰—拉脱维亚—波兰 ±660 千伏 3 端直流加强与北欧、东欧的电力交换能力。

俄罗斯及周边未来将重点开发俄罗斯北部、高加索及远东地区大型风电基地，俄罗斯乌拉尔、西伯利亚和远东地区大型水电基地，加强各国交流主网架建设，满足区域供电的基础上，外送电力至东亚。区内，俄罗斯西部形成 1000 千伏环网，连接俄罗斯西北部风电、南部伏尔加水电和中部负荷中心；逐步开发伏尔加河等水电资源，建设连接西伯利亚和远东电网的东部 1000 千伏通道；建设巴伦支海风电基地送电圣彼得堡和韦士凯马等多回 ±800 千伏直流；进一步加强区域内各国 750/500/330 千伏电网建设。跨区，建设芬兰—乌克兰 ±660 千伏直流，受入波罗的海风电，进一步加强俄罗斯远东外送通道。

12.5.3 重点互联互通工程

1. 亚洲—欧洲互联互通工程

根据受端市场受电空间，主要清洁能源基地外送潜力和各国电网规划，考虑建设条件、送电距离、电网接入条件和输电走廊等因素，提出亚欧互联工程。工程分为东西两段，东段为哈萨克斯坦—中国直流工程，起点为哈萨克斯坦埃基巴斯图兹，终点为中国华中负荷中心；西段为哈萨克斯坦—德国直流工程，起点为哈萨克斯坦阿克托别，终点为西欧负荷中心德国。

哈萨克斯坦地处亚洲腹地，风光资源丰富，且地广人稀、适合建设大型风电基地和太阳能发电基地。哈萨克斯坦清洁能源发电资源在满足国内用电需求的基础上，电力外送潜力巨大。德国是西欧的主要负荷中心，用电量约占西欧的 32%。考虑德国在欧洲大陆电网的枢纽位置和未来退煤去核等进程，具有较

大电力受入空间。中国华中地区是东亚主要的负荷中心，年用电量接近 1 万亿
千瓦时。考虑未来经济社会发展和低碳化进程，华中地区受入电力潜力较大。
亚欧互联工程的建设可以充分利用时间差、空间差，互补互济，提高清洁能源
利用效率，推动中国、欧洲与哈萨克斯坦的设施联通、贸易畅通、资金融通，
实现互利共赢。

综合考虑送电距离和直流技术，推荐德国慕尼黑—哈萨克斯坦阿克托别和
哈萨克斯坦埃基巴斯图兹—中国河南工程，均采用 ±800 千伏直流，输电容量
800 万千瓦，输电距离分别约 3500 千米和 4000 千米。经测算，德国慕尼黑—
哈萨克斯坦阿克托别工程总投资 62 亿美元，输电价约为 2.4 美分/千瓦时。哈
萨克斯坦埃基巴斯图兹—中国河南工程总投资 70.3 亿美元，输电价约 2.6 美分/
千瓦时。

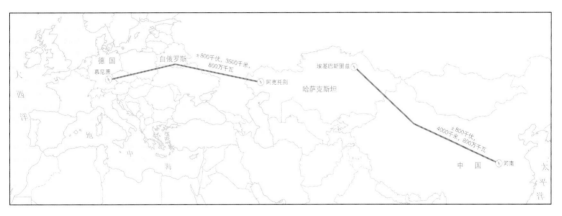

图 12.26　亚洲—欧洲互联工程示意图

专栏 12.1　　　**中德负荷需求互补性分析**

德国电网与中国华中电网，存在 6～8 小时时区差。受时区差及居
民用电行为和习惯影响，两个电网负荷特性存在差异，如年最大负荷月
和日最大负荷出现时刻存在明显差别，具有一定的互补性。通过建设德
国—哈萨克斯坦和哈萨克斯坦—中国直流工程实现中德电力互联，可降
低两个电网的备用容量、实现削峰填谷，获得较大的联网效益。若两个
直流工程输送容量均采用 800 万千瓦，最多可获得 1600 万千瓦错峰容量

效益。此外，以哈萨克斯坦电网作为电力交换枢纽，可以发挥中国、德国负荷特性互补优势，降低哈萨克斯坦配套电源装机容量。

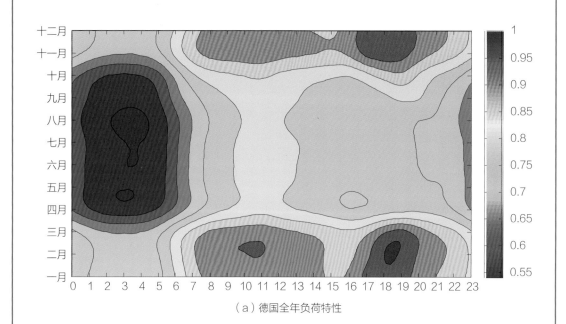

（a）德国全年负荷特性

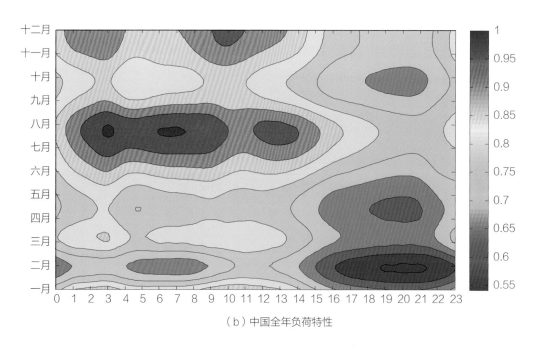

（b）中国全年负荷特性

图 1　中德负荷特性互补示意图

2. 北海±800 千伏柔性直流环网工程

根据环北海各国受电空间，清洁能源基地外送潜力和各国电网规划，考虑建设条件、送电距离、电网接入条件和输电走廊等因素，提出北海±800 千伏柔性直流环网工程方案。该方案形成挪威—英国—法国—德国—丹麦—挪威±800 千伏柔性直流环网，汇集北海风电，提高挪威、英国与欧洲大陆间电力输送和交换能力。

挪威水电站众多且调节性能较好，2018 年水电装机容量约 3300 万千瓦，预计 2035 年超过 5200 万千瓦，可作为欧洲清洁能源的"巨型电池"，平衡其他国家电力波动。

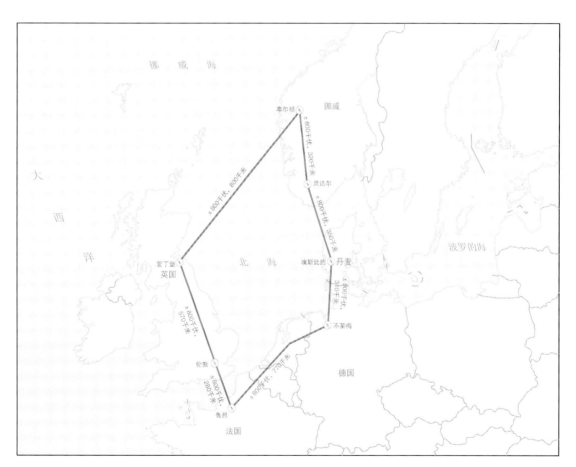

图 12.27　北海直流环网工程示意图

英国、法国、德国、丹麦海上风电发展迅速，2018 年北海地区海上风电总装机容量达到约 1500 万千瓦，预计 2035 年超过 1 亿千瓦。考虑风电的时空波动性，通过联网有利于更大范围内的平衡与消纳。

柔性直流易于扩展实现多端直流输电系统和直流电网，并且能够实现直流潮流的灵活优化控制，在同等容量下柔性直流输电换流站的占地面积显著小于传统高压直流输电换流站（约为 50%），适用于在欧洲建设环网直流工程。

综合考虑工程送电距离和直流电压等级序列，推荐环网工程采用 ±800 千伏直流，输电容量 800 万千瓦。经测算，新建 ±800 千伏换流站 7 个，总换流容量 4000 万千瓦；±800 千伏直流线路 3400 千米。工程总投资 160 亿美元。

12.6 小结

（1）欧洲经济与能源电力发展预测

● **人口**：2030 年和 2050 年欧洲人口分别达到 7.4 亿人和 7.1 亿人，到 2060 年下降至 6.9 亿人左右。

● **GDP**：2020—2060 年欧洲 GDP 增速保持在 1.5% 左右，2030、2050 年和 2060 年 GDP 分别达到 27.1 万亿、37.6 万亿美元和 43 万亿美元。

● **能源需求**：2030、2050 年和 2060 年一次能源需求分别为 32.3 亿、23.9 亿吨标准煤和 22.9 亿吨标准煤，终端能源需求分别为 25 亿、19.6 亿吨标准煤和 18.2 亿吨标准煤。欧洲一次能源和终端能源需求均处于下降通道。

● **电力需求**：电制氢、供热/制冷、交通领域电能替代是促进欧洲用电量增长的重要驱动力，2030、2050 年和 2060 年用电量分别达到 6.6 万亿、12 万亿千瓦时和 12.7 万亿千瓦时，电能占终端能源的比重达到 28%、52% 和 56%，2030 年电能成为终端能源消费主体。

（2）欧洲碳中和路径

欧洲碳中和路径分为加速减排、全面中和两个阶段。

- **加速减排阶段（2020—2040 年）：** 全面落实各项计划和政策，推动 2030 年前碳排放从稳中有降向加速下降转变，2040 年左右实现近零排放，全社会二氧化碳排放较当前水平下降 90% 以上。

- **全面中和阶段（2040—2050 年）：** 以深度清洁替代与电能替代为重点，能源领域进入负碳阶段，2045 年前实现全社会碳中和。

（3）欧洲清洁能源开发

- **电源总装机容量：** 2030、2050 年和 2060 年欧洲电源装机容量分别达到 23.4 亿、47.6 亿千瓦和 50 亿千瓦。

- **清洁能源装机容量：** 2030、2050 年和 2060 年欧洲清洁能源装机占比分别达到 77.8%、97.6%、98.6%，其中 2060 年风电和太阳能发电装机容量分别达到 20.4 亿千瓦和 18.3 亿千瓦。

- **清洁能源基地开发：**在资源优质、开发条件好的地区，集中布局 17 个大型风电基地和 3 个水电基地。

（4）欧洲能源互联互通

- **电力流：**欧洲总体呈现"洲内北电南送、跨洲受入亚非电力"的电力流格局，2050 年欧洲能源互联网跨洲跨区电力流规模达到约 1.3 亿千瓦。

- **电网互联：**形成以欧洲大陆柔性直流电网为核心，通过多回直流通道向北连接洲内风电、水电基地，跨洲连接北非、西亚、中亚清洁能源基地的直流电网格局。洲内，通过多等级直流汇集北海、波罗的海、挪威海等区域海上风电及北欧水电，西欧、南欧、东欧建设网格型柔性直流电网，大规模受入清洁能源并实现各国间互补互济。跨洲，通过直流经伊比利亚半岛、亚平宁半岛、巴尔干半岛接受北非、西亚清洁电力，实现北风南光互补，通过直流接受中亚电力，实现亚欧互济。

13   非洲碳中和实现路径

　　非洲是发展中国家最集中的大陆，近年来各国政治局势日趋稳定，人口红利不断释放，营商环境持续向好，成为世界经济的重要增长极。随着经济人口快速增长和工业化、城镇化加速发展，非洲能源电力需求将保持高速增长，面临保供压力大、用能方式粗放、电力普及率低等挑战。实现非洲碳达峰碳中和，关键是以绿色低碳发展为方向，加快清洁能源开发利用，加强能源基础设施建设和跨国跨区跨洲互联互通，提升电气化水平和电力普及率，构建洲内紧密联系、洲外高效互联、多能互补互济的非洲能源互联网，推动非洲电气化、工业化、清洁化、区域一体化进程，为非洲促进经济增长、保护生态环境、实现可持续发展提供保障。

13.1　现状与趋势

13.1.1　经济社会

1. 经济发展

　　非洲经济得到显著发展，未来有望保持快速增长。21 世纪以来，非洲经济年均增速超过 4%，是全球经济增长最快的地区之一。2019 年，非洲 GDP 为 2.4 万亿美元，占全球 2.7%，其中，北部非洲、西部非洲 GDP 分别为 6852 亿、6986 亿美元，占非洲总量比例均为 29% 左右；南部非洲、中部非洲、东部非洲 GDP 分别为 5732 亿、1444 亿、3121 亿美元，占非洲总量比例分别为 24%、6%、13%。未来，在区域一体化和可持续工业化的带动下，非洲仍将保持良好的经济增长势头，持续释放增长潜能。预计 2020—2030 年非洲 GDP 平均增速 4.6% 左右，此后，经济增速有望进一步上升。按照 2020 年不变价美元，2030 年非洲 GDP 总量达到 3.7 万亿美元；2050 年接近 12 万亿美元，是 2020 年的 5 倍；2060 年达到 20.7 万亿美元，人均 GDP 超过 8000 美元。

表 13.1　非洲 GDP 预测

年份	2021—2030	2031—2040	2041—2050	2051—2060
GDP 平均增速（%）	4.6	6.0	6.1	5.7
GDP 总量（万亿美元，2020 年不变价）	2.9	4.8	11.9	20.7
人均 GDP（美元，2020 年不变价）	1928	2672	5219	8108

非洲国家积极推进绿色低碳转型。非盟《2063 年议程》将提升应对气候变化、实现可持续发展的能力作为重要目标之一。在非洲环境问题部长级会议第八届特别会议上，54 个非洲国家一致同意实施绿色复苏计划，致力于推动更低碳、更具韧性、可持续性及包容性的经济发展。非洲国家为推动低碳经济发展持续出台相关政策措施。已有超过 90% 的非洲国家正式批准应对气候变化《巴黎协定》，超过 70% 的非洲国家将发展清洁能源和清洁农业列入应对气候变化的国家自主贡献行动。尼日利亚联邦政府支持国民光伏扶助计划"太阳能家用系统"；南非政府出台多项措施鼓励可再生能源开发利用，并提出在 2030 年前将煤电占比降到 48%，到 2050 年实现碳中和目标。尼日利亚、摩洛哥、南非、肯尼亚、加纳等国在发行绿色主权债券、推动绿色投资方面进行尝试。

2. 社会发展

人口增长快，人口红利不断释放。非洲人口增长率全球最高，2019 年非洲人口为 13.1 亿人，占全球总人口比例 16.9%。根据联合国预测，2030、2050、2060 年非洲人口将分别达到 16.5 亿、22.8 亿、25.6 亿人[1]。非洲青年人口占比超过世界其他地区，到 2030 年，全球近一半劳动人口增长将来自撒哈拉以南非洲，2050 年，非洲适龄劳动人口将超过 15 亿人，为非洲绿色工业化提供有力支撑，同时也将弥补全球老龄化所带来的劳动力短缺。

城镇化水平低、增速快。目前，非洲城镇人口为 4.7 亿人，到 2040 年，城镇人口将上升至 10 亿人，成为全球城镇化最快的地区。预计到 2050 年，非洲城镇化率将达到 60% 左右，城市人口超过 13 亿人。城镇化水平的快速提高带动非洲中产阶级人数持续增加，南非标准银行数据显示非洲现约有中产阶级 3.5 亿人。

---

[1] 资料来源：联合国，世界人口预测，2019。

未来，随着人口数量的快速增长、工业化和城镇化的推进，非洲内部消费能力将显著提升。

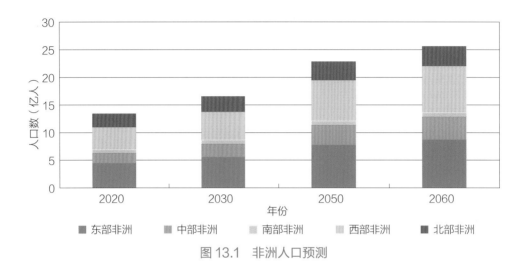

图 13.1 非洲人口预测

基本公共服务不断改善。随着非洲国家经济发展，医疗卫生条件和教育水平不断提高。艾滋病、疟疾、肺结核等传染性疾病的发病率呈下降趋势。2020 年，非洲适龄人群的高等教育普及率达到 10%，比 20 年前增长近 2.5 倍。

13.1.2 资源环境

1. 自然资源

非洲矿产资源丰富，是资源型经济体的重要经济支柱。金矿、金刚石、铂族金属、铝土矿、锰矿、钴矿、铀矿等重要资源储量均居世界首位，铬矿、钒矿、钛矿、铜矿、镍矿等资源也非常丰富，矿产资源勘查和开发潜力巨大。铝土矿、锰矿、金矿、磷矿、钴矿储量均占世界 50% 以上。铝土矿主要分布在几内亚、喀麦隆、加纳、科特迪瓦、马里，储量约 450 亿吨；锰矿主要集中在南非和加蓬，储量约 3.5 亿吨；金矿主要分布在南非、加纳、津巴布韦、刚果（金）、坦桑尼亚，储量约 2 万吨；磷矿集中在摩洛哥，储量约 1100 亿吨；钴矿集中在刚果（金）和赞比亚，储量约 500 万吨。铁矿、铜矿、锌矿储量均占世界 20% 以上，主要分布在刚果（金）、赞比亚、利比亚和几内亚等国，铁矿储量约 1060 亿吨，铜矿储量约 1.8 亿吨。

化石能源资源相对有限，且分布不均匀。非洲煤炭资源较少，探明储量 131

亿吨，占全球 1.2%，几乎都是无烟煤和烟煤[1]。煤炭主要分布在南非，占非洲煤炭储量 75%以上。石油探明储量约 166 亿吨，占全球 6.9%。石油主要分布在利比亚、尼日利亚、阿尔及利亚，占非洲石油储量 78%。天然气探明储量约 14.4 万亿立方米，占全球 7.4%，主要分布在尼日利亚、阿尔及利亚、埃及，占非洲天然气储量 81%。

表 13.2 非洲化石能源资源

国家	煤炭		石油		天然气	
	总量（亿吨）	占全球比重（%）	总量（亿吨）	占全球比重（%）	总量（万亿立方米）	占全球比重（%）
南非	99	0.9	—	—	—	—
利比亚	—	—	63	2.6	1.4	0.7
尼日利亚	—	—	51	2.1	5.3	2.7
阿尔及利亚	—	—	15	0.6	4.3	2.2
埃及	—	—	4	0.2	2.1	1.1
其他国家	32	0.3	33	1.4	1.3	0.7
合计	131	1.2	166	6.9	14.4	7.4

清洁能源资源总量丰富，品种多样。非洲是清洁能源资源的"聚宝盆"，水能、风能、太阳能、生物质能、地热能等多种清洁能源资源丰富，水能、风能、太阳能理论蕴藏量占全球的 13%、18%和 30%[2]。目前开发比例极低，是全球清洁能源开发潜力最大的大洲。非洲丰富的清洁资源不但可以满足自身低碳绿色发展需要，还可以将资源优势转化为经济优势，向欧洲等地区出口清洁能源电力。

2. 生态环境

非洲碳排放呈上升态势。1990—2016 年，非洲化石燃料燃烧产生的二氧化碳气体排放由 5.3 亿吨增至 11.6 亿吨，占全球总量的 3.6%，年均增速 3.3%。2016 年，煤、石油、天然气燃烧产生的二氧化碳分别占化石燃料燃烧产生二氧化碳总量的 32%、48%和 20%。

---

[1] 资料来源：英国石油公司，世界能源统计年鉴，2019。

[2] 资料来源：全球能源互联网发展合作组织，全球清洁能源开发与投资研究，北京：中国电力出版社，2020。

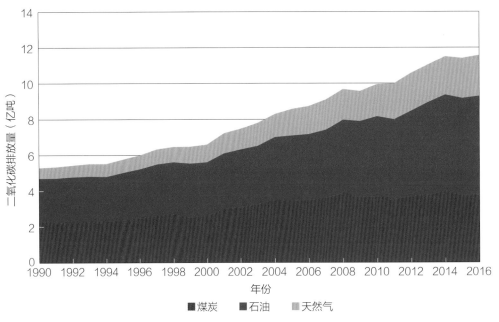

图 13.2　非洲化石能源燃烧产生的二氧化碳变化

非洲面临气候变化挑战，各国积极应对气候变化。 1995—2015 年，非洲发生了 136 次严重干旱，仅东部非洲就发生了 77 次。据不完全统计，1994—2015 年，极端气候灾害造成的经济损失达 100 亿美元。非洲主要国家均签署了《巴黎协定》，制定应对气候变化自主贡献目标和中长期减排战略。南非承诺 2025—2030 年温室气体排放量维持在 3.98 亿～6.14 亿吨二氧化碳当量/年。阿尔及利亚承诺 2030 年温室气体排放量相比政策延续情景减少 7%～22%。尼日利亚承诺 2030 年温室气体排放量相比政策延续情景减少 20%，在资金支持等条件下减排 45%。埃塞俄比亚承诺在国际社会支持的条件下，2030 年将温室气体排放量控制在 1.45 亿吨二氧化碳当量/年。

13.1.3　能源电力

1. 能源生产与消费

非洲能源生产以油气和生物质为主。 2000—2010 年，非洲能源生产量从 12.2 亿吨标准煤增长到 16.4 亿吨标准煤，年均增长 3%，之后波动下降至 2018 年 15.6 亿吨标准煤，2010—2018 年年均下降 0.6%，占全球比重微降至 8%[1]。

---

[1] 资料来源：国际能源署，全球能源平衡，2018。

人均能源生产量 1.2 吨标准煤，约为全球平均水平的 48%。2018 年，石油、生物质、天然气占能源生产量比重分别为 35%、32%、15%。2000—2018 年，石油产量先升后降，2018 年下降至 3.9 亿吨；天然气产量增至 2414 亿立方米，年均增长 3.3%。油气生产主要集中在尼日利亚、安哥拉、阿尔及利亚、埃及等。2000—2018 年，生物质供应增长较快，从 3 亿吨标准煤增长 5.2 亿吨标准煤，年均增长 3.6%。2000—2018 年，煤炭产量增至 2.8 亿吨，年均增长 1.1%，93% 以上集中在南非。

一次能源消费总量持续增长。 非洲一次能源以传统生物质和化石能源为主，水能、风能和太阳能比重较低。2000—2018 年，非洲能源消费总量从 6.6 亿吨标准煤增长至 11.2 亿吨标准煤[●]，年均增长 3.0%，占全球比重增至 5.5%。2000—2018 年，传统生物质消费从 3 亿吨标准煤增长至 5.2 亿吨标准煤，年均增长 3.1%，占一次能源比重 46%。化石能源占一次能源比重从 2000 年 50% 上升至 2018 年 51%，其中煤炭、石油、天然气在一次能源消费中占比分别为 14%、24%、14%。除传统生物质能外，清洁能源比重仅 2%，远低于全球平均水平，其中水能、核能和风光比重分别为 0.5%、1.2%、0.6%。

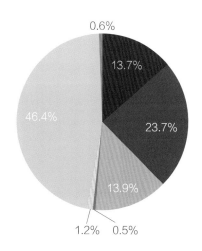

图 13.3　2018 年非洲一次能源消费结构

■ 煤炭　■ 石油　■ 天然气　■ 水能　■ 核能　■ 生物质能　■ 其他可再生能源

终端能源消费持续增长，以传统生物质和石油为主，电能占比低。 2000—2018 年，非洲终端能源消费总量从 4.6 亿吨标准煤增至 8.2 亿吨标

[●] 一次能源消费总量默认采用热当量法，如采用发电煤耗法，一次能源消费总量是 11.7 亿吨标准煤。

准煤，年均增长 3.2%，占全球比重增至 4%。2018 年，传统生物质消费量 4.3 亿吨标准煤，占终端能源消费比重降至 52%；石油消费量增长到 2.4 亿吨标准煤，占终端能源消费比重达 29%；终端电能比重维持约 9%，远低于全球平均水平。

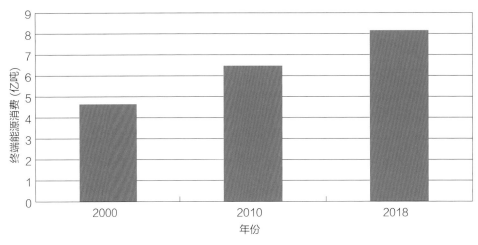

图 13.4　非洲终端能源消费变化

2. 电力现状

非洲电力普及率和消费水平低。非洲整体电力普及率低，尚存大量无电人口。2018 年电力普及率 54%[1]，其中北部非洲达到近 100%，撒哈拉以南非洲电力普及率仅为 46%，16 个国家电力普及率低于 25%。非洲无电人口总数近 6 亿，占全世界无电人口的一半以上。非洲人均用电量远低于世界平均水平。2018 年非洲总用电量约 8448 亿千瓦时，占全球总量 3%。21 世纪以来，非洲电力需求保持较快增长，2018 年用电量是 2000 年的 1.8 倍。

电源结构以火电为主，人均装机容量低。2018 年，非洲总装机容量约 2.2 亿千瓦，火电装机容量约 1.7 亿千瓦，占比 77%；清洁能源装机容量约 5194 万千瓦，占比 23%，其中，非水可再生能源装机容量约 1578 万千瓦，占比 7%，水电装机容量约 3616 万千瓦（含抽水蓄能 338 万千瓦）。2018 年非洲人均装机容量 0.17 千瓦，约为世界平均水平的 1/5。

---

❶ 资料来源：世界银行。

图 13.5　2018 年非洲电源装机结构

电网基础设施薄弱。 除北部非洲和南非等少数国家外，多数国家最高电压等级在交流 330 千伏及以下，部分国家甚至无高压输电网；大多数国家尚未实现全国联网，依托部分大中型城镇或工矿企业形成孤立电网，严重依赖单一电厂或变电站，供电可靠性较差；输配电设施存在年久失修、维护水平低、标准不统一等问题，输配电损耗率约 14.4%，约为全世界平均水平的 2 倍❶。

电网互联处于起步阶段，以区域内互联为主。 依托五大区域电力池，即北部非洲电力池（COMELEC），东部非洲电力池（EAPP）、西部非洲电力池（WAPP）、中部非洲电力池（PEAC）和南部非洲电力池（SAPP），非洲国家积极推动电网互联，目前各区域内已初步实现了跨国互联。跨洲已与欧亚互联，北非与欧洲、亚洲分别通过摩洛哥—西班牙 2 回 400 千伏和埃及—约旦 1 回 400 千伏交流互联。

表 13.3　非洲各区域电网互联现状❷

区域电网	已实现跨国电网互联国家个数	已互联国家占比	互联电压等级（千伏）
北部非洲	5	100%	400、225
西部非洲	10	63%	330、225、161
中部非洲	2	25%	220

❶ 资料来源：国际能源署。

❷ 资料来源：括号内为尚未与他国主干输电网互联，但存在跨境电厂直供电的国家个数。

续表

区域电网	已实现跨国电网互联国家个数	已互联国家占比	互联电压等级（千伏）
东部非洲	8（1）	62%	245、132
南部非洲	9（1）	75%	±533、±350、400、330、275、220、132

13.2 减排路径

13.2.1 减排思路

非洲清洁能源与矿产资源丰富，电气化、工业化发展潜力巨大，区域合作与可持续发展共识强。未来，通过加快构建非洲能源互联网能够实现 2030 年前碳达峰，21 世纪中叶碳中和，**总体思路**是以绿色电气化与工业化为主线，加快太阳能、风能集约发展，推广"电—矿—冶—工—贸"联动发展模式，打造绿色低碳工业体系，实现非洲绿色电气化、工业化、一体化发展。结合非洲在气候环境、经济社会和能源电力领域的特点，碳中和路径总体可分为**实现达峰、协同减排、全面中和**三个阶段。

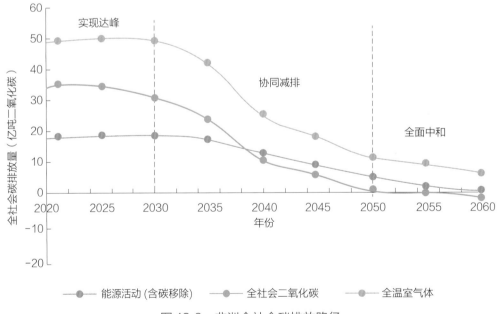

图 13.6 非洲全社会碳排放路径

第一阶段：实现达峰阶段（2030 年前）。以加速清洁能源开发为重点，通过构建清洁、绿色的能源系统实现工业化发展，实现碳排放达峰。到 2030 年能源活动碳排放约 18.6 亿吨二氧化碳，工业生产过程排放控制在 2.2 亿吨二氧化碳。通过构建非洲能源互联网，加速非洲清洁能源开发，以清洁能源促进绿色工业化发展，实现经济发展与碳排放解耦，在工业化过程中不再走高污染、高排放的老路，从而实现碳排放达峰，避免出现因经济发展带来的碳排放加剧攀升。

第二阶段：协同减排阶段（2030—2050 年）。以加快构建非洲能源互联网为重点，2030 年碳排放从稳中有降向加速下降转变，2050 年左右实现近零排放，全社会二氧化碳排放较 2020 年下降 99%。2050 年全社会二氧化碳排放降至 0.2 亿吨，其中能源系统排放 4.8 亿吨。全社会协同减排的核心在于清洁能源增长速度和发展规模，关键是建设非洲能源互联网，实现清洁能源大规模优化配置，对于实现全社会碳中和起到基础性作用。

第三阶段：全面中和阶段（2050—2060 年）。以全面建成非洲能源互联网、实现深度脱碳和碳捕集、增加林业碳汇为重点，能源生产实现近零排放，2060 年前后实现全社会碳中和。其中，能源活动排放 0.5 亿吨、工业生产过程排放 1.7 亿吨、土地利用变化和林业碳汇 4.8 亿吨、碳移除约 6 亿吨，全社会净二氧化碳排放约 −2.5 亿吨。通过保持适度规模负排放，控制和减少非洲累积碳排放量。

13.2.2　减排重点

能源系统脱碳。充分利用非洲清洁资源，加速清洁能源集约化开发外送，迅速提高清洁能源在能源供应中的比重，力争 2050 年清洁能源消费占一次能源消费比重达到 64%。大力推动以电代煤、以电代油、以电代气、以电代初级生物质能，到 2050 年，电能在终端能源消费占比将达到 34% 以上。2050 年化石能源排放（不含碳移除）减少至 9.1 亿吨，降幅近 50%，2060 年左右实现能源领域净零排放。

电力系统脱碳。通过集中开发撒哈拉沙漠及周边，东部非洲北部和南部非洲西南部太阳能资源，撒哈拉沙漠及周边、南部的大西洋沿岸和东部非洲部分内陆风电，以及刚果河、尼罗河、尼日尔河、赞比西河等水电，到 2050 年清洁能源发电量占比达到 90% 以上。形成北部、中部和西部、东部和南部三大同步电网格局，实现与欧洲、亚洲电网互联，促进清洁能源大范围互补互济。2050 年，非洲电力系统实现净零排放，之后提供稳定负排放，助力实现全社会碳中和。

碳捕集及增加碳汇。通过森林保护、再造林等措施提升土地利用与林业领域的碳汇，保障森林覆盖率稳定提升，到 2050 年，碳汇量达到 5.9 亿吨。推动碳捕集利用与封存技术逐步商业化应用，规模化发展发电、燃料制备领域的碳捕集、利用与封存工程，使其成为非洲实现碳中和的有力补充。2030 年后碳捕集、利用与封存开始应用于能源领域，2050 年碳捕集、利用与封存量达到 4.3 亿吨，通过稳定的负排放保障非洲实现全社会碳中和的同时，控制和减少累积碳排放。

13.3 能源转型

13.3.1 一次能源

一次能源需求持续增长，增速全球最高。随着人口增长、经济发展，非洲能源需求迅猛增长，2030、2055、2060 年，非洲一次能源需求分别达到 15.5 亿、19.4 亿、19.4 亿吨标准煤，2018—2060 年均增速约 1.3%，增速较全球平均水平高 1.5 个百分点，其中 2018—2030 年年均增速约 2.7%，2030—2060 年年均增速放缓至约 0.7%。2060 年，非洲人均能源需求达 0.76 吨标准煤。

2040 年后清洁能源将超越化石能源成为非洲主导能源。非洲煤炭需求将在 2030 年前达峰，峰值约 1.7 亿吨标准煤，2060 年降至 0.25 亿吨标准煤，年均下降 4%；石油需求在 2030 年前较快增长，之后下降，2060 年约 1.9 亿吨标准煤，年均下降 1%；天然气需求在 2035 年前较快增长，之后持续下降，2060 年达到 1.6 亿吨标准煤，与 2018 年基本持平。非洲清洁能源发展持续加快，2018—2060 年，非洲清洁能源年均增速 10.3%，达到 15.6 亿吨标准煤，其中，水能需求由 0.06 亿吨标准煤稳步增长至 1.6 亿吨标准煤，年均增速 8.3%，风光等可再生能源由 0.07 亿吨标准煤增长至 7.7 亿吨标准煤，年均增速 11.8%。清洁能源占一次能源比重提高到 2060 年的 81%。

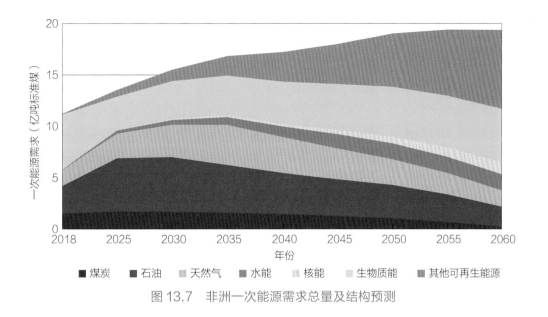

图 13.7　非洲一次能源需求总量及结构预测

13.3.2　终端能源

2060 年非洲终端能源需求是 2018 年的 1.7 倍。2018—2030 年，非洲终端能源需求从 8.2 亿吨标准煤增长至 11.8 亿吨标准煤，年均增速 3.2%；2030—2060 年，增速放缓至 0.6%，2060 年达到 14.2 亿吨标准煤。

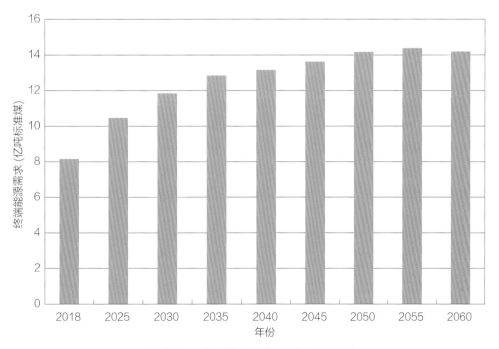

图 13.8　非洲终端能源需求总量预测

2035 年前后电能成为占比最高的终端能源品种。2060 年，煤炭、石油、天然气需求分别降至 0.2 亿、1.8 亿、0.7 亿吨标准煤，化石能源在终端能源中的比重由 2018 年 38% 降至 2060 年 19%。2018—2060 年，电能占终端能源比重从 9% 提高到 48%，但仍低于世界平均水平。2060 年，氢能需求增至 0.2 亿吨标准煤，占终端能源需求比重达 1.5%[1]。

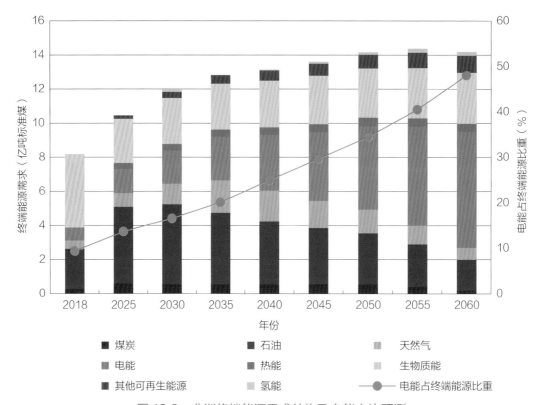

图 13.9　非洲终端能源需求结构及电能占比预测

13.3.3　电力需求

工业化、城镇化和区域一体化驱动非洲电力需求增长。工业化的前提是充足的能源电力供应。基于各区域产业基础和资源禀赋，非洲可构建几内亚湾、东部、刚果河、南部、沿地中海五大区域经济圈，带动经济社会发展和电力需求快速增长。

---

[1] 氢能包含能源用氢和非能用氢。

专栏 13.1　西部非洲"电—矿—冶—工—贸"联动发展设想

　　依托"电—矿—冶—工—贸"联动发展模式，西部非洲可充分发挥资源优势和区位优势，以矿产开发和冶炼为基础，打造几内亚湾、西部沿海和尼日尔河三大经济带，加快西部非洲工业化。**几内亚湾经济带：**重点发展钢铁、铝、黄金、石化、机械、汽车、纺织等产业，树立非洲现代工业新标杆。**西部沿海经济带：**重点发展铝、钢铁、物流、金融、食品加工、电子商务，发挥港口区位优势，形成轻重工业协同、传统与新兴产业并举发展态势。**尼日尔河经济带：**发挥尼日尔河黄金水道优势，开发磷矿、黄金、铀等资源，发展化工、纺织、食品加工、文化旅游等产业，打造内陆发展示范区。

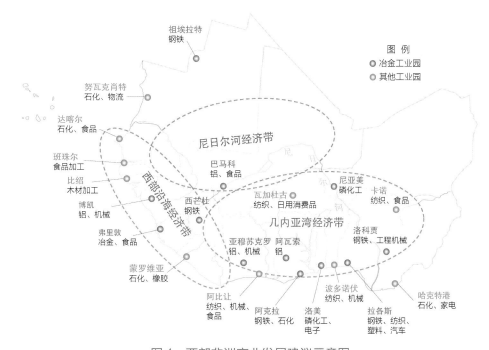

图 1　西部非洲产业发展建议示意图

　　以重点产业和骨干企业为龙头，建设产业规模化、集约化、专业化、清洁化的工业园区。重点在几内亚桑格雷吉、博凯、弗里亚，加纳阿瓦索、尼纳欣等地建设铝加工产业园，在采矿地就地发展氧化铝厂、电解铝厂，减少物流运输成本。在几内亚科纳克里、博法等地建设"铝产业+港口物流"工业园，重点发展铝型材加工以及下游建筑、交通、电子等板块，配套建设满足现代铝业物流需求的大型港口。在几内亚宁巴山、西芒杜，尼日利亚科济矿区、埃杜矿区等地建设钢铁冶炼工业园区，大力发展钢铁配套服务业和钢铁深加工产业。

2050 年，西部非洲氧化铝、电解铝产量分别达到 5600 万、1200 万吨，钢铁产量 1.5 亿吨，电解锰产量 30 万吨。2035 年和 2050 年，矿产冶炼产业新增用电量分别为 1500 亿、3100 亿千瓦时，助推电力需求跨越式增长。

电力需求总量快速增长，2060 年达到 2018 年的 8.5 倍。非洲总用电量从 2018 年 8448 亿千瓦时增加到 2030 年 1.9 万亿千瓦时和 2050 年 5.3 万亿千瓦时，2060 年总用电量达到 7.2 万亿千瓦时。2018—2030、2030—2050、2050—2060 年年均增速分别约为 7%、5.2%、3%，均高于同期世界平均增速，占全球用电量比重由 2018 年 3%大幅提升至 2060 年 8%。

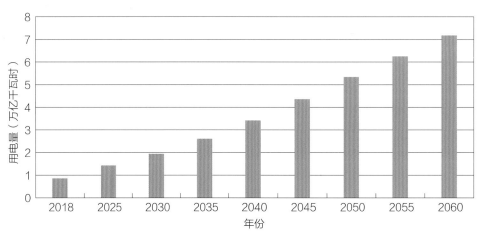

图 13.10 非洲用电量预测

矿业和电制氢将成为电力需求增长重要组成部分。随着电解铝、钢铁、铜钴产业高速发展，2030、2050 年非洲矿业用电量将达到约 1800 亿、5500 亿千瓦时，主要集中在西部非洲，南部和中部非洲也是重要的矿业负荷中心。远期，电制氢用电量将逐步提升，2060 年占比达到 12%。

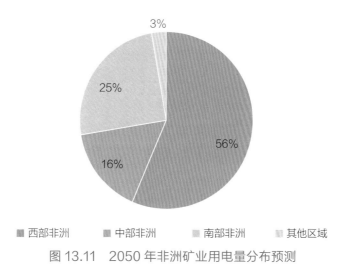

图 13.11　2050 年非洲矿业用电量分布预测

人均用电水平显著提升，2060 年达到 2018 年的 4.2 倍。非洲年人均用电量由 2018 年 662 千瓦时快速增至 2030、2050 年的 1175、2339 千瓦时，2060 年达到 2807 千瓦时，相当于 2000 年前后的世界平均水平。尽管非洲电力需求总量增长了超过 8 倍，但由于人口增速快，2060 年人均用电量仅为同期世界平均水平的 31%，仍有较大继续上升空间。

电力普及率大幅提高，2050 年实现人人享有电能目标。2035 年，依托输配电网、小微电网和分布式发电快速发展，非洲总体电力普及率达到 90%，其中北部非洲电力普及率达到 100%，西部和南部非洲达到 90% 以上，东部和中部非洲达到约 80%。2050 年，随着城镇化水平的进一步提高和偏远地区配电网的逐步完善，全面解决无电人口通电问题。

13.3.4　电力供应

非洲电源发展思路。非洲清洁能源资源总量丰富、种类多样、分布广泛，多种能源跨时区、跨季节互补效益显著。随着清洁能源发电成本的持续降低，清洁能源开发的经济、规模优势将越发凸显，从而有力推动非洲电力供应清洁化、多样化发展趋势。未来，非洲电力供应能力将显著增强，总装机容量和人均装机容量大幅提高；电源结构由"化石能源主导"逐步转向"水风光协同清洁发展"。

非洲清洁能源集中式与分布式开发并举。非洲各区域清洁能源资源均较为丰富，主要分布在沙漠、雨林等人口稀疏、经济欠发达区域，与负荷需求呈逆向分布。需要集约化开发大型水电、风电和太阳能基地，大规模、远距离输送至负荷中心，满足人口聚集地区的经济社会发展用电需求。分布式开发作为集中式开发的重要补充，可快速满足偏远农村、山区及人口分布稀疏地区无电人口基本生活用电需求。

电源装机总量和清洁能源发电装机占比快速提升。 2030 年，总装机容量约6.2 亿千瓦，人均装机容量达到 0.38 千瓦。清洁能源装机占比从 2018 年的 23%提高到 57%，其中非水可再生能源装机占比从 2018 年的 7%提高到 43%，光伏和风电成为非洲仅次于气电的第二、三大电源品种；常规水电装机容量超过8000 万千瓦，抽水蓄能容量 400 万千瓦；化石能源装机虽增长约 60%，但占比降至 43%，且新增火电主要为气电，油电装机容量下降约 40%。**2050 年，** 总装机容量约 22.8 亿千瓦，人均装机容量达到 1 千瓦，超过 2018 年的世界平均水平。清洁能源装机占比继续提高至近 90%，其中非水可再生能源装机占比77%，光伏、风电成为非洲第一、二大电源品种，装机占比分别为 49%、21%；随着大英加水电站等大型水电站建成投产，常规水电装机容量超过 2.7 亿千瓦，水电开发程度超过 80%；化石能源装机占比下降至约 10%，油电全部退出，气电、煤电将主要作为调节性电源发挥电力支撑作用。燃氢装机容量超过 1900万千瓦，主要作为季节性储能，应对极端天气影响。**2060 年，** 总装机容量约31.7 亿千瓦，是 2018 年的 14.3 倍，人均装机容量达到 1.2 千瓦。清洁能源装机占比进一步提高至 95%以上，其中光伏、风电装机容量分别达到 17.6 亿、7.1 亿千瓦；光热、生物质、核电、地热等多种具有调节能力的清洁能源电源协同发展，合计占比约 7%；煤电全部退出，保留气电装机容量约 1.5 亿千瓦，承担新能源调峰作用。随着电制氢规模大幅增长，可将部分煤电机组改造成燃氢机组，燃氢装机规模达到 2940 万千瓦。

电化学储能规模大幅增加。 随着技术升级、成本下降，电化学储能等新型储能将迎来爆发式增长，2030、2050、2060 年新型储能容量将达到 1030 万、1.8 亿、4 亿千瓦，满足系统运行灵活性需要。

清洁能源发电量占比快速提升。2030 年， 非洲化石能源发电量达峰，清洁能源发电量比重由 2018 年 21%提高到约 50%。化石能源发电量上升至约 1万亿千瓦时，占比下降至 50%。非水可再生能源发电量 6168 亿千瓦时，从 2018年 5%提高到 31%，风光发电量合计超过水电和煤电。水电发电量约 3700 亿

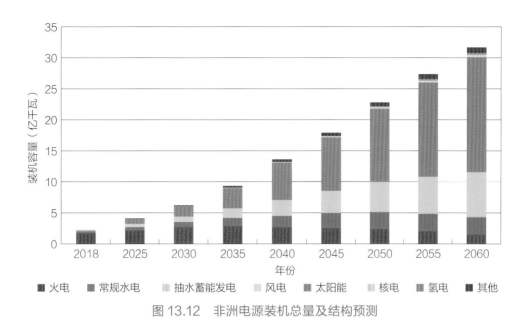

图 13.12　非洲电源装机总量及结构预测

千瓦时，占比提升至 19%。**2050 年，**非洲清洁能源发电量达到 5 万亿千瓦时，占总发电量比重大幅提高到约 91%。化石能源发电量下降至 5150 亿千瓦时，占比下降至 9%。非水可再生能源发电量 3.8 万亿千瓦时，提高至 68%，光伏成为非洲第一大发电量来源，占比约 33%，风电与水电发电量相近，占比均为 22%。**2060 年，**非洲清洁能源发电量 7.2 万亿千瓦时，占总发电量比重进一步提高至 96%，其中非水可再生能源发电量 5.9 万亿千瓦时，占比提高到 79%，光伏和风电发电量占比分别为 40%、25%。核电、生物质和光热发电量均超过 3000 亿千瓦时。火电发电量降至 3000 亿千瓦时以下，发电利用小时数约 2000 小时，主要发挥调峰作用。

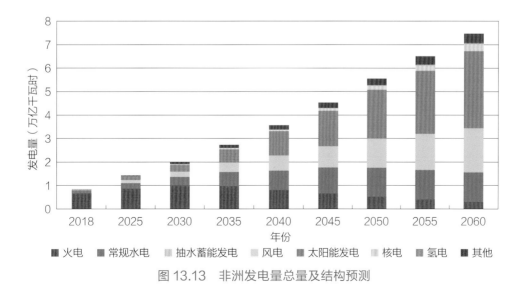

图 13.13　非洲发电量总量及结构预测

13.4 清洁能源

13.4.1 太阳能

1. 潜力分布

非洲太阳能资源丰富。根据太阳能水平面总辐射量数据测算，非洲光伏发电理论蕴藏量约 6.4 亿亿千瓦时，占全球总量 30%。综合考虑资源和各类技术限制条件，适宜集中开发装机规模约 1.4 万亿千瓦，发电量高达 2670 万亿千瓦时，平均利用小时约 1940 小时（平均容量因子约 0.22），开发潜力巨大[1]。

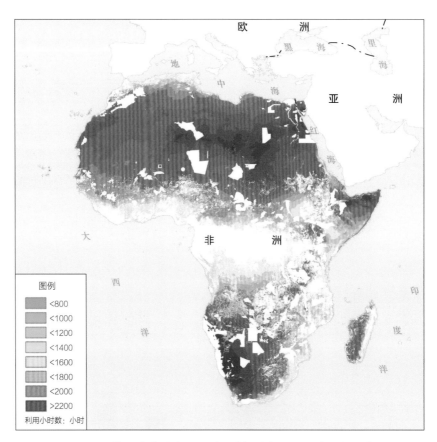

图 13.14　非洲光伏技术可开发区域及其利用小时分布示意图

非洲光伏资源主要集中在沿撒哈拉地区以及南部非洲的大西洋沿岸。考虑资源禀赋、地物覆盖、地形、保护区等因素，非洲除中部绝大部分土地外的地区均具备集中开发建设光伏基地条件。埃及、乍得、苏丹、利比亚、尼日尔、

---

[1] 资料来源：全球能源互联网发展合作组织，非洲清洁能源开发与投资研究，北京：中国电力出版社，2020。

阿尔及利亚等国全境，埃塞俄比亚东部、纳米比亚南部和南非西部的大西洋沿岸、摩洛哥的大西洋沿岸，光伏利用小时在 1900～2000 小时，开发条件优越，最大值出现在纳米比亚南部的卡拉斯堡附近，超过 2100 小时。

非洲集中式光伏平均度电成本为 2.89 美分/千瓦时，各国平均度电成本 2.09～7.02 美分/千瓦时。按照光伏平均度电成本 3.5 美分/千瓦时评估，经济可开发规模约 9715 亿千瓦，占技术可开发量比例约 71%。整体而言，非洲具备良好的大规模开发条件，其中津巴布韦的平均度电成本最低，为 2.09 美分/千瓦时；纳米比亚次之，平均度电成本为 2.15 美分/千瓦时，其国内最低仅为 1.72 美分/千瓦时。

2. 基地布局

非洲布局 21 个光伏基地。近中期，总装机规模约 9380 万千瓦，年发电量 1813 亿千瓦时，总投资约 480 亿美元，度电成本为 1.85～2.32 美分/千瓦时。根据远景规划，未来开发总规模有望超过 2.2 亿千瓦。

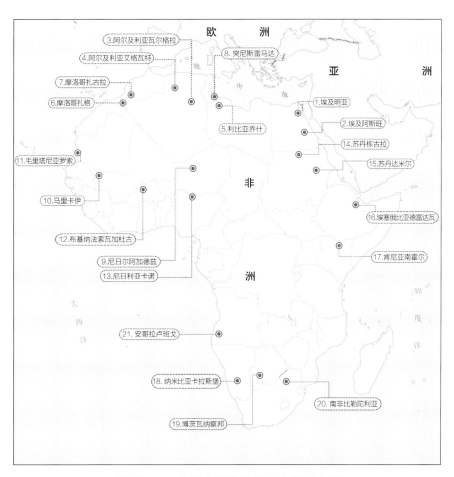

图 13.15　非洲大型光伏基地布局示意图

3. 典型案例

埃及明亚光伏基地。基地地处北杰拉莱山南部平原地带，位于苏伊士省的东南部，东邻苏伊士湾、南接阿拉伯沙漠、西临法尤姆绿洲，区域内海拔高程范围为 974～1170 米，最大坡度 11.2°，地形较平坦，占地总面积约 150 平方千米。基地多年平均太阳能水平面总辐射量为 2290 千瓦时/平方米。区域内地物覆盖类型为裸露地表，无自然保护区等限制性因素，选址主要避让南部 23 千米外的自然保护区。接入电网条件较好，地质结构稳定。东部 25 千米处有座 54.7 万千瓦风电站，北部 27 千米有座 68.3 万千瓦燃气电厂。基地西部 86 千米和东北部 68 千米处有中小型城镇分布，距离最近人口密集区域约 86 千米，距离最近的大型城市为苏伊士市。

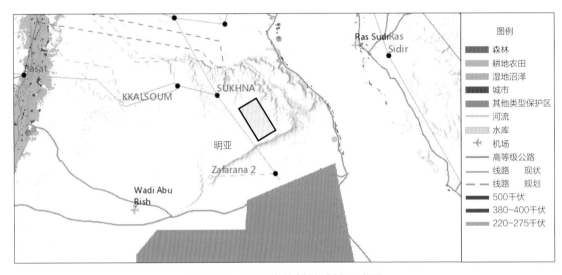

图 13.16　明亚光伏基地选址示意图

　　基地装机规模 1000 万千瓦，年发电量 207 亿千瓦时，利用小时数 2075 小时，总投资估算近 50 亿美元，平均度电成本为 1.89 美分/千瓦时。全年 3—9 月总辐射大，发电能力强。每日高辐射时段主要集中在当地时间 11—14 时。组件最佳倾角为 28°，预留对应前后排间距 6.7 米。

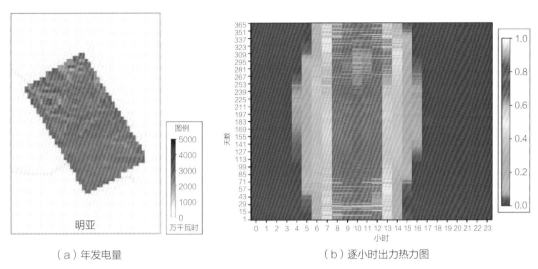

（a）年发电量　　　　　　　　（b）逐小时出力热力图

图 13.17　明亚光伏基地年发电量和逐小时出力热力图

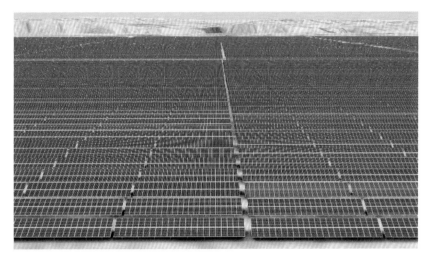

图 13.18　明亚光伏基地组件排布示意图

13.4.2　风能

1. 潜力分布

非洲风能资源丰富。根据 100 米高度的风速数据测算，风能理论蕴藏量 366 万亿千瓦时，占全球总量 18%。适宜集中开发的风电装机规模约 522 亿千瓦，年发电量约 141 万亿千瓦时，平均利用小时数约 2700 小时（平均容量因子约 0.31），开发潜力巨大。

13.4　清洁能源

487

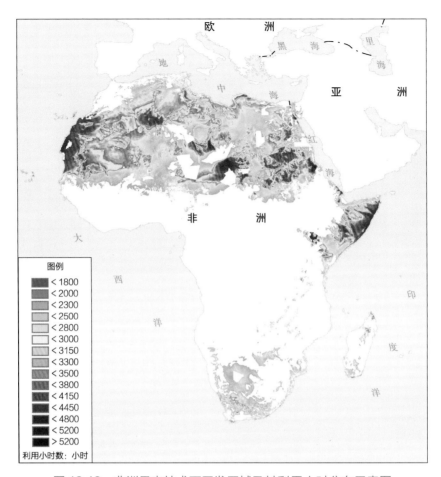

图 13.19　非洲风电技术可开发区域及其利用小时分布示意图

非洲风能资源主要集中在撒哈拉至地中海沿岸的北部地区。 从资源禀赋、地物覆盖、保护区等因素看，大部分陆上区域均具备集中开发建设大型风电基地的条件。肯尼亚北部、乍得北部、利比亚南部与尼日尔的交界处、苏丹东部的红海沿岸、非洲西北部大西洋沿岸等区域的风电利用小时数超过 4000 小时，开发条件优越；肯尼亚北部北霍尔地区利用小时数最高，超过 5500 小时。

非洲集中式风电平均度电成本为 4.12 美分/千瓦时，各国平均度电成本为 2.88～7.03 美分/千瓦时。 按照风电平均成本 5 美分/千瓦时评估，经济可开发规模约 426 亿千瓦，占技术可开发量比例约 82%。整体而言，非洲绝大部分地区风电资源具有较好经济性。由于局部交通及并网条件较差，阿尔及利亚、布基纳法索、苏丹、乍得等国家存在因成本高而限制开发的区域。

2. 基地布局

非洲布局 12 个风电基地。 近中期，总装机规模约 2140 万千瓦，年发电量约 681 亿千瓦时,总投资超过 200 亿美元,度电成本 1.75~3.61 美分/千瓦时。根据远景规划,未来开发总规模有望超过 5000 万千瓦。

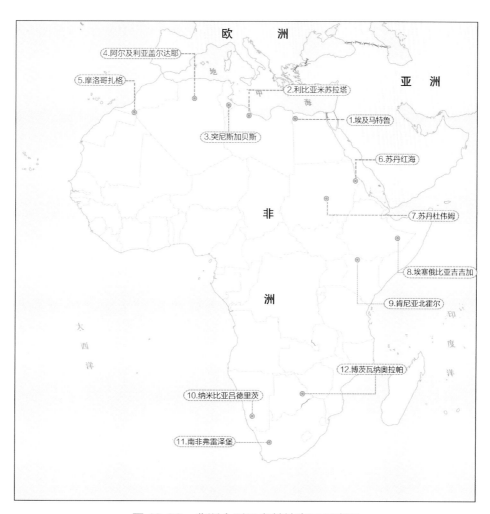

图 13.20 非洲大型风电基地布局示意图

13.4.3 水能

1. 潜力分布

非洲水能资源丰富。水能理论蕴藏量在 5000 万千瓦时及以上的河流共计 4863 条,理论蕴藏总量共计 5.7 万亿千瓦时,占全球总量 12.3%。其中,刚果河、尼罗河、赞比西河、尼日尔河、萨纳加河、奥果韦河、宽扎河、沃尔特河、鲁菲吉河 9 个主要流域覆盖面积约 1182 万平方千米,占非洲一级河流流域面积的 64%;理论蕴藏量总和约 3.8 万亿千瓦时,开发潜力巨大。

表 13.4　非洲主要流域水能资源理论蕴藏量

序号	流域名称	流域面积（万平方千米）	理论蕴藏量（亿千瓦时）
1	刚果河	373	23848.6
2	赞比西河	136	2838.8
3	尼罗河	325	2311.3
4	尼日尔河	238	3131.7
5	萨纳加河	13	1491.2
6	奥果韦河	22	1571.7
7	宽扎河	16	1825.5
8	沃尔特河	42	209
9	鲁菲吉河	17	674
合计		1182	37901.8

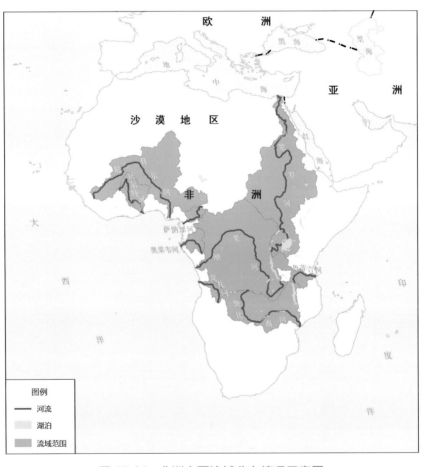

图 13.21　非洲主要流域分布情况示意图

2. 基地布局

非洲布局 8 个水电基地。 未来主要开发刚果河、尼罗河、赞比西河、尼日尔河四大流域水电。基地近中期总装机规模约 1.4 亿千瓦，年发电量 8267 亿千瓦时。根据远景规划，8 个大型水电基地未来开发总规模有望超过 1.9 亿千瓦。

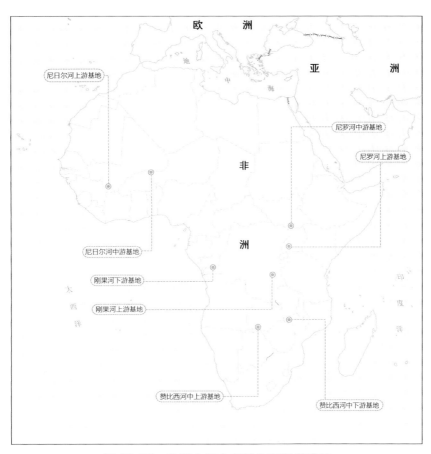

图 13.22　非洲大型水电基地布局示意图

表 13.5　非洲主要待开发流域水能资源指标

编号	河流名称	理论蕴藏量 （亿千瓦时）	待开发梯级方案		
			电站数目（座）	装机容量（万千瓦）	年发电量（亿千瓦时）
1	刚果河干流	13653.9	9	11810	7214.54
2	尼罗河干流	1527.2	16	822.4	412.83
3	赞比西河干流	1474.6	18	1159.5	595.95
4	尼日尔河干流	1045.6	5	89	43.38
	总计	17701.3	48	13880.9	8266.7

3. 典型案例

刚果河水电。刚果河广袤延绵、奔流不息，水能资源极为丰富，是大自然赋予非洲的巨大宝藏。刚果河干流下游金沙萨至入海口 400 多千米河段，落差集中，流量巨大，是世界上水能资源最富集的地区，适宜梯级开发超大型水电站。加快刚果河水电开发，可满足刚果河流域国家及更大范围用电需要，将刚果河水电惠及整个非洲，有效解决非洲缺电和用不起电的问题，为非洲经济发展注入新动力，为社会进步带来新希望。

全球能源互联网发展合作组织立足非洲可持续发展全局，系统性开展了刚果河流域水电开发与外送研究，全面评估了刚果河全流域水能资源和流域特性，重点研究了刚果河干流下游水电梯级布置和电站开发方案，分析了水电消纳市场和送电方向、外送输电格局和建设时序、工程投资和经济性，并提出了项目开发投融资机制和保障措施[1]、[2]。

（1）流域基本情况

刚果河全长 4640 千米，流域面积约 370 万平方千米，其中 60% 在刚果（金）境内，其余分布在刚果（布）、中非、赞比亚、安哥拉等国，其流域面积和流量均居非洲首位，也是仅次于尼罗河的非洲第二长河。

上游从河源谦比西河至基桑加尼，长约 2200 千米，自南向北流经高度不等的高原和陡坡地带，水流湍急。**中游**从基桑加尼至金沙萨，长约 2000 千米，流经地势低平的刚果盆地中部，支流众多，河网密布，河道纵坡平缓，水量丰富，水流平稳，河面变宽。**下游**为金沙萨以下至入海口，穿越 100 千米的峡谷地带，形成一系列瀑布，组成世界著名的利文斯敦瀑布群。

表 13.6　刚果河流域主要水系结构表

河段	干流	右岸主要支流	左岸主要支流	主要湖泊
上游	河源—基桑加尼	卢库加河、卢阿马河、埃利拉河、乌林迪河、洛瓦河	卢阿拉巴河	坦噶尼喀湖、基伍湖、班韦乌卢湖、姆韦鲁湖
中游	基桑加尼—金沙萨	林迪河、阿鲁维米河、伊廷比里河、蒙加拉河、乌班吉河、桑加河、利夸拉河、阿利马河	洛马米河、卢隆加河、鲁基河、开赛河	马伊恩东贝湖、通巴湖
下游	金沙萨—入海口	/	因基西河	/

[1] 资料来源：全球能源互联网发展合作组织，刚果河水电开发与外送研究，北京：中国电力出版社，2020。
[2] 资料来源：Global Energy Interconnection Development and Cooperation Organization (GEIDCO), Research on Hydropower Development and Delivery in Congo River, Singapore: Springer Nature, 2020.

刚果河常年流量大且较稳定，具有典型的赤道多雨区河流的水文特征。年内流量变化较小，河口处年内最小月（8 月）平均流量约为 3.1 万立方米/秒，最大月（12 月）平均流量约为 5.6 万立方米/秒，年均流量约为 4.1 万立方米/秒。

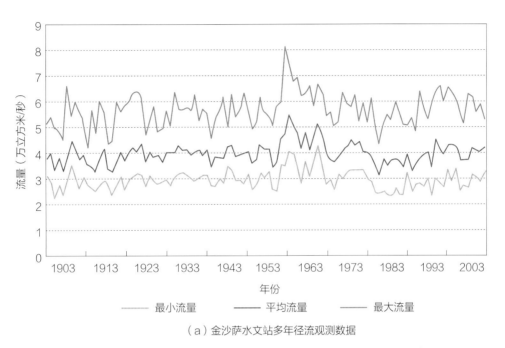

（a）金沙萨水文站多年径流观测数据

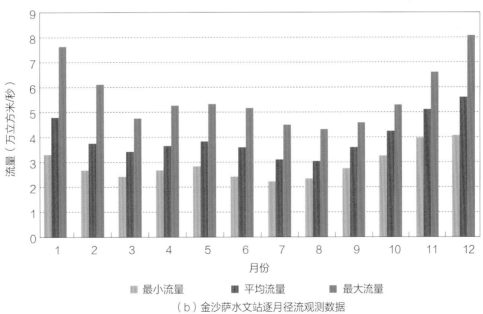

（b）金沙萨水文站逐月径流观测数据

图 13.23　刚果河下游金沙萨水文站流量数据

（2）水能资源评估

刚果河流域水能资源理论蕴藏量约为 2.4 万亿千瓦时，干流下游最为富集。 基于基础数据和算法模型，建立刚果河数字化河网，经评估计算，刚果河水能理论蕴藏量约 2.4 万亿千瓦时，占非洲水能总量约 40%。其中，57%集中在刚果河干流，22%在左岸支流，21%在右岸支流。刚果河干流下游金沙萨至马塔迪河段水能资源最为集中，全年理论发电量约 9380 亿千瓦时。

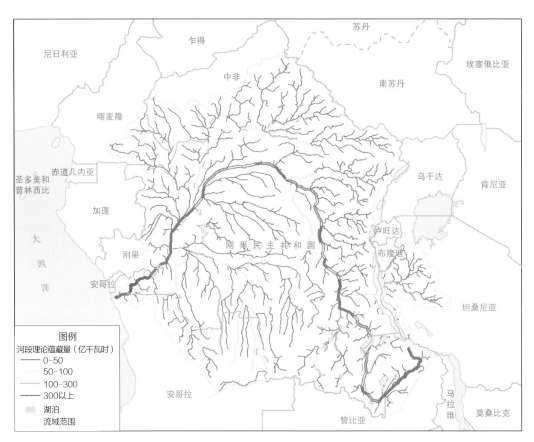

图 13.24　刚果河流域理论蕴藏量分布示意图

（3）总体开发规划

刚果河流域国家对干流及支流水电已进行了相关规划。2012 年，刚果（金）、刚果（布）、喀麦隆和中非共和国联合组成了刚果河流域委员会（International Commission of Congo-Ubangi-Sangha Basin，CICOS），完成了《刚果河流域水电站选点规划》。

在上述研究成果的基础上，全球能源互联网发展合作组织开展了流域河流地形、水文特性和电站规划等研究工作。研究结果表明，刚果河流域水电总技术可开发量约 1.5 亿千瓦，其中刚果河干流下游和上游、左岸支流卢阿拉巴河和开赛河，以及右岸支流乌班吉河和桑加河为开发重点。特别是刚果河干流下游金沙萨至马塔迪河段，适宜开发建设超大规模水电站，技术可开发量约 1.1 亿千瓦。

目前，刚果河流域已开发水电站 80 余座，总装机容量 286 万千瓦，仅占技术可开发量的 2%左右。已开发水电站主要集中在刚果（金）境内，占比达 94%。

表 13.7　刚果河流域水电技术可开发量及分布

流域名称		规划装机容量（万千瓦）
干流	刚果河干流下游	11000
	刚果河干流上游	756
左岸主要支流	卢阿拉巴河	139
	开赛河	827
右岸主要支流	乌班吉河	633
	桑加河	278
其他中小水电		1200
合计		14833

（4）下游开发方案

刚果河下游河段具备建设世界级水电基地的良好条件。刚果河下游金沙萨以下河段全长约 400 千米，落差 280 米，平均比降 0.7%，水能理论蕴藏量和技术可开发量分别占整个流域的 2/5、3/4；两岸地貌以丘陵为主，无大面积城镇和田地分布，具有较好的建坝条件和成库条件。

结合河段综合开发条件和关键影响因素，宜以大英加河段开发为中心，协调上下游梯级方案，考虑将刚果河下游分为三个河段开展研究，分别为金沙萨至皮奥卡河段、皮奥卡至英加河段、英加至马塔迪河段，三级统筹协调开发容量。

13.4 清洁能源

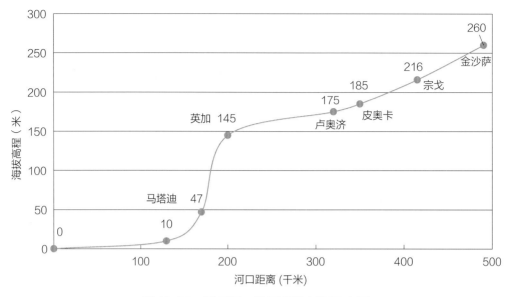

图 13.25　刚果河下游河段纵剖面示意图

　　根据河段规划研究和梯级模拟运行，刚果河下游建设大英加、皮奥卡、马塔迪三级电站。三级总装机容量约 1.1 亿千瓦，年均发电量 6900 亿千瓦时，利用小时数约 6200 小时。总装机容量和总年均发电量分别相当于 5 个和 7 个中国长江三峡电站，将成为非洲最大的清洁能源发电基地。其中，大英加水电站开发条件最好、经济指标最优，全部开发完毕将成为全球最大的水电站。

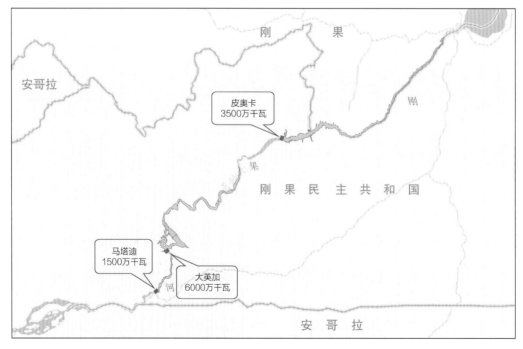

图 13.26　刚果河下游金沙萨以下河段梯级位置示意图

表 13.8　刚果河下游梯级水电工程基本情况

项目	梯级电站名称		
	皮奥卡水电站	大英加水电站	马塔迪水电站
建设地点	刚果（金）与刚果（布）边界皮奥卡地区	刚果（金）境内的英加地区	刚果（金）境内马塔迪市附近
开发方式	坝式	混合式	坝式
调节性能	日调节	日调节	径流式
装机容量（万千瓦）	3500	6000	1500
年发电量（亿千瓦时）	2222	3722	916
利用小时数（小时）	6320	6200	6110
水量利用率（%）	99.4	99.2	99.7
前期进展	研究阶段	建成英加1、2期共178万千瓦	研究阶段

13.5　配置网络

统筹清洁能源与电网发展，加快非洲各国和区域电网新建和升级；依托特高压交直流等先进输电技术，加强跨洲跨区跨国电网互联，形成覆盖清洁能源基地和负荷中心的坚强网架，全面提升电网资源配置能力，支撑清洁能源大规模、远距离输送以及大范围消纳和互补互济，保障电力可靠供应，满足非洲各国经济社会可持续发展的电力需求。

13.5.1　发展定位

西部非洲和南部非洲矿产资源丰富，实施"电—矿—冶—工—贸"联动发展模式，电能需求将快速增长。目前化石能源电源占比较高，各国重视清洁化转型，本地清洁能源资源有限且波动性较强、难以保障工矿业负荷可靠供电，未来将成为非洲主要电力受入中心。

中部非洲和北部非洲清洁能源资源丰富，通过大规模、集中式开发刚果河、萨纳加河水电及北非太阳能、风电，将成为非洲清洁能源基地。

东部非洲先期通过尼罗河水电、东非大裂谷地热能开发满足区内及周边用电需求，远期随着人口增加和制造业发展，也将成为电力受入中心。

　　未来非洲电力流总体呈"洲内中部送电南北、洲外与欧亚互济"格局。2050年，跨洲跨区电力流规模约 1.4 亿千瓦，其中跨洲电力流 5400 万千瓦，跨区电力流 8700 万千瓦。

　　跨洲，北部非洲太阳能、风电基地跨地中海送电欧洲规模达到 4300 万千瓦；北部、东部非洲与西亚水风光互济规模 1100 万千瓦。

　　跨区，依托刚果河、萨纳加河水电开发，中部非洲向西部、南部、东部、北部非洲大规模送电 7100 万千瓦；东部非洲与北部非洲水光互济规模 800 万千瓦、与南部非洲水电跨季节互济规模 800 万千瓦。

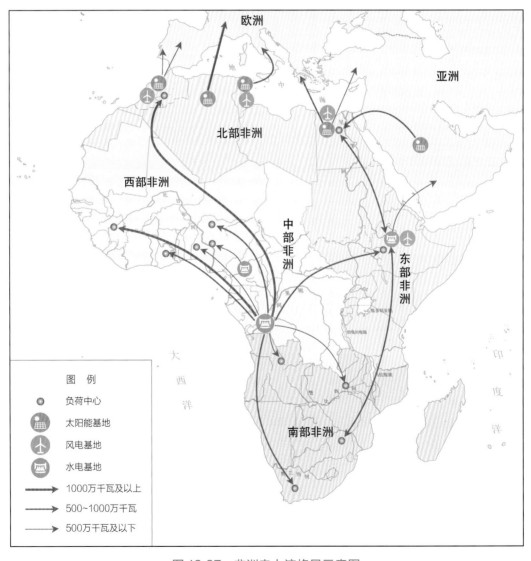

图 13.27　非洲电力流格局示意图

13.5.2   电网互联

非洲电网发展重点： 一是加强各国电网基础设施建设，通过改造、升级和新建输配电网，扩大电网覆盖范围、提升供电效率和可靠性；二是建设水电、风电、太阳能等大型清洁能源基地输电通道，实现清洁能源与电网协调发展，满足负荷中心电力需求；三是加快洲内及跨洲联网，通过出口清洁电力，将资源优势转化为经济优势，实现清洁能源大范围优化配置。

1. 总体格局

非洲总体形成北部、中西部和东南部 3 个同步电网，同步电网之间通过超/特高压直流实现异步联网。

北部非洲同步电网， 在现有格局基础上，电压等级升级至 1000 千伏，建设横贯东西的 1000 千伏交流通道，联接区内大型太阳能、风电基地与负荷中心，并为大规模电力通过直流通道外送欧洲提供支撑，形成联接亚欧非的重要能源配置平台。

中西部非洲同步电网， 电压等级升级至 765 千伏，建设坚强的 765/400/330 千伏交流骨干网架，支撑区内大规模清洁能源开发、外送与消纳。刚果河水电基地等大型清洁能源基地电力通过超/特高压直流直接向区内主要负荷中心送电，并跨区向非洲其他区域送电。

东南部非洲同步电网， 建设坚强的 765/500/400 千伏交流骨干网架，形成区域清洁能源优化配置平台，实现区内水、风、光、地热等多种清洁能源互补互济，跨区受入刚果河水电，并与北非、西亚异步互联。

2. 区域电网互联

北部非洲 充分利用联接亚非欧的区位优势，打造清洁能源电力枢纽平台。**区内，** 建设 1000 千伏交流电网贯穿北非五国，大幅提升各国电力交换能力，支撑大型清洁能源基地汇集送出，持续加强区域 400/500 千伏电网，建成覆盖清洁能源基地和负荷中心的坚强互联电网。**跨区，** 建设北非向欧洲跨海输电通道、北非与西亚输电通道，与中部非洲互联将本地太阳能与刚果河水电联合送电欧洲。

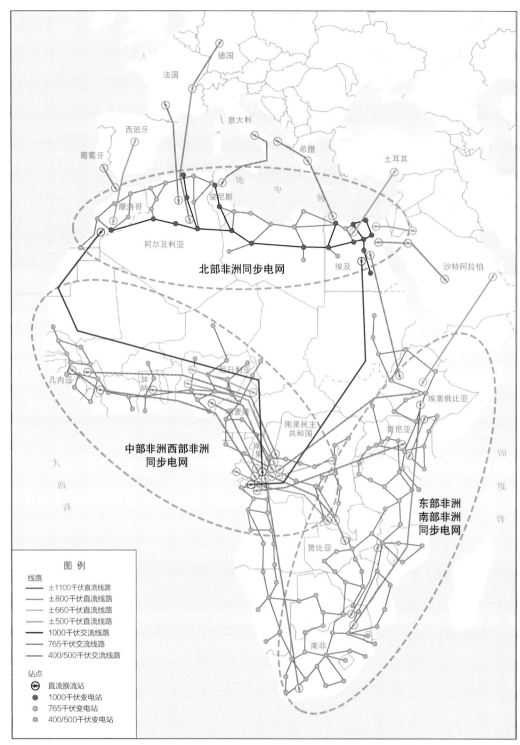

图 13.28　非洲电网互联总体格局示意图❶

西部非洲重点加快电网升级，跨区受入电力，减少无电人口，支撑工业化

❶ 图中所有输电线路的落点及路径均为示意性展示，不严格代表具体地理位置。

快速发展的用电需要。**区内**，建成东部"一横三纵"、西部"三横两纵"的 765
千伏联网格局，加强东部 330 千伏和西部 225 千伏主干网架至多环网、多回路
结构，各级电网有效衔接、协调发展，连接各大清洁能源基地，覆盖矿业工业
园区和沿海经济带等负荷中心，实现清洁、可靠、经济的能源电力供应。**跨区**，
通过 4 回 ±800 千伏、2 回 ±660 千伏直流通道受入中部非洲水电，满足采矿、
冶金等工业发展电能需要。

中部非洲统筹区内水电开发与跨区电力外送，协调推进区内电网建设升级
与跨区电力互联。**区内**，形成贯穿南北的 765/400 千伏交流主干网架，全面提
升电网覆盖率，满足区内南北丰枯互济需要，支撑刚果河、萨纳加河、奥果韦
河水电送出与消纳，形成坚强直流送端电网。**跨区**，刚果河、萨纳加河水电通
过直流向西部、东部、南部非洲负荷中心送电，并与北非太阳能联合调节送电
欧洲，打造非洲清洁能源心脏。

东部非洲建设联接大型清洁能源基地及负荷中心的主网架，提高区内南部
与北部及跨区跨洲电力交换能力，实现多能互补互济。**区内**，建成 765/500
（400）千伏交流骨干网架，联接主要的能源基地和负荷中心，各国 500/400/220
千伏主干网架得到全面加强并进一步延伸至无电人口区域，南北部电力互济能
力得到显著提升。**跨区**，与南部非洲同步互联；以埃塞俄比亚为枢纽，将东非
清洁能源电力分别送至西亚和南部非洲；充分发挥东部非洲水电站库容效益，
实现东非与中部、北部非洲联网，成为非洲电网互联的"缓冲器"。

南部非洲重点加强电网互联，建设坚强主网架，提升区域电力交换能力和供电
可靠性，提高电力普及率。**区内**，加强 765/400 千伏骨干网架，形成双环网结构，
全面覆盖北部赞比西河、宽扎河水电基地及纳米比亚、安哥拉、博茨瓦纳太阳能基
地和主要负荷中心，满足区域内多能互补需要。**跨区**，建设 2 回 ±800 千伏直流，
大规模受入刚果河水电；与东部非洲实现交直流混联，提高电力互济能力。

13.5.3　重点互联互通工程

1. 刚果河水电外送工程

（1）电力消纳定位

刚果河是非洲水电开发潜力最丰富的大河，其下游大英加电站是潜在的全

世界最大电站。早在 1955 年，就有机构提出分期开发大英加水电的设想。然而，自 1982 年英加 2 期建成投运后，大英加水电开发停滞不前。长期以来，困扰包括大英加在内的刚果河水电大规模开发的问题主要是电能消纳市场。

相比刚果河流域巨大的水电开发潜力，刚果（金）、刚果（布）等流域内国家消纳能力有限，需要依托产业联动发展，在整个非洲及更大范围内消纳。充分考虑干支流水电开发条件、开发规模、开发时序，在满足流域内国家自身用电需求的基础上，总体消纳原则为：

干流上游及支流水电开发规模适中、开发成本较高、与矿区距离较近，电力宜就近消纳，主要满足水电站周边 300~500 千米内刚果（金）、刚果（布）、中非共和国、喀麦隆等国本地用电需要，支撑采矿、农产品加工等工业化发展，满足无电人口通电需求。

下游水电集中式大规模开发，规划总装机容量 1.1 亿千瓦，规模优势明显，年利用小时数 6200 小时左右，与电解铝、炼钢等工业负荷特性高度匹配，在满足本地以及中部非洲邻近国家用电需求的基础上，应更大范围跨区向西部、南部、东部、北部非洲送电，保障非洲"电—矿—冶—工—贸"联动发展电力需求。同时，可跨洲送电欧洲、西亚，实现清洁水电大规模开发和高效利用。

表 13.9　刚果河流域水电总体消纳定位

流域名称		消纳定位
干流	刚果河下游干流	跨区外送为主、兼顾本国
	刚果河上游干流	刚果（金）加丹加省、马尼埃马省、东方省
左岸主要支流	卢阿拉巴河	刚果（金）加丹加省
	开赛河	刚果（金）西开赛省、东开赛省、班顿杜省
右岸主要支流	乌班吉河	中非共和国，刚果（金）赤道省、东方省
	桑加河	喀麦隆南部、刚果（布）北部
其他中小水电		本地就近

（2）总体外送方案

根据区内各国及非洲各区域发展定位、电力平衡情况及各国消纳需求，远近结合，统筹协调，合理确定区内、跨区外送的规模。

刚果河干流上游及支流水电装机容量超过 3000 万千瓦，就近送电刚果（金）、刚果（布）、喀麦隆、中非共和国等流域内国家。2060 年前，刚果河下游水电基地开发完毕，刚果（金）、刚果（布）两国留存 2200 万千瓦，喀麦隆等周边国家受电 300 万千瓦，跨区外送容量可达 8500 万千瓦。从下游水电基地跨区送电方向看，西部非洲受电约 3600 万千瓦，主要受电国家为尼日利亚、几内亚、加纳；南部非洲受电约 1300 万千瓦，主要受电国家为赞比亚、安哥拉、南非；东部非洲受电约 1600 万千瓦，主要受电国家为埃塞俄比亚、肯尼亚；北部非洲受电约 2000 万千瓦，送电埃及、摩洛哥后与本地太阳能发电联合调节后送电欧洲。

区内，考虑潜在站址距离刚果（金）、刚果（布）及周边国家负荷中心 300～500 千米，且中部非洲电网基础设施薄弱、网架覆盖程度很低、互联互通处于起步阶段，宜采用交流输电方式，发挥交流输电电力接入、传输和消纳十分灵活的特点，根据送电距离和电站规模，采用 765/400/220 千伏交流电网和超高压直流，就近送电负荷中心。

跨区，刚果河下游水电跨区外送规模大、距离远，通过交流输电方式，技术难度大，远距离、长链式交流互联安全稳定问题突出，且经济上也不可行，宜采用超/特高压直流输电方式。结合输电容量和距离，直流配置方案考虑 ±660 千伏、400 万千瓦，±800 千伏、800 万千瓦和 ±1100 千伏、1000 万千瓦。通过 2 回 ±1100 千伏、8 回 ±800 千伏特高压直流通道，1 回 ±660 千伏超高压直流输电通道向非洲各区域送电。

（3）经济性分析

重点对刚果河下游水电跨区外送工程开展经济性分析。**上网电价方面**，根据工程地质条件、工程规模、枢纽布置等情况，类比中国国内相似工程，同时参考非洲本地水电工程造价水平对电站本体投资进行估算。结合电站运行维护成本、当地财税政策，考虑合适的资本金比例、收益率水平、贷款利率，以及偿还贷款要求，初步测算刚果河下游三大梯级电站上网电价 3～5 美分/千瓦时[1]。

---

[1] 资料来源：全球能源互联网发展合作组织，非洲清洁能源开发与投资研究，北京：中国电力出版社，2020。

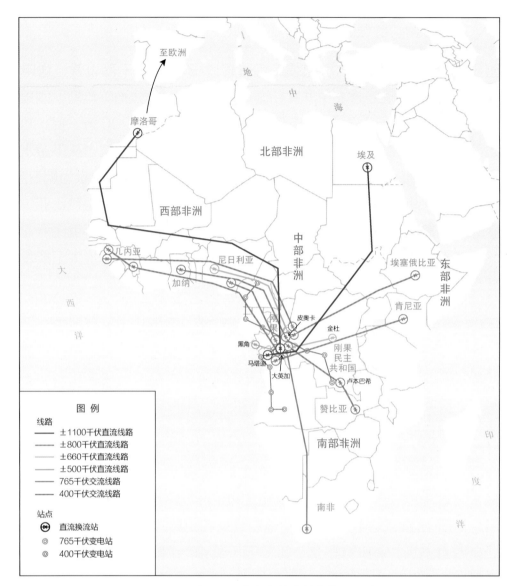

图 13.29 刚果河下游水电外送总体格局示意图

输电价方面，输电投资参考中国、巴西同类工程造价，并根据非洲及周边国家类似直流输电工程造价情况进行适当调整。初步测算刚果河下游水电基地跨区送电输电价 1.3~2.6 美分/千瓦时。

表 13.10　刚果河下游各水电外送工程输电价测算

外送工程	电压等级 （千伏）	线路长度 （千米）	投资规模 （亿美元）	输电价 （美分/千瓦时）
大英加—科鲁阿内—林桑（几内亚）	±800	4500	87	2.5
大英加—卢本巴希—卢萨卡（赞比亚）	±800	2200	57	1.5
大英加—贝宁城（尼日利亚）	±800	2000	49	1.3

外送工程	电压等级（千伏）	线路长度（千米）	投资规模（亿美元）	输电价（美分/千瓦时）
大英加—开普敦（南非）	±800	3800	70	2.0
大英加—扎格（摩洛哥）	±1100	6500	122	2.6
皮奥卡—拉各斯（尼日利亚）	±660	2000	26	1.4
皮奥卡—库马西（加纳）	±800	2800	59	1.6
皮奥卡—亚的斯亚贝巴（埃塞）	±800	4000	72	2.1
皮奥卡—博凯（几内亚）	±800	4500	78	2.3
马塔迪—明亚（埃及）	±1100	5500	108	2.3
马塔迪—内罗毕（肯尼亚）	±800	3100	62	1.7

集中开发刚果河下游水电，能够充分发挥刚果河巨大资源优势，有效摊薄全周期投资、建设与运营成本，送端上网电价水平低、输电通道利用小时数高，电价具有较强竞争力，到网电价比目标市场电源平均电价低 2~5 美分/千瓦时。

2. 非洲—欧洲互联工程

非洲清洁能源资源丰富、开发条件优越，隔地中海相望的欧洲大陆是全球重要的电力负荷中心。目前非洲通过摩洛哥—西班牙 2 回 400 千伏交流线路从欧洲受电，2018 年受电规模约 50 亿千瓦时。

通过建设北非大型太阳能、风电基地，非洲具备大规模向欧洲送电的潜力。一方面，非洲集中式开发清洁能源成本优势明显。北非太阳能基地平均度电成本 1.9~2.3 美分/千瓦时，风电基地平均度电成本 2.5~3.2 美分/千瓦时，低于欧洲北海风电基地和分布式太阳能开发成本。另一方面，北非太阳能与欧洲风能年内出力存在互补性。欧洲风能呈现冬大夏小出力特性，而北非太阳能呈现夏大冬小出力特性，跨季节互补作用明显。

2050 年前，通过建设 4 回 ±800 千伏、2 回 ±660 千伏、1 回 ±500 千伏直流工程，形成跨地中海西、中、东三条输电走廊，非洲向欧洲送电规模可达4300 万千瓦。

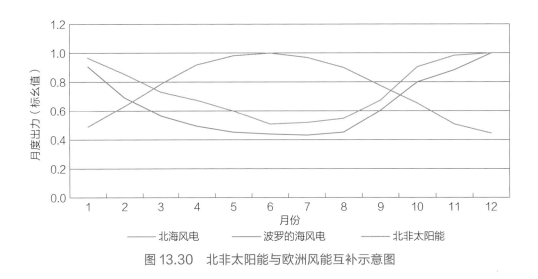

图 13.30　北非太阳能与欧洲风能互补示意图

非欧西走廊： 汇集摩洛哥扎格太阳能、风电基地和扎古拉太阳能基地电力，通过摩洛哥丹吉尔—葡萄牙法鲁 ±500 千伏直流工程、摩洛哥扎格—西班牙马德里 ±660 千伏直流工程送电伊比利亚半岛，输送容量合计 700 万千瓦，输电价格 1.23~1.65 美分/千瓦时。

非欧中走廊： 汇集阿尔及利亚瓦艾格瓦特太阳能基地、盖尔达耶风电基地和突尼斯雷马达、加贝斯风电基地电力，通过突尼斯突尼斯市—意大利罗马 ±800 千伏直流工程、阿尔及利亚艾格瓦特—法国图卢兹 ±800 千伏直流工程、阿尔及利亚瓦尔格拉—法国里昂—德国法兰克福 ±800 千伏三端直流工程送电西欧和亚平宁半岛负荷中心，输送容量合计 2400 万千瓦，输电价格 1.53~2.63 美分/千瓦时。

非欧东走廊： 汇集埃及明亚、阿斯旺太阳能基地、马特鲁风电基地和利比亚米苏拉塔风电基地电力，通过埃及扎耶德—土耳其阿达纳 ±660 千伏直流工程、埃及马特鲁—希腊雅典—意大利莱切 ±800 千伏三端直流工程送电欧洲东南部国家，输送容量合计 1200 万千瓦，输电价格 2.95~3.01 美分/千瓦时。

13.6　小结

（1）非洲经济与能源电力发展预测

● **人口：** 2030 年和 2050 年非洲人口将分别达到 16.5 亿人和 22.8 亿人，2060 年达到 25.6 亿人，是 2019 年的 2 倍。2020—2060 年人口增速全球领先。

- **GDP：** 2030、2050 年非洲 GDP 总量达到 3.7 万亿、12 万亿美元，2060 年达到 20.7 万亿美元，是 2019 年的近 9 倍。2020—2060 年 GDP 增速全球领先。

- **能源需求：** 2030、2050 年和 2060 年一次能源需求分别达到 15.5 亿、19.0 亿、19.4 亿吨标准煤，终端能源需求分别达到 11.8 亿、14.2 亿、14.2 亿吨标准煤，一次能源需求和终端能源需求均于 2055 年左右达峰。

- **电力需求：** 以"电—矿—冶—工—贸"发展模式为引领的工业化及电制氢将成为推动能源电力需求增长的重要因素。2030、2050 年非洲用电量分别达到 1.9 万亿、5.3 万亿千瓦时。2060 年达到 7.2 万亿千瓦时，是 2018 年的 8.5 倍。2035 年前后，电能成为终端能源消费主体，2060 年电能占终端能源比重达到 48%。

（2）非洲碳中和路径

非洲碳中和路径分为实现达峰、协同减排、全面中和三个阶段。

- **实现达峰阶段（2030 年前）：** 以加快开发清洁能源为重点，通过构建清洁、绿色的能源系统实现工业化发展，实现碳排放达峰，其中 2030 年能源活动碳排放 18.6 亿吨。

- **协同减排阶段（2030—2050 年）：** 以加快构建非洲能源互联网为关键，2035 年碳排放从稳中有降向加速下降转变，2050 年左右实现近零排放。全社会二氧化碳排放较 2020 年水平下降达 99%。2050 年全社会二氧化碳排放降至 0.2 亿吨，其中能源系统排放 4.8 亿吨。

- **全面中和阶段（2050—2060 年）：** 以全面建成非洲能源互联网、实现深度脱碳和碳捕集、增加林业碳汇为重点，能源生产实现近零排放，2060 年前后实现全社会碳中和。其中，能源活动排放 0.5 亿吨，工业生产过程排放 1.7 亿吨，土地利用变化和林业碳汇 4.8 亿吨，碳移除约 6 亿吨。

（3）非洲清洁能源开发

- **电源总装机容量：** 2030、2050 年和 2060 年非洲电源装机容量分别达到 6.2 亿、22.8 亿、31.7 亿千瓦。

- **清洁能源装机容量：** 2030、2050 年和 2060 年非洲清洁能源装机占比分别达到 57%、90%和 95%，其中 2060 年风电和太阳能发电装机容量分别达到 7.1 亿千瓦和 18.5 亿千瓦。

- **清洁能源基地开发：** 在资源优质、开发条件好的地区，集中布局 21 个大型光伏发电基地，12 个大型风电基地和 8 个水电基地。加快刚果河水电开发，下游河段建设大英加、皮奥卡、马塔迪三大梯级电站，总装机容量可达 1.1 亿千瓦，年发电量 6900 亿千瓦时，带动非洲清洁能源大规模开发、大范围配置及高效利用。

（4）非洲能源互联互通

- **电力流：** 非洲总体呈现"洲内中部送电南北、洲外与欧亚互济"电力流格局，2050 年非洲能源互联网跨洲跨区电力流规模超过 1.4 亿千瓦，其中跨洲电力流 5400 万千瓦，跨区电力流 8700 万千瓦。

- **电网互联：** 形成北部、中西部和东南部 3 个同步电网，北部建设 1000 千伏交流通道，成为联接亚欧非的重要能源配置平台。中西部和东南部内部建设 765/400 千伏交流骨干网架，区内清洁能源基地电力通过超/特高压直流送电主要负荷中心。跨洲建设跨地中海至欧洲输电通道和非洲—西亚电力互联通道，实现清洁能源大范围优化配置。

14　北美洲碳中和实现路径

北美洲经济社会发达，区域合作紧密，经济一体化发展水平高，具有能源资源丰富、科技创新能力领先、教育发展水平高等优势，也面临经济增长放缓、基础设施建设滞后、碳排放量大等挑战。实现北美洲碳中和，关键是加快清洁能源开发利用，加强基础设施建设和互联互通，构建清洁低碳、电为中心、高度互联的北美洲能源互联网，推动北美洲加快能源转型，保障能源安全、清洁和高效供应，促进北美洲绿色、低碳、可持续发展。

14.1 现状与趋势

14.1.1 经济社会

1. 经济发展

北美洲人均 GDP 世界第一，未来经济增速放缓。 2019 年，北美洲各国 GDP 总和为 24.4 万亿美元，约占全球 GDP 总量 27.9%，人均 GDP 为 5 万美元，世界排名第一。预计 2021—2030 年，北美洲 GDP 平均增速约为 2.5%；2025 年，北美洲 GDP 总量达到 27.4 万亿美元，人均 GDP 达到 5.3 万美元。

表 14.1 北美洲 GDP 预测

年份	2021—2030	2031—2040	2041—2050	2051—2060
GDP 平均增速（%）	2.5	1.9	1.7	1.5
年份	2025	2035	2050	2060
GDP 总量（万亿美元，2020 年不变价）	27.4	33.4	43.6	50.9
人均 GDP（美元，2020 年不变价）	53149	61036	75153	85270

各国制定绿色发展战略，推动清洁转型。 近年来，北美洲战略扶持新兴产业发展，加速绿色转型。美国拜登政府提出美国将在 2050 年实现 100%

清洁能源经济和碳中和，以"绿色新政"为框架，依托技术创新、需求激发和基础设施投资三大支柱，通过向绿色经济转型拉动经济，创造就业。美国政府拟投资 2 万亿美元，用于基础设施、清洁能源研究和清洁技术创新等重点领域的投资。加拿大制定氢能国家战略。2020 年 12 月，加拿大自然资源部发布《加拿大氢能战略》，提出通过氢能基础设施建设和终端应用扩张，促进加拿大成为全球主要氢供应国，推动清洁能源转型。墨西哥能源部于 2017 年公布了能源转型规划，制定了清洁能源生产发展的目标和战略，可再生能源占总发电量比例在 2018 年要达到 25%，2036 年达到 45%，2050 年达到 60%。

2. 社会发展

北美洲人口少，老龄化问题突出。2019 年，北美洲人口数量为 4.9 亿人，占世界人口比例为 6.4%。其中，美国人口数量为 3.3 亿人，加拿大人口数量为 3741 万人，墨西哥人口数量为 1.3 亿人。根据联合国预测，未来北美洲人口增长较缓慢。预计到 2060 年，北美洲人口数量约为 6 亿人，约占世界总人口的 5.9%[1]。

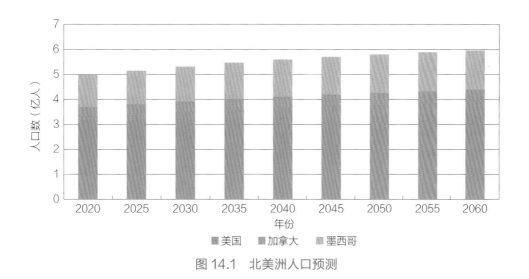

图 14.1　北美洲人口预测

科技创新能力领先，教育发展水平较高。2020 年，全球创新指数（GII）[2]

---

[1] 资料来源：联合国，世界人口展望 2019，2019。

[2] 2020 年全球创新指数由康奈尔大学、欧洲工商管理学院和联合国专门机构世界知识产权组织共同发布。该指数自 2007 年起每年发布，现已成为首要的基准工具，为全球范围内的企业高管、政策制定者以及其他在创新方面寻求创见的人员所使用。

报告了全球 131 个国家和地区的创新表现排名，北美是最具创新力的地区。北美也是世界上教育最发达地区。2019 年，美国和加拿大的平均受教育年限为13.4 年，墨西哥为 8.8 年，高于 8.5 年的世界平均水平。世界上最顶尖的 10所大学，有 7 所在美国，吸引了全球高端人才。

城镇化水平高。 2020 年，美国城镇化水平为 82.7%，加拿大为 81.6%，墨西哥为 80.7%，远高于 56.2%的世界整体水平。据联合国预测，未来三十年内，美加墨三国城镇化水平将持续上升。预计到 2050 年，美国城镇化水平将达到 89.2%，加拿大将达到 87.3%，墨西哥将达到 88.2%，远高于 68.4%的世界城镇化整体水平。

14.1.2 资源环境

1. 自然资源

北美洲化石能源资源储量大，主要分布在美国。 北美洲煤炭资源丰富，已探明储量约 2580 亿吨，占全球 24.4%，储采比约 342 年[1]，95%以上集中在美国。石油资源较丰富，已探明储量约 355 亿吨，占全球 14.1%，76%以上集中在加拿大。常规天然气资源较少，已探明储量约 14 万亿立方米，占全球 7%，85%集中在美国。页岩油、页岩气等非常规油气资源非常丰富，主要分布在美国。

清洁能源资源丰富，开发潜力巨大。 北美洲水能、风能、太阳能理论蕴藏量分别为 2.1 万亿、488 万亿、2.5 亿亿千瓦时，分别占全球的 7.5%、24%和12%。水电开发比例约为 43%，风能和太阳能开发程度低，开发潜力巨大。需要统筹资源禀赋和需求分布，未来通过集中式和分布式协同开发，实现北美洲清洁能源大规模开发和高效利用。

2. 生态环境

北美洲碳排放缓慢下降，但总量仍旧巨大。 化石燃料燃烧产生的二氧化碳排放于 2007 年左右达峰，到 2016 年下降至 58 亿吨，占全球总量的 18%。化石燃料燃烧产生的二氧化碳排放主要来源于石油。

---

[1] 资料来源：英国石油公司，世界能源统计年鉴，2019。

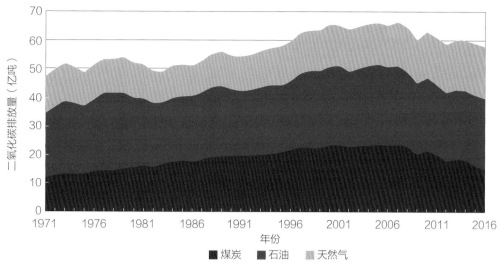

图 14.2　北美洲化石能源燃烧产生的二氧化碳变化

气候灾害损失严重。2016—2018 年，北美洲气候相关灾害经济损失累计约 4150 亿美元，占全球约 63%。其中，美国遭受的经济损失最大，1980—2017 年美国经历了 200 余次气候相关灾难，总经济损失超过 1.5 万亿美元；2017 年，灾害损失达 3060 亿美元，创历史新高。

14.1.3　能源电力

1. 能源生产与消费

能源生产以化石能源为主，总量增长趋缓。2000—2018 年，北美洲能源生产量从 31.3 亿吨标准煤增长到 35.4 亿吨标准煤，年均增长 0.7%[1]。北美洲人均能源生产量 7.1 吨标准煤，是全球平均水平的 2.8 倍。2018 年，北美洲化石能源产量占能源生产量比重 78.3%；其中，煤、油、气比重分别为 16%、29.6%、32.7%。煤炭生产量于 2008 年达到峰值 11.4 亿吨，之后波动下降至 2018 年的 7.5 亿吨，2008—2018 年，年均下降 4.1%。页岩油气开发技术成功以后，拉动北美洲石油、天然气生产量迅速增长。2018 年，油气产量分别达到 10.3 亿吨、1.1 万亿立方米。2000—2018 年，油气产量年均增速分别为 2.7%、2.1%。

一次能源消费总量先增后降，清洁能源比重不断提升。北美洲一次能源消费总量在 2014 年前保持小幅增长，年均增长 0.1%，之后小幅下降至 2018 年

---

[1] 资料来源：国际能源署，全球能源平衡，2018。

的 37.8 亿吨标准煤❶，2000—2018 年，年均下降 0.3%。2018 年，北美洲化石能源消费占一次能源比重下降至 82%，其中，煤炭、石油、天然气占比分别为 14%、38%、30%。煤炭、石油消费下降，年均减少 2.6%、0.3%；天然气消费持续增长，年均增长 1.2%。清洁能源比重提升至 18%，与全球平均水平相当。

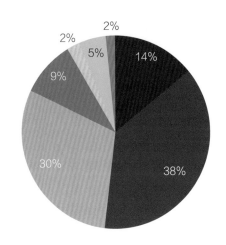

图 14.3　2018 年北美洲一次能源消费结构

终端能源消费先增后降，以油气为主。 2000—2014 年，北美洲终端能源消费总量从 26.2 亿吨标准煤增长至 26.4 亿吨标准煤，之后下降至 2018 年的 26.1 亿吨标准煤。2018 年，终端部门石油、天然气消费分别为 13 亿、5.7 亿吨标准煤，石油、天然气占终端能源消费总量比重分别为 50%、22%，电能占比从 2000 年的 19.4%持续提升至 2018 年的 21%，高于全球平均水平 2 个百分点。

2. 电力现状

电力消费趋于稳定，人均用电量水平高。 2018 年，北美洲电力需求总量为 5.4 万亿千瓦时。2000—2010 年，用电量年均增速仅 0.8%，2010—2018 年，用电量年均增速降至 0.4%。各地电力发展不均衡，美国用电量占北美洲总用电量 80%以上，美国内部东部地区用电量占比超过全美国用电量的 70%。2018 年，北美洲年人均用电量约为 1.1 万千瓦时，位居全球各大洲首位。

---

❶ 一次能源消费总量默认采用热当量法，如采用发电煤耗法，一次能源消费总量是 40 亿吨标准煤。

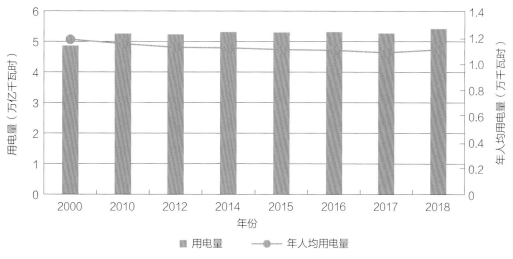

图 14.4　北美洲用电量及年人均用电量变化

电力供应主要依赖化石能源发电。2018 年，北美洲总装机容量约为 13.5 亿千瓦。火电装机容量为 8.4 亿千瓦，占比 62.2%。清洁能源装机容量约为 5.1 亿千瓦，占比约 37.8%。其中，常规水电装机容量约为 1.7 亿千瓦，占比 12.6%；抽水蓄能装机容量为 2300 万千瓦，占比 1.7%；风电装机容量为 1.1 亿千瓦，占比 8.1%；太阳能发电装机容量为 0.7 亿千瓦，占比 5.2%；核电装机容量为 1.2 亿千瓦，占比 8.9%。2018 年，北美洲总发电量为 5.4 万亿千瓦时，火电发电量为 3.2 万亿千瓦时，占比 59.3%；清洁能源发电量为 2.2 万亿千瓦时，占比 40.7%。其中，常规水电发电量为 0.7 万亿千瓦时，占比 13%；风电发电量为 0.32 万亿千瓦时，占比 5.9%；太阳能发电量为 0.09 万亿千瓦时，占比 1.7%；核电发电量为 0.9 万亿千瓦时，占比 16.7%。

图 14.5　2018 年北美洲电源装机结构

电网发展水平较高，跨国电网互联基础较好。北美主要地区已形成比较坚强的 500 千伏（墨西哥为 400 千伏）交流电网主网架，以 5 个交流电网同步运行，包括北美东部电网、北美西部电网、美国得州电网、加拿大魁北克电网和墨西哥电网。北美三国间的跨国联网较为成熟，年跨国交换电量超过 600 亿千瓦时，主要集中在美国和加拿大之间。美国与加拿大间已建成 230 千伏及以上联网线路 25 回，包括了世界首条 ±450 千伏多端直流线路（加拿大魁北克省—美国马萨诸塞州），输送魁北克省北部水电至美国东北部各州消纳。美国与墨西哥北部建成 230 千伏及以上联网线路 11 回，以互为系统备用为主。

14.2 减排路径

14.2.1 减排思路

北美洲经济总量大，科技创新能力领先，区域合作紧密，全社会碳排放已经达到峰值，正处在下降通道，但能源消费仍以油气为主，受气候变化灾害影响较大。

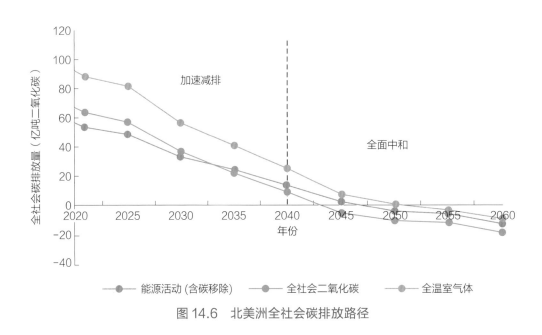

图 14.6 北美洲全社会碳排放路径

未来，通过加快构建北美洲能源互联网能够实现 21 世纪中叶温室气体中和，**总体思路**是以加速脱碳为主线，以清洁化发展保障能源持续供应，以互联化实现区域协同互补，以电气化发展提高全要素生产率，实现经济增长、社会进步和气候环境保护的多元包容性发展。结合北美洲在气候环境、经济社会和能源电力领域的特点，碳中和路径总体可分为**加速减排、全面中和**两个阶段。

第一阶段：加速减排阶段（2020—2040 年）。加快构建北美洲能源互联网，2030 年前碳排放从稳中有降向加速下降转变，2040 年左右实现近零排放，全社会二氧化碳排放较当前水平下降近 85%。2040 年，全社会二氧化碳排放量降至 9.9 亿吨，其中，能源系统排放量约为 13.7 亿吨。全社会快速减排的核心在于清洁能源发展规模和能源效率的提升，关键是加快构建北美洲能源互联网，实现清洁能源优化配置，促进减排成本下降，加速能源系统脱碳。

第二阶段：全面中和阶段（2040—2050 年）。全面建成北美洲能源互联网，实现深度清洁替代与电能替代，能源领域进入负碳阶段，2045 年前实现全社会碳中和。其中，能源活动排放（含碳移除）2.4 亿吨、工业生产过程排放 0.9 亿吨、土地利用变化和林业碳汇 8.6 亿吨、碳移除约 8 亿吨。通过保持适度规模负排放，控制和减少北美洲累积碳排放量。

14.2.2 减排重点

能源系统脱碳。充分利用北美洲清洁资源，加速清洁能源集约化开发外送，迅速提高清洁能源在能源供应中比重，到 2050 年，清洁能源占一次能源消费比重达 82%。大力推动终端电能替代，促进石油、天然气等化石能源有序退出，提升能源利用效率，到 2050 年，电能在终端能源消费占比将达到 56%。2050 年，化石能源排放（不含碳移除）减少至 5.3 亿吨，降幅达 90%。2050 年左右实现能源领域排放净零。

电力系统脱碳。通过集中开发美国中南部、西南部，墨西哥中部、北部地区太阳能资源，美国中西部、加拿大东部陆上风电基地和美国东西海岸沿海风电基地，以及加拿大西部、哈得逊湾西部和拉布拉多高原水电，到 2050 年，清洁能源发电量占比超过 93%。形成北美东部、北美西部、魁北克三大同步电网格局，实现大规模清洁能源电力优化配置和多能互补利用。2045 年前北美洲电力系统实现净零排放，之后提供稳定负排放，助力实现全社会碳中和。

碳捕集及增加碳汇。通过森林保护、再造林等措施提升土地利用与林业领域的碳汇，保障森林覆盖率稳定提升，到 2050 年，碳汇量达到 7.4 亿吨。推动碳捕集利用与封存技术逐步商业化应用，规模化发展发电、燃料制备领域的碳捕集、利用与封存工程，使其成为北美洲实现碳中和的有力补充。2030 年左右碳捕集、利用与封存规模化应用于能源领域；2050 年，碳捕集、利用与封存量达到 9 亿吨，通过稳定的负排放保障北美洲实现全社会碳中和的同时，控制和减少累积碳排放。

14.3　能源转型

14.3.1　一次能源

一次能源需求持续下降。北美洲一次能源需求总量持续下降，从 2018 年的 37.8 亿吨标准煤下降至 2045、2060 年的 26.3 亿、23.2 亿吨标准煤。2018—2060 年，一次能源需求总量年均下降约 1.2%；其中 2018—2045 年年均下降 1.3%，2045—2060 年年均下降 0.8%。**人均一次能源需求持续下降**。2018—2060 年，北美洲人均能源需求从 7.6 吨标准煤逐年下降至 3.9 吨标准煤，降幅为 49%。

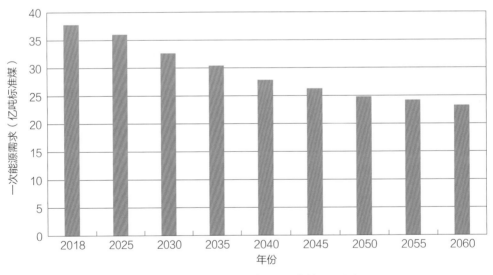

图 14.7　北美洲一次能源需求总量预测

煤炭、石油需求逐年下降，天然气需求于 2025 年前达峰。煤炭需求 2045 年左右实现净零。2018—2060 年，石油、天然气需求将分别由 14.3 亿、11.4 亿吨标准煤下降至 1 亿、1.3 亿吨标准煤，降幅分别为 93%、89%。风光可再生能源需求增长快速，2035 年左右，清洁能源将超越化石能源成为北美洲主导能源，2060 年达到 13.5 亿吨标准煤，年均增速达到 7.7%。2018—2060 年，北美洲清洁能源增长 2.1 倍，达到 21 亿吨标准煤，清洁能源占一次能源比重从 18% 大幅提高到 2060 年的 90%。

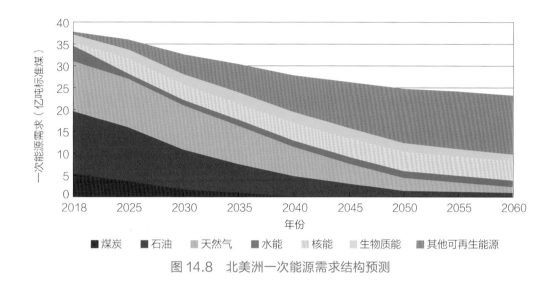

图 14.8　北美洲一次能源需求结构预测

14.3.2　终端能源

北美洲终端能源需求不断下降。 随着电能替代不断推进，能效不断提高，大大抵消了人口和经济发展带动的终端能源需求增长。2018—2045 年，北美洲终端能源需求总量从 26.1 亿吨标准煤持续下降至 19.8 亿吨标准煤，年均下降 1%；2045—2060 年，需求进一步下降，2060 年降至 17.8 亿吨标准煤，年均下降 0.7%。

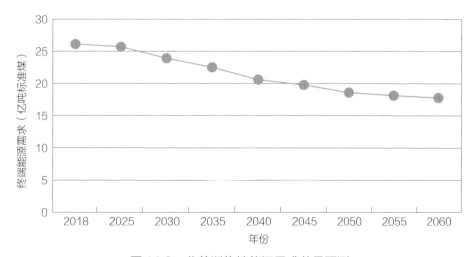

图 14.9　北美洲终端能源需求总量预测

2035 年左右电能成为比重最高的终端能源品种。2060 年，煤炭、石油、天然气需求分别降至 0 亿、0.9 亿、0.4 亿吨标准煤，化石能源在终端能源中的比重由 2018 年的 73% 降至 2060 年的 7.1%，电能需求增长较快，2018—2060年，电能占终端能源比重从 21% 提高到 59%。氢能加速推广应用，需求增长迅速，2060 年，氢能需求增至 4.8 亿吨标准煤，占终端能源需求比重达 27%[1]。

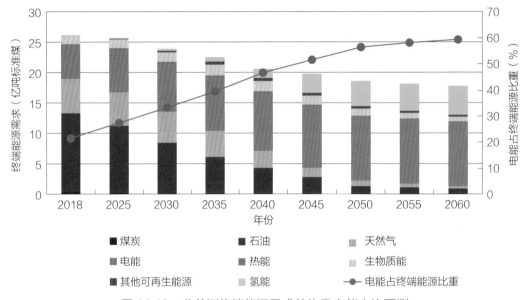

图 14.10　北美洲终端能源需求结构及电能占比预测

14.3.3　电力需求

随着北美洲经济社会发展，未来电力需求仍将呈现平稳增长态势，电力需求主要增长点包括电动汽车等交通运输领域电能替代、大规模数据中心建设及智能化设备普及应用、工业整合升级、电制氢规模大幅提升等。

电动汽车等交通运输领域电能替代潜力大。2018 年，北美洲交通用电量仅约 200 亿千瓦时[2]，占比不足千分之四，增长潜力巨大。加州、纽约州等地区积极推进电动汽车鼓励政策，加州政府提出到 2030 年零排放汽车达到 500 万辆，其中主要为电动汽车，含少量氢能汽车[3]。预测到 2050 年，电动汽车数量将达到 3 亿辆，超过汽车保有量的 70%。据此测算到 2050 年，北美洲电动汽

---

[1] 氢能包含能源用氢和非能用氢。

[2] 资料来源：IEA, Data & Statistics, 2020.

[3] 资料来源：加利福尼亚州政府，2018 年州情咨文，2018。

车新增用电需求将达到 8000 亿千瓦时，交通行业用电总需求将超过 1.1 万亿千瓦时。

大规模数据中心及智能化设备带动电力需求增长。根据伯克利实验室研究报告[1]，2014 年，美国数据中心能源消耗为 700 亿千瓦时，占全美国用电量 1.8%，占当前全球所有数据中心用电量总额 35%。预计到 2050 年，美国新增数据中心电力需求将达到 3600 亿千瓦时。

工业整合升级过程带来显著电力需求增长。美国、加拿大工业发达。墨西哥拥有较为完整和多样化的工业体系，且人力资源、矿产资源、农产品资源均十分丰富，承接部分美国加拿大工业产业链。未来，随着基础设施建设加速与产业持续升级，墨西哥电力需求仍将保持增长态势。墨西哥国家能源部预测到 2032 年，全国总用电量增速将保持在 3.1%[2]。综合考虑北美洲工业化整合过程带来墨西哥工业产业升级需求，预计墨西哥实际电力需求增速将超过 4%。

电制氢规模大幅提升，成为电力需求关键增长点。加拿大及美国北部冬季供暖需求大，氢可直接用于建筑供暖；美国石油化工、冶金、钢铁等行业基础雄厚，工业原料和高端制热对氢能需求较大；美国东西海岸氢燃料电池保有量也将快速增长。预计到 2030、2050、2060 年，北美洲电制氢所需用电量将分别达到 0.3 万亿、3.9 万亿、4.5 万亿千瓦时。

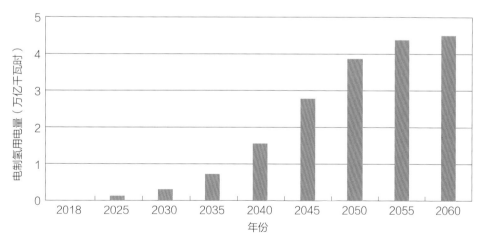

图 14.11　北美洲电制氢用电量预测

---

[1] 资料来源：https://eta.lbl.gov/publications/united-states-data-center-energy.
[2] 资料来源：墨西哥国家能源部，国家电力系统发展规划 2018—2032，2018。

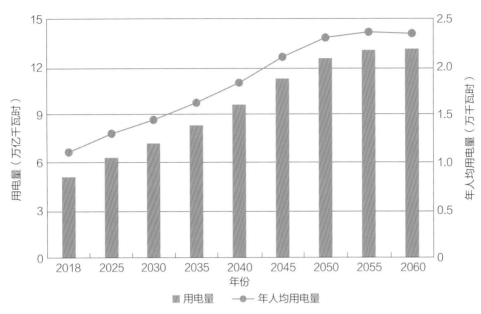

图 14.12　北美洲用电量与年人均用电量预测

北美洲电力需求总量稳步增长，人均用电水平持续上升。2030 年，北美洲用电总量增至 7.7 万亿千瓦时，2018—2030 年，年均增速 2.9%；年人均用电量 1.4 万千瓦时。2050 年，北美洲用电量将达到 13.4 万亿千瓦时；2036—2050 年，年均增速 2.8%，年人均用电量 2.3 万千瓦时。2060 年，北美洲用电量将达到 14 万亿千瓦时；2051—2060 年，年均增速 0.5%，年人均用电量 2.4 万千瓦时。

14.3.4　电力供应

北美洲电源发展思路。北美洲清洁能源资源丰富，清洁能源分布广泛，多种能源跨时区、跨季节互补效益显著。随着清洁能源发电成本的持续降低，清洁能源开发的经济、规模优势将越发凸显，从而有力推动北美洲电力供应清洁化转型，电力供应呈现多样化发展趋势。

清洁能源发电成本逐步低于化石能源。2017 年，北美地区陆上风电和光伏发电度电成本已低于煤电。预计到 2050 年，北美洲陆上风电和集中式光伏发电度电成本均低于 3 美分/千瓦时。同时，考虑燃煤、燃气发电存在碳排放产生的社会成本，清洁能源发电经济性优势更加显著。

清洁能源季节特性互补。加拿大主力电源为水电，呈现夏大冬小特性，与美国风电特性互补作用明显。加拿大向美国送电，利用资源特性差异，结合美国风电季节特点，共同保障美国负荷中心的电力供应。美国中部太阳能、风电的出力特性也呈现出季节互补特性，大规模开发清洁能源基地联合送出，可提升送出通道效率、保障供电稳定性。

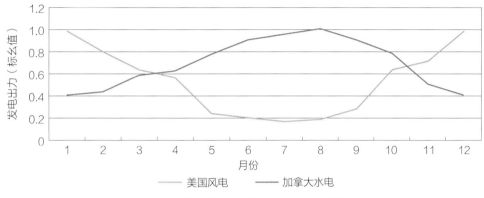

图 14.13　加拿大水电与美国风电互补特性示意图

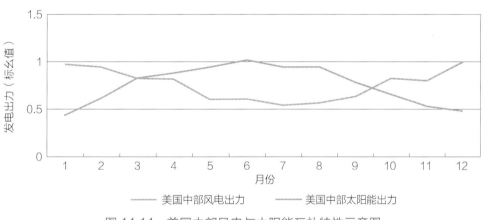

图 14.14　美国中部风电与太阳能互补特性示意图

电源装机总量持续增加，清洁能源发电装机占比大幅提升。2030 年，北美洲电源总装机容量为 30.8 亿千瓦；其中，清洁能源装机容量为 24.5 亿千瓦，占比由 2018 年的 37.8%提升至 79.5%，成为主导电源。太阳能发电装机容量为 13.1 亿千瓦，占比 42.5%，成为第一大发电能源；风电装机容量为 7.6 亿千瓦，占比 24.7%；氢电装机容量为 110 万千瓦。火电装机容量为 6.3 亿千瓦，占比由 2018 年的 62.2%大幅下降至 20.5%。**2050 年，**北美洲电源总装机容量为 67.2 亿千瓦；其中，清洁能源装机容量为 64.1 亿千瓦，占比达 95.4%。太阳能发电装机容量达到 38.3 亿千瓦，占比 57%，成为主导电源；风电装机容量达到 19.6 亿千瓦，占比 29.2%；氢电装机容量为 1.4 亿千瓦，占比 2.1%。火电装机容量为 3.1 亿千瓦，占比仅 4.6%。**2060 年，**北美洲电源总装机容量达到 71.1 亿千瓦；其中，清洁能源装机容量为 69.8 亿千瓦，占比达 98.2%。太阳能发电装机容量达到 41 亿千瓦，占比 57.7%；风电装机容量为 21.5 亿千瓦，占比 30.2%；氢电装机容量为 2.2 亿千瓦，占比 3.1%。火电装机容量下降至 1.3 亿千瓦，占比仅 1.8%。

电化学储能规模大幅增加。随着技术升级、成本下降，电化学储能等新型储能将迎来爆发式增长，2030、2050、2060 年，新型储能容量将达到 2.6 亿、4.7 亿、5.2 亿千瓦，满足系统运行灵活性需要。

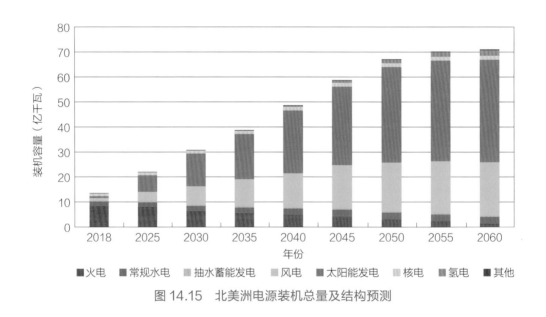

图 14.15　北美洲电源装机总量及结构预测

清洁能源发电量占比显著提升。2030 年，北美洲清洁能源发电量为 5.5 万亿千瓦时，占总发电量比重由 2018 年的 40.3% 提升至 71.2%，成为电量主要来源。太阳能发电量为 1.7 万亿千瓦时，占比 22%；风电发电量为 1.7 万亿千瓦时，占比 22%。火电发电量为 2.2 万亿千瓦时，占比由 2018 年的 59.7% 降至 28.8%。**2050 年，**北美洲清洁能源发电量为 12.5 万亿千瓦时，占总发电量比重提升至 93.6%。太阳能发电量为 5.6 万亿千瓦时，占比 41.6%，成为第一大电量来源；风电发电量为 4.2 万亿千瓦时，占比 31.1%；氢电发电量为 2080 亿千瓦时，占比 1.6%。火电发电量降至 8530 亿千瓦时，占比降至 6.4%。**2060 年，**北美洲清洁能源发电量为 13.6 万亿千瓦时，占总发电量比重达 97.4%。太阳能发电量为 6 万亿千瓦时，占比 42.9%；风电发电量为 4.6 万亿千瓦时，占比 33.1%；氢电发电量为 3468 亿千瓦时，占比 2.5%。火电发电量为 3638 亿千瓦时，占比降至 2.6%。

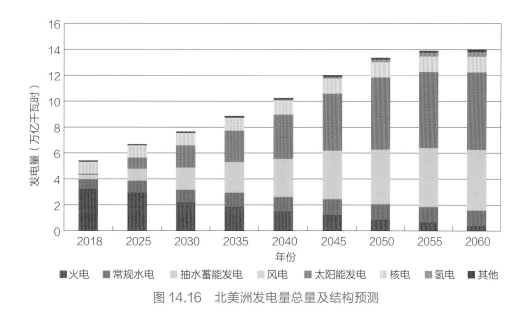

图 14.16　北美洲发电量总量及结构预测

14.4　清洁能源

14.4.1　太阳能

1. 潜力分布

北美洲太阳能资源丰富。根据太阳能水平面总辐射量数据测算，光伏发电理论蕴藏量超过 2.5 亿亿千瓦时，占全球总量的 12%。适宜集中开发的装机规模为 1141 亿千瓦，年发电量超过 203 万亿千瓦时，平均利用小时约 1780 小时（平均容量因子约 0.2），开发潜力大[1]。

北美洲光伏资源主要集中在西南部地区。美国西南部和墨西哥大部分地区光伏利用小时数在 1800～2200 小时，开发条件优越，占全洲可开发总量的 60% 以上。墨西哥西部北下加利福尼亚州的圣费尔南多东部地区利用小时数最高，超过 2200 小时。北美洲北部和东部的大部分地区，集中式开发光伏资源条件较差。

---

[1] 资料来源：全球能源互联网发展合作组织，北美洲清洁能源开发与投资研究，北京：中国电力出版社，2020。

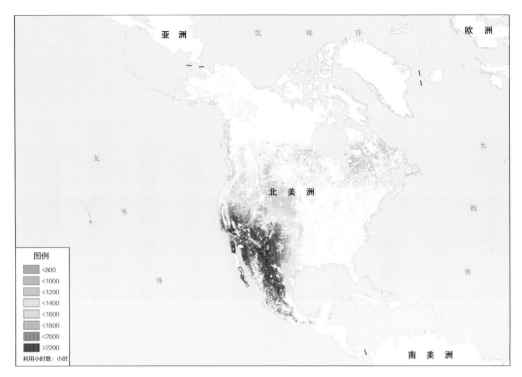

图 14.17　北美洲光伏技术可开发区域及其利用小时分布示意图

北美洲集中式光伏平均度电成本为 2.57 美分/千瓦时，各国平均度电成本为 2.27～4.78 美分/千瓦时。按照光伏平均度电成本 3.5 美分/千瓦时评估，经济可开发规模约为 1048 亿千瓦，占技术可开发量比例约 92%。整体而言，北美洲光伏开发经济性较好，局部地区具备良好的大规模开发条件。墨西哥的平均度电成本最低，为 2.27 美分/千瓦时，其国内最低可达 1.9 美分/千瓦时。

2．基地布局

北美洲布局 **10 个大型光伏基地**。近中期，总装机规模约为 1.1 亿千瓦，年发电量约为 1980 亿千瓦时，总投资约为 575 亿美元，度电成本为 1.99～2.93 美分/千瓦时。根据远景规划，未来开发总规模有望超过 1.8 亿千瓦。

14.4.2　风能

1．潜力分布

北美洲风能资源较好。根据 100 米高度的风速数据测算，北美洲理论蕴藏量约为 488 万亿千瓦时，占全球总量的 24%。适宜集中开发的风电装机规模约为 154 亿千瓦，年发电量约为 40 万亿千瓦时，平均利用小时约 2610 小时（平均容量因子约 0.3），开发潜力较大。

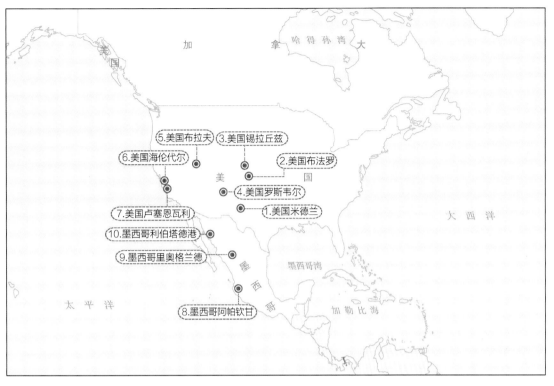

图 14.18　北美洲大型光伏基地布局示意图

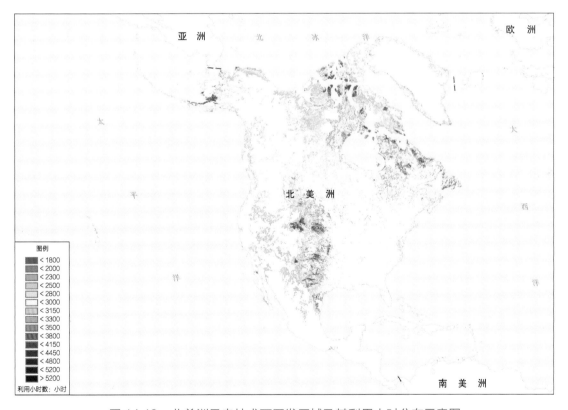

图 14.19　北美洲风电技术可开发区域及其利用小时分布示意图

　　风能资源主要集中在美国中部、加拿大东部和北部。上述地区海拔基本在 1500 米以下，主要是草本植被和灌丛，除美国和加拿大的城市、耕地和保护区之外，绝大部分地区非常适合建设大型风电基地。受地物覆盖、地形地貌等因素影响，约 10% 的陆上区域具备集中式开发条件。墨西哥基本不具备集中式风电开发条件，其分散式风电开发规模约为 1.4 亿千瓦，年发电量为 2520 亿千瓦时。

　　北美洲集中式风电平均度电成本为 4.55 美分/千瓦时，各国平均度电成本为 2.03～6.31 美分/千瓦时。按照风电平均度电成本 5 美分/千瓦时评估，经济可开发规模约为 78 亿千瓦，占技术可开发量比例约 50%。整体而言，北美洲风电资源具有较好经济性。

　　2. 基地布局

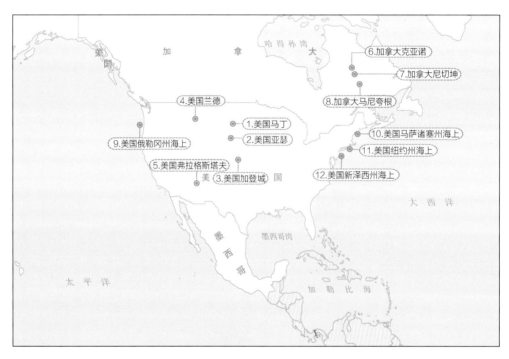

图 14.20　北美洲大型风电基地布局示意图

　　北美洲布局 12 个大型风电基地。近中期，总装机规模约为 1.4 亿千瓦，年发电量约为 4700 亿千瓦时，总投资达 1775 亿美元，度电成本为 3.08～6.88 美分/千瓦时。根据远景规划，未来开发总规模有望超过 2.2 亿千瓦。

　　3. 典型案例

　　美国兰德风电基地。基地地处怀俄明州西南部高原，西临大盐湖，北临密苏里高原，海拔高程范围为 1967～2562 米，最大坡度为 21°，占地总面积达 2834 平方千米。基地距地面 100 米高度的全年平均风速范围为 7.3～8.6 米/秒，综合平均风速为 7.8 米/秒，区域内盛行西南风。基地选址区域内主要为灌丛和裸露地表，无保护区等限制因素，接入电网条件较好，地质结构稳定。区域内无大型城镇等人类活动密集区，距离最近人口密集区域约为 7 千米。

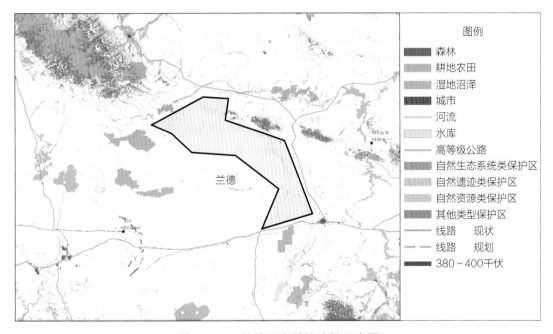

图 14.21　兰德风电基地选址示意图

基地装机规模达 900 万千瓦，年发电量约为 290 亿千瓦时，利用小时数为 3204 小时，总投资约为 87 亿美元，平均度电成本为 3.08 美分/千瓦时。

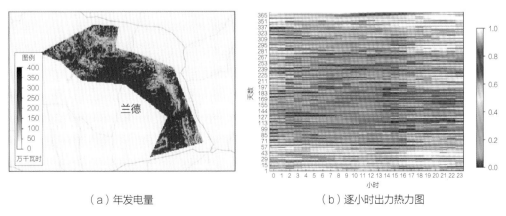

（a）年发电量　　　　　　　　（b）逐小时出力热力图

图 14.22　兰德风电基地年发电量和逐小时出力热力图

基地全年 3—9 月风速大，发电能力强。每日大风时段主要集中在当地时间 0—6 时。基地采用不等间距、梅花型布机方式，行内间距采用 3 倍叶轮直径，布置风机 3004 台。远期装机规模可进一步扩展至 4000 万千瓦。

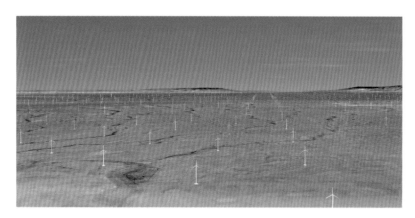

图 14.23　兰德风电基地部分区域风机布置示意图

14.4.3　水能

北美洲水能资源较丰富，开发程度较高。水能理论蕴藏量在 5000 万千瓦时及以上的河流共计 1.2 万条，理论蕴藏量共计 4.3 万亿千瓦时，占全球总量的 9.2%。其中，密西西比河、科罗拉多河、哥伦比亚河、格兰德河、弗雷泽河、马更些河、纳尔逊河、丘吉尔河、伊斯特梅恩河、鲁珀特河、诺特韦河等 11 个主要流域的覆盖面积为 854 万平方千米，占北美洲一级河流流域面积的 76%，理论蕴藏量总和超过 2.1 万亿千瓦时，开发程度较高。

表 14.2　北美洲主要流域水能资源理论蕴藏量

序号	流域名称	流域面积（万平方千米）	理论蕴藏量（亿千瓦时）
1	密西西比河	315	5087.9
2	科罗拉多河	63	1126.1
3	哥伦比亚河	71	5336.1
4	格兰德河	54	290.2
5	弗雷泽河	23	1776.1
6	马更些河	175	5271.6
7	纳尔逊河	112	1355.1

序号	流域名称	流域面积 （万平方千米）	理论蕴藏量 （亿千瓦时）
8	丘吉尔河	26	278.6
9	伊斯特梅恩河	4.4	298.3
10	鲁珀特河	4.5	243.6
11	诺特韦河	6.6	303.9
合计		854.5	21367.5

图 14.24　北美洲主要流域分布情况示意图

14.5　配置网络

根据北美洲清洁能源资源禀赋和空间分布，参考各国能源电力发展规划，统筹清洁能源与电网发展，加快各国电网升级；依托特高压交直流等先进输电技术，加强跨洲跨国跨区电网互联，形成覆盖清洁能源基地和负荷中心的坚强网架，全面提升电网的资源配置能力，支撑清洁能源大规模、远距离输送以及大范围消纳和互补互济，保障电力可靠供应，满足北美洲各国经济社会可持续发展的电力需求。

14.5.1　发展定位

统筹资源禀赋和电力需求分布，北美洲各区域的定位如下：美国东部、西部和五大湖地区是主要电力负荷中心；北美洲北部加拿大水电、中部美国风电和太阳能发电资源十分丰富，是主要的清洁能源外送基地；墨西哥发挥太阳能资源优势，满足工业发展用电需求，与美国西部水电互补互济，也是北美洲连接中南美洲的重要电力枢纽。

北美洲电力流总体呈现"**洲内北电南送、中部送电东西、跨洲与中南美洲互济**"格局。

2050 年，北美洲跨洲跨国跨区电力流达到 2 亿千瓦。

跨国：电力流达到 6600 万千瓦。加拿大水电、风电向美国输送规模达到 5400 万千瓦。其中，加拿大东部魁北克水电、风电向美国东部输送 3000 万千瓦，满足东海岸城市群及五大湖工业城市用电需求；加拿大中部水电向美国五大湖区输送 800 万千瓦；加拿大西部水电向美国加州负荷中心输送 1600 万千瓦；美国和墨西哥实现跨国水光互济，丰水期美国西部富余水电送电墨西哥 1000 万千瓦，枯水期墨西哥太阳能电力送电美国西部 1200 万千瓦。

跨洲：电力交换 1000 万千瓦，主要利用南北半球季节差异，实现北美西部电网太阳能和中南美秘鲁等水电互补互济。

美国国内：电力流规模达到 1.3 亿千瓦，中部内布拉斯加等州风电、太阳能基地电力向东北部负荷中心送电 4000 万千瓦，向东南部负荷中心送电 3200 万千瓦，向得州送电 2400 万千瓦；科罗拉多州和新墨西哥州的风电、太阳能向西送电加州 1600 万千瓦；西北部华盛顿州水电、风电向加州送电 1200 万千瓦。

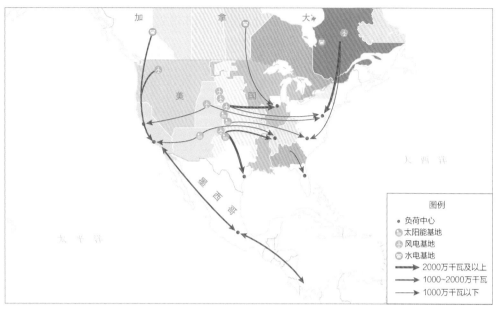

图 14.25   北美洲电力流格局示意图

专栏 14.1　　**北美洲东、西部电网互联效益分析**

　　北美洲东西海岸距离超过 4000 千米，存在 3 小时时差。通过东、西部电网互联，充分利用时区差，发挥错峰效益，相对东部、西部电网独立运行，可有效降低全网最大负荷，减少装机和储能设备容量。

　　根据东部、西部区域输电组织公布的 2018 年负荷中心典型日负荷曲线，东部、西部电网冬季均呈现早晚双高峰模式，夏季由于空调出力，呈现单高峰模式，最大负荷均出现在傍晚（17—19 时）。根据初步测算，2050 年，北美洲东部、西部电网互联条件下，相对于各自独立运行可带来约 1600 万千瓦错峰容量效益。

　　同时，北美洲资源禀赋和电力流格局决定了东部、西部电网互联通道也可满足中西部大型太阳能、风电基地集中外送需要。东部、西部电网互联可以充分发挥电网的大规模资源配置能力，平抑清洁能源基地出力波动，提升网源利用效率，实现多种能源在更大范围内灵活高效配置。

14.5　配置网络

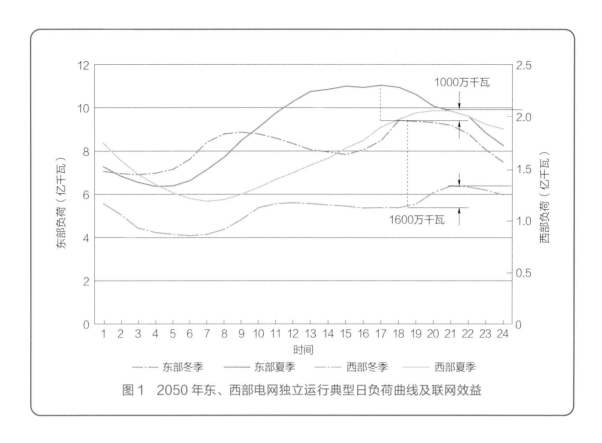

图 1　2050 年东、西部电网独立运行典型日负荷曲线及联网效益

14.5.2　电网互联

北美洲电网发展重点：加快实现清洁能源基地开发和外送，建设加拿大水电、美国中西部风电太阳能、墨西哥太阳能等大型清洁能源基地送出通道，实现清洁能源与电网协调发展；构建坚强的北美洲能源互联网骨干网架，全面升级现有电网，加强跨国跨洲电网互联，形成覆盖大型清洁能源基地和负荷中心的互联互通网络平台，实现清洁能源的大范围优化配置。

1. 总体格局

随着电网升级和互联规模不断扩大，**未来，北美洲总体形成北美东部电网、北美西部电网和魁北克电网 3 个同步电网**。

北美东部电网，现有美国—加拿大东部电网骨干网架升级为 1000 千伏，得州主网架升级为 500 千伏，与东部 500 千伏网架交流互联形成北美东部电网，接入多回清洁能源基地外送特高压直流通道供应东部负荷中心。**北美西部电网，**现有美国—加拿大西部电网骨干网架升级为 1000 千伏，墨西哥主网架升级为 1000 千伏，与美国西部 1000 千伏网架交流互联形成北美西部电网，通过多回特高压直流受入加拿大西部水电和美国中部太阳能及风电，构建覆盖加拿大西部、美国西部及墨西哥的清洁能源优化配置平台。**魁北克电网**，加强 735 千伏主网架，维持与北美东部电网异步互联，建设水电、风电外送特高压直流输电通道提高向北美东部电网送电能力。

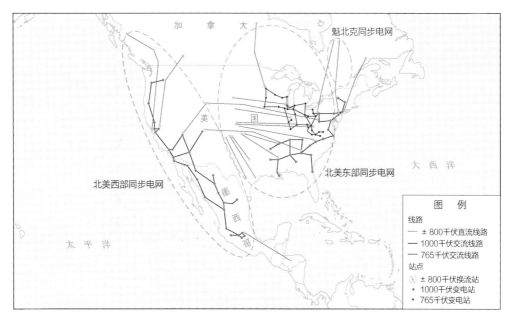

图 14.26　北美洲电网互联总体格局示意图❶

跨洲，建设墨西哥—秘鲁互联通道，实现太阳能与水电的跨季节互补互济。

2. 区域电网互联

北美东部电网：北美东部电网覆盖美国东部、美国得州及加拿大东部（除魁北克省），能源消费以化石能源为主，碳排放问题突出，需加快跨区受入清洁能源电力，满足未来经济社会发展所需电力。到 2050 年，北美东部电网发展重点是，全面升级现有电网，形成 1000/765 千伏主网架，大幅提升电网输电能力和供电可靠性，承接跨区大规模受电，满足东部沿海城市、五大湖工业区和南部负荷中心用电需求。

北美东部电网交流主网架建设：美国国内五大湖 765 千伏环网加强为双环，进一步向西北、向北延伸，全面提升电网输电和相互支援能力。沿东海岸建设双回 1000 千伏交流输电通道，承接魁北克清洁电力，南下依次输送至费城、

❶ 图中所有输电线路的落点及路径均为示意性展示，不严格代表具体地理位置。

14.5　配置网络

华盛顿等城市，并向内陆延伸形成东北部 1000 千伏交流环网，与 765 千伏网架交流互联。东南部以亚特兰大为核心建设 1000 千伏交流骨干网架，提升各大城市输电网通流能力，并向东与东北部 1000 千伏交流网架互联。建设得州 500 千伏交流网架，输送得州西部太阳能、风电基地电力至东部负荷中心，与东南部电网同步互联。

北美东部电网清洁能源外送输电通道：大规模开发美国中部风电、太阳能发电基地，建设 12 回国内 ±800 千伏直流，向东送电总规模达到 9600 万千瓦。其中 4 回直流分别起始于马丁、亚瑟风电基地和锡拉丘兹太阳能基地，向东接入 765 千伏交流网架；3 回直流分别起始于加登城风电基地和布法罗太阳能基地，向东接入东南部 1000 千伏交流网架；3 回直流由肯顿风电基地和克莱顿太阳能基地向得州送电，接入得州 500 千伏电网；2 回直流由西部兰德风电基地和凯恩塔太阳能基地跨区送电东部，接入 1000 千伏交流网架，实现东西部电网异步互联。

北美东部电网跨国电网互联：建设 4 回 ±800 千伏直流，输送加拿大水电和风电约 3200 万千瓦至美国东部负荷中心，分别通过东海岸 1000 千伏交流输电通道和 765 千伏电网为沿线城市供电。

北美西部电网：北美西部电网覆盖美国西部、加拿大西部和墨西哥，北美西部清洁能源资源丰富，目前的电网输电能力不足以满足清洁能源基地电力大规模外送及消纳需求，亟须进行电网升级和输电通道建设。到 2050 年，北美西部电网发展重点是，建设 1000 千伏交流主网架和清洁能源基地外送通道，大幅提升电网供电能力和供电可靠性，汇集各清洁能源基地电力向美国加州和墨西哥负荷中心输送，通过交直流混合通道实现多种能源跨国跨洲互补互济，打造清洁能源大范围优化配置平台。

北美西部电网交流主网架建设：美国国内沿西海岸建设双回 1000 千伏输电通道，汇集北部各州风电、水电向南输送至加州大湾区负荷中心，建设围绕大湾区的三角形 1000 千伏交流环网。加强 500 千伏电网，汇集俄勒冈州陆上海上风电向南送至大湾区，送电规模 400 万千瓦。墨西哥建设 1000 千伏交流网架，连接首都墨西哥城等负荷中心和里奥格兰德、阿帕钦甘等太阳能基地，向北连接阿乌马达等太阳能基地。扩建墨西哥城受端电网，形成围绕都市区的 1000 千伏交流环网，进一步提升电网供电能力。

北美西部电网清洁能源外送通道：建设兰德风电基地—拉斯维加斯 ±800 千伏直流工程，输电容量 800 万千瓦。建设犹他州布拉夫太阳能基地 1000 千伏交流外送通道，输电容量 800 万千瓦。

北美西部电网跨国跨洲电网互联：建设 2 回 ±800 千伏直流工程，输送加拿大水电和风电基地电力至大湾区负荷中心，送电规模 1600 万千瓦。墨西哥 1000 千伏主网架向北与美国西部 1000 千伏交流电网跨国互联，实现美国加拿大水电风电和墨西哥太阳能互补互济，最大送电能力 1200 万千瓦。跨洲建设墨西哥—秘鲁 ±800 千伏直流工程，实现墨西哥太阳能与南美洲水电间的跨季节互补互济，送电规模 800 万千瓦。通过 400 千伏电网与中美洲交换电力 200 万千瓦。

魁北克电网： 魁北克水电、风电资源丰富，未来需进一步加强本地电网，建设电力外送通道，实现大规模清洁电力外送消纳。到 2050 年，魁北克电网发展重点是，加强 735/345 千伏电网，提升电网供电能力和供电可靠性，大力开发清洁能源基地，建设跨国输电通道，实现水电、风电大规模外送。

魁北克电网交流主网架建设：全面加强 735 千伏主网架，建设 735 千伏交流线路联接北部尼切昆、克亚诺等水电风电基地，满足清洁电力汇集送出需要。

魁北克电网清洁能源跨国外送输电通道：建设加拿大尼切昆—美国费城、加拿大克亚诺—美国匹兹堡、加拿大马尼夸根—美国纽瓦克 3 回 ±800 千伏跨国直流送出线路，实现水电、风电联合外送，送电总规模 2400 万千瓦。

14.5.3　重点互联互通工程

1. 加拿大中部清洁能源跨国外送工程

加拿大中部流入哈德逊湾的纳尔逊河等流域水能资源丰富，河流落差大，未来可开发水电规模超过 1000 万千瓦。提出加拿大汤普森—美国明尼阿波利斯直流工程，汇集哈德逊湾周边流域水电基地清洁电力外送美国。

哈德逊湾附近河流多发源或流经温尼伯湖，温尼伯湖是加拿大南部最大的湖，形成天然的巨型水库，可大幅提升周围水电基地调节能力，并具有提供远端系统备用效益的潜力。美国明尼阿波利斯风电资源较好，跨国受入加拿大水电，利用湖区库容对风电进行季节性调节，可有效降低风电出力波动性，提升向五大湖区工业城市供电稳定性。

图 14.27　加拿大中部清洁能源外送工程示意图

工程拟采用 ±800 千伏直流，输送容量 800 万千瓦，线路长度约 1500 千米。经初步测算，工程总投资 50 亿美元，输电价约 1.38 美分/千瓦时。通过直流输送加拿大水电至美国，发挥远端湖泊库容系统备用效益，可有效调节美国约 2500 万千瓦风电装机的季节性波动，供电出力波动由 82% 降至 27%。

2. 美国东西部电网互联工程

美国主要负荷中心和清洁能源分布不均匀，由于存在时差，中部清洁能源发电出力特性与东西部负荷中心负荷特性之间存在错峰效益。开发中部兰德地区风能资源，通过直流远距离送电东部、西部，实现美国东西部电网异步互联，可有效发挥错峰效益，减少装机和储能设备容量。

中部兰德风电基地向东送电摩根墩，接入东海岸 1000 千伏特高压骨干网架，就地消纳部分电力后沿 1000 千伏骨干网架送电东海岸各大城市群。向西送电拉斯维加斯，接入西海岸 1000 千伏特高压骨干网架，增强向加州负荷中心供电能力。

兰德—摩根墩工程拟采用 ±800 千伏直流，输送容量 800 万千瓦，线路长度约 2800 千米。初步测算，工程总投资 72 亿美元，输电价约为 1.97 美分/千瓦时。

兰德—拉斯维加斯工程拟采用 ±800 千伏直流，输送容量 800 万千瓦，线路长度约 1100 千米。初步测算，工程总投资 45 亿美元，输电价约为 1.22 美分/千瓦时。

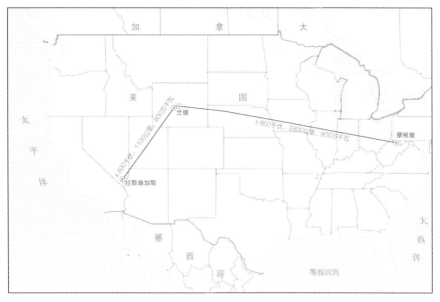

图 14.28　美国东西部电网互联工程示意图

14.6　小结

（1）北美洲经济与能源电力发展预测

- **人口**：2030 年和 2050 年北美洲人口数量分别达到 5.3 亿人和 5.8 亿人，2060 年约为 6 亿人。

- **GDP**：2020—2060 年，北美洲 GDP 增速保持在 1.9% 左右，2030、2050、2060 年 GDP 分别达到 30.2 万亿、43.6 万亿、50.9 万亿美元。

- **能源需求**：2030、2050、2060 年一次能源需求分别达到 32.6 亿、24.8、23.2 亿吨标准煤，终端能源需求分别达到 23.9 亿、18.6 亿、17.8 亿吨标准煤。北美洲一次能源和终端能源需求均处于下降通道。

- **电力需求**：电动汽车、数据中心、工业整合升级以及电制氢等将成为北美洲电力需求增长的重要因素，2030、2050、2060 年用电量分别达到 7.7 万亿、13.4 万亿、14 万亿千瓦时，电能占终端能源的比重达到 33%、56%、59%；2035 年左右电能成为比重最高的终端能源品种。

（2）北美洲碳中和路径

北美洲碳中和路径分为加速减排、全面中和两个阶段。

539

- **加速减排阶段（2020—2040 年）：** 以加快构建北美洲能源互联网为重点，2030 年前碳排放从稳中有降向加速下降转变，2040 年左右实现近零排放，全社会二氧化碳排放较当前水平下降近 85%。2040 年全社会二氧化碳排放降至 9.9 亿吨，其中能源系统排放约 13.7 亿吨。

- **全面中和阶段（2040—2050 年）：** 以全面建成北美洲能源互联网为重点，实现深度清洁替代与电能替代，能源领域进入负碳阶段，2045 年前实现全社会碳中和、电力系统实现净零排放，2050 年左右实现能源领域排放净零。其中，能源活动排放（含碳移除）2.4 亿吨、工业生产过程排放 0.9 亿吨、土地利用变化和林业碳汇 8.6 亿吨、碳移除约 8 亿吨。

（3）北美洲清洁能源开发

- **电源总装机容量：** 2030、2050、2060 年北美洲电源装机容量分别达到 30.8 亿、67.2 亿、71.1 亿千瓦。

- **清洁能源装机容量：** 2030、2050、2060 年北美洲清洁能源装机容量占比分别达到 79.4%、95.5%、98.1%，其中，2060 年风电和太阳能发电装机容量分别达到 21.5 亿千瓦和 41 亿千瓦。

- **清洁能源基地开发：** 在资源优质、开发条件好的地区，集中布局 10 个大型光伏发电基地和 12 个大型风电基地。

（4）北美洲能源互联互通

- **电力流：** 北美洲总体呈现"洲内北电南送、中部送电东西、跨洲与中南美洲互济"电力流格局，2050 年，北美洲跨洲跨国跨区电力流达到 2 亿千瓦。其中，跨洲电力流 1000 万千瓦，跨国电力流 6600 万千瓦。

- **电网互联：** 形成北美东部电网、北美西部电网和魁北克电网 3 个同步电网格局，加强跨国跨区联网通道建设。东部电网构建 1000/765 千伏骨干网架，与得州电网同步互联，通过多回特高压直流受入中西部大型清洁能源基地电力；西部电网构建覆盖墨西哥的 1000 千伏骨干网架，受入北部加拿大清洁电力，并与中南美洲通过特高压直流互联；魁北克加强清洁能源跨国外送通道建设，实现风电水电联合送出。

15 中南美洲碳中和实现路径

中南美洲区域一体化基础较好，各国重视探索绿色发展道路，形成了较为清洁的能源电力结构，但也面临经济增长乏力、制造业竞争优势下降和基础设施建设滞后等挑战。实现中南美洲碳中和，关键是要加快清洁能源开发利用，加强能源基础设施互联互通，构建清洁低碳、电为中心、高度互联的中南美洲能源互联网，推动中南美洲再工业化进程和制造业高质量发展，深化区域一体化，为中南美洲实现经济社会、能源电力和生态环境全面协调可持续发展提供保障。

15.1 现状与趋势

15.1.1 经济社会

1. 经济发展

"再工业化"成为中南美洲发展主要驱动力。2019 年，中南美洲 GDP 为 4.5 万亿美元，占全球总量比例 5.2%，其中南美洲 3.5 万亿美元，占中南美洲总量比例 77.1%。阿根廷、巴西和智利是中南美洲的主要经济体，三国 GDP 总量合计为 2.6 万亿美元，占中南美洲总量 57.6%。未来，"再工业化"和绿色转型发展将成为中南美洲经济增长主要驱动力。

表 15.1 中南美洲 GDP 预测

年份	2021—2030	2031—2040	2041—2050	2051—2060
GDP 平均增速（%）	2.8	2.4	2.3	2.2
年份	2025	2035	2050	2060
GDP 总量（万亿美元，2020 年不变价）	4.4	5.6	8.0	9.9
人均 GDP（美元，2020 年不变价）	8013	9645	13108	16286

中南美洲积极开发绿色可再生能源，加快绿色发展。依托丰富的可再生能源，中南美洲多国加快清洁能源开发。**南美洲多国以法律和政策支持的方式鼓励清洁能源发展**。巴西于 2020 年 12 月提出《2050 年国家能源计划》，强调太

阳能光伏发电对巴西能源结构的重要性。哥伦比亚于 2020 年 8 月提出"清洁增长"计划，提出 27 个战略性可再生能源和输电项目。智利制定《2050 年国家能源政策规划》，力争到 2035 年和 2050 年将可再生能源发电占比增加至60%和 70%。圭亚那、乌拉圭、厄瓜多尔和秘鲁等国家大力发展清洁能源投资项目等，提供免税或资金支持。**中美洲**哥斯达黎加于 2019 年 2 月公布《2018—2050 年国家脱碳计划》，制定脱碳目标和路线；洪都拉斯积极推动水电、风电、太阳能等可再生能源以及天然气能源项目发展。**加勒比地区**多个国家制定能源发展计划，提高清洁能源占比。古巴提出可再生能源政策，计划到 2030 年将可再生能源在能源结构中的比重提高至24%，生物质发电被列为优先发展产业。巴巴多斯鼓励发展可再生能源，计划到 2030 年完全采用可再生能源发电。巴哈马规划到 2030 年将可再生能源发电能力提高到占全部发电能力的 30%。加勒比地区国家积极开展国际合作，通过国际援助等方式开发清洁能源项目。

2. 社会发展

中南美洲人口数量少、增速慢。2019 年，中南美洲人口为 5.2 亿，占全球总人口 6.7%，南美洲约占中南美洲比例 82%以上。2010—2019 年，中南美洲人口增长缓慢，增长率逐年下降。据联合国预测，未来中南美洲人口将缓慢增长，到 2060 年将达到 6.1 亿，约占全球总人口比例 6.0%；其中，南美洲、中美洲和加勒比地区人口数量分别为 4.9 亿、7174 万人和 4675 万人。

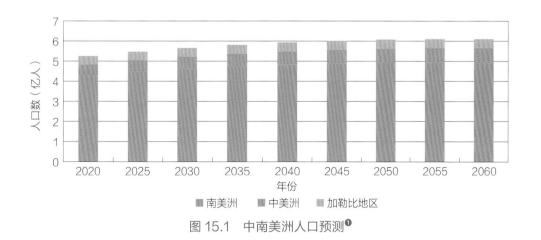

图 15.1　中南美洲人口预测❶

科技教育、创新能力不均衡。2019 年，中南美洲平均受教育年限为 8.7 年，

---

❶ 资料来源：联合国，世界人口展望 2019，2019。

略高于世界平均水平 8.5 年。2020 年全球创新指数（GII）报告显示，中南美洲创新表现不均衡。巴西和阿根廷拥有全球研发公司，智利、乌拉圭和巴西等南美洲国家科研水平较高。

城镇化水平高、速度快。中南美洲国家是过度城镇化的典型代表，表现为城镇化水平与经济发展水平不协调❶。2020 年，中南美洲整体城镇化水平为81.2%，高于世界平均水平 56.2%。据联合国预测，未来三十年内，中南美洲城镇化水平将持续上升。预计到 2050 年，中南美洲城镇化水平达到 87.8%，高于世界平均水平 68.4%。

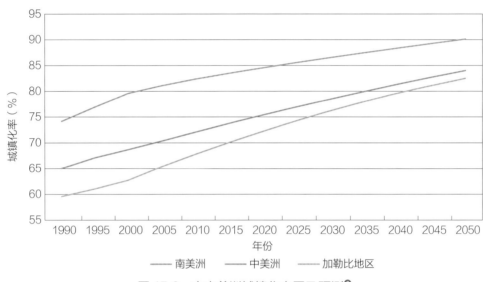

图 15.2　中南美洲城镇化水平及预测❷

15.1.2　资源环境

1. 自然资源

矿产资源种类多、储量大。中南美洲是全球矿业投资、勘探与开发热门区域。铁矿分布广泛，其中巴西铁矿储量达 620 亿吨，已探明储量约为 290 亿吨，铁矿石产量常年居全球第二。铝土矿储量占世界的 21%，目前产量约占世界总产量 30%，主要生产国包括巴西、圭亚那、牙买加和多米尼加。智利和秘鲁铜矿储量占世界总量 40%以上。玻利维亚、阿根廷与智利组成"锂三角"，锂矿

---

❶ 资料来源：郑秉文，拉美城市化的经验教训及其对中国新型城镇化的启发，当代世界，2013（06）：10-13。
❷ 资料来源：联合国，世界人口展望 2019，2019。

储量超过 2300 万吨，占世界总量 64%。

油气资源丰富，主要集中在委内瑞拉。中南美洲煤炭资源较少，探明储量约 140 亿吨，占全球总量 1.4%，主要分布在巴西和哥伦比亚。石油探明储量约 511 亿吨，仅次于中东地区，占全球总量 21%，其中委内瑞拉探明储量约 480 亿吨，占全球总量 20%，居世界首位。天然气探明储量约 8.2 万亿立方米，储量较少，仅占全球总量 4.2%，其中委内瑞拉探明储量 6.3 万亿立方米，以石油伴生气为主，占全球总量 3.2%，居世界第 6 位。

清洁能源开发潜力巨大。中南美洲水能、风能、太阳能资源理论蕴藏量约分别为 6.6 万亿、184 万亿、3.4 亿亿千瓦时。中南美洲拥有大面积热带雨林和大量农耕用地，以甘蔗乙醇和麻风树油为代表的生物质能资源禀赋优异，其中巴西是全球最大燃料乙醇出口国和第二大生产国。中南美洲还具备一定地热能开发潜力，技术可开发装机容量约 3000 万千瓦。

2. 生态环境

中南美洲碳排放总量趋于稳定。2016 年，中南美洲化石燃料燃烧产生的二氧化碳气体排放达 12 亿吨，占全球总量 3.7%。化石燃料燃烧产生的二氧化碳排放主要来源于石油和天然气。

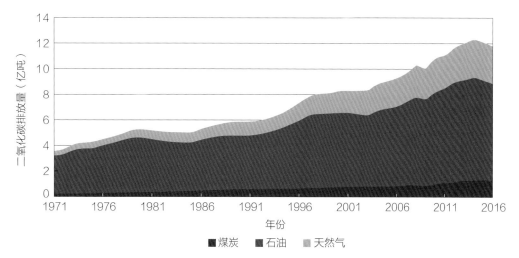

图 15.3　中南美洲化石能源燃烧产生的二氧化碳变化

15.1　现状与趋势

各国应对气候变化共识较强。中南美洲极易受到气候变化影响,部分国家受极端天气相关灾害影响严重。1995—2004 年,中南美洲受洪涝灾害影响人口共计 56 万,2005—2014 年增加到 220 万,增长约 3 倍。为应对气候变化,中南美洲主要国家制定了应对气候变化自主贡献目标和中长期减排战略,如智利承诺 2030 年温室气体排放强度比 2007 年减少 30%,2050 年实现碳中和。

15.1.3 能源电力

1. 能源生产与消费

能源生产以油气为主,总量持续增长。2000—2018 年,中南美洲的能源生产量从 9.7 亿吨标准煤增长到 12.8 亿吨标准煤,年均增长 1.6%[1]。人均能源生产量 2.5 吨标准煤,约为全球平均水平的 95%。2018 年,化石能源产量占能源生产量比重 66.5%,其中煤、油、气比重分别为 7%、43.3%、16.2%。煤炭产量 2014 年达到峰值 1 亿吨,之后下降至 2018 年的 9200 万吨,95%以上集中在哥伦比亚。石油产量于 2015 年达到峰值,约 4 亿吨,之后下滑至 2018 年的 3.3 亿吨,81%以上集中在巴西、委内瑞拉等国。2018 年,天然气产量稳步增长至 1759 亿立方米,75%以上集中在阿根廷等国。

一次能源消费持续增长,水能和生物质能占比高。中南美洲一次能源消费在 2014 年前保持较快增长,2000—2014 年均增速 2.8%。之后受巴西能源消费下降影响,能源消费波动下降,2018 年达到 9.2 亿吨标准煤[2],占全球总量 5%。化石能源占一次能源比重从 2000 年 61%下降至 2018 年 59%,其中煤炭、石油、天然气在一次能源消费中占比分别为 5%、42%、22%。非化石能源消费比重提高到 31%,比全球平均水平高 12 个百分点,其中水能和生物质能消费占比分别高达 9%和 20%,远高于世界平均水平。核能、风能和太阳能消费比重共计约 1%。

终端能源消费以石油和生物质能为主。2000—2018 年,中南美洲终端能源消费量从 5 亿吨标准煤增至 7 亿吨标准煤,年均增速 2.1%,占全球消费总量比重增至 5.1%。2018 年,终端能源消费中,石油、生物质能、天然气消费占比分别为 47%、20%、13%,电能占比提高到 18%,与全球平均水平相当。

---

[1] 数据来源:国际能源署,世界能源平衡,2018。
[2] 一次能源消费总量默认采用热当量法,如采用发电煤耗法,一次能源消费总量是 10.9 亿吨标准煤。

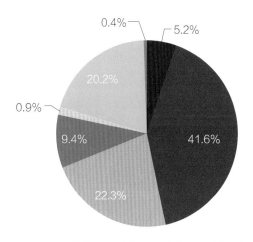

图 15.4　2018 年中南美洲一次能源消费结构

2. 电力现状

电力消费水平低于世界平均水平，总体电力普及率较高。2018 年，中南美洲总用电量约 1.3 万亿千瓦时[1]，占全球总用电量 5%。其中，南美洲占 87%，近 2/3 电力消费集中在巴西和阿根廷。中南美洲整体电力普及率较高，于 2018 年达到 97%[2]，其中南美洲 99%、中美洲 94%、加勒比地区 85%，部分国家农村和边远地区存在无电人口。中南美洲年人均用电量 2605 千瓦时，约为世界平均水平的 2/3。

清洁能源装机占比高，水电装机占比接近一半。2018 年，中南美洲总装机容量约 3.4 亿千瓦，清洁能源装机容量约 2.3 亿千瓦，约占总装机容量的 67%。其中，非水可再生能源装机容量约 0.5 亿千瓦，占比 14%；常规水电装机容量约 1.8 亿千瓦，占比 52%；火电装机容量约 1.1 亿千瓦，占比 33%。巴西和阿根廷两国装机容量分别位居第一、第二，约为 1.6 亿千瓦和 0.4 亿千瓦，分别占中南美洲总装机容量的 47% 和 11%。2018 年，中南美洲清洁能源发电量 0.9 万亿千瓦时，占总发电量的 68%；其中常规水电、非水可再生能源发电量约 0.7 万亿、0.2 万亿千瓦时，占比 55% 和 12%。

---

[1] 资料来源：IEA。

[2] 资料来源：世界银行。

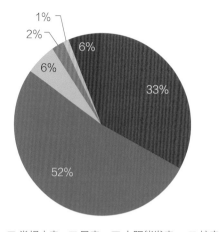

图 15.5　2018 年中南美洲电源装机结构

　　主要国家电网发展水平较高，跨国电网互联有一定基础。目前，巴西、阿根廷、委内瑞拉、哥伦比亚、乌拉圭等国已形成比较坚强的 500 千伏（委内瑞拉为 400 千伏）交流电网主网架。依托大型水电站送出工程，巴西最高电压等级达到交流 750 千伏、直流 ±800 千伏；委内瑞拉最高电压等级达到交流 765千伏。秘鲁和智利初步形成了 500 千伏交流主网架，其他国家以 230 千伏及以下交流主网架为主。南美东部的巴西与南美南部的巴拉圭、阿根廷和乌拉圭之间，依托伊泰普等大型跨国水电站送出形成了 750、500、230 千伏等多电压等级交流或直流背靠背互联。南美西部的哥伦比亚、厄瓜多尔和委内瑞拉之间，通过 230、115 千伏形成交流互联，交换容量较小。中美洲形成了从危地马拉至巴拿马贯穿 6 国的 230 千伏交流联网。

15.2　减排路径

15.2.1　减排思路

　　中南美洲清洁资源开发潜力大，工业基础较好，全社会碳排放已呈现下降趋势。未来，通过加快构建中南美洲能源互联网能够实现 21 世纪中叶碳中和。

　　总体思路是以多能互补与再工业化为主线，充分利用清洁能源资源优势，推动电网升级改造和跨国互联，提高终端电气化率，以清洁电力支撑再工业化，实现经济增长、能源转型与减排协同发展。结合中南美洲在气候环境、经济社会和能源电力领域的特点，碳中和路径总体可分为**协同减排、全面中和**两个阶段。

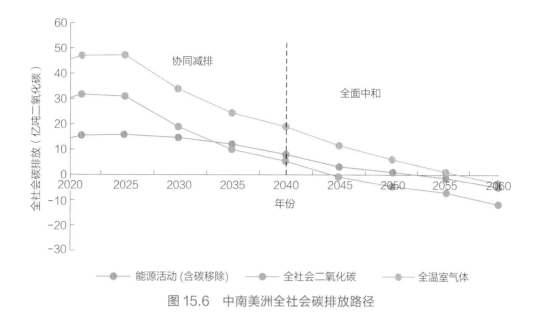

图 15.6   中南美洲全社会碳排放路径

第一阶段：协同减排阶段（2020—2040 年）。以加快构建中南美洲能源互联网为关键，2030 年前，碳排放从稳中有降向加速下降转变；2040 年左右，实现近零排放，全社会二氧化碳排放较当前水平下降约 83%以上。2040 年，全社会二氧化碳排放降至 5.4 亿吨，其中能源系统排放约 7.9 亿吨。全社会协同减排的核心在于清洁能源的规模化发展，通过构建中南美洲能源互联网，实现清洁能源优化配置，促进中南美洲绿色电气化、再工业化发展，使中南美洲实现碳中和目标、实现低碳转型占据更大主动。

第二阶段：全面中和阶段（2040—2050 年）。以全面建成中南美洲能源互联网、实现深度脱碳和碳捕集、增加林业碳汇为重点，能源领域实现近零排放，于 2050 年前实现全社会碳中和。其中，能源活动排放（含碳移除）1.3 亿吨、工业生产过程排放 1.7 亿吨、土地利用变化和林业碳汇 7.3 亿吨、碳移除约 2.2 亿吨。通过充分发挥中南美洲自然碳汇能力，控制和减少累积碳排放量。

15.2.2   减排重点

能源系统脱碳。加速区内清洁能源集约开发，迅速提高清洁能源在能源供应中的比重，到 2050 年，清洁能源占一次能源消费比重达 82%。大力推动以电代煤、以电代油、以电代气、以电代初级生物质能，到 2050 年，电能在终端能源消费占比达 46%。2050 年，化石能源排放（不含碳移除）减至 3.4 亿吨，降幅超 78%，2050 年左右实现能源领域排放近零。

电力系统脱碳。通过开发阿塔卡玛沙漠、巴西东北部、奥里诺科平原地区大型太阳能发电基地，阿根廷南部、巴西东北部、乌拉圭、哥伦比亚北部海岸地区大型风电基地，以及亚马孙流域、奥里诺科河流域水电基地，到 2050 年，清洁能源发电量占比超过 94%。形成南美洲东西部、南美洲南部、中美洲三个同步电网格局，跨洲实现北美—南美电网互联，实现跨国跨洲多能互补互济和清洁能源大范围配置。2045 年左右，中南美洲电力系统实现净零排放，之后提供稳定负排放，助力实现全社会碳中和。

碳捕集及增加碳汇。通过森林保护、再造林等措施提升土地利用与林业领域的碳汇，保障森林覆盖率稳定提升，到 2050 年，碳汇量达到 7.3 亿吨。推动碳捕集利用与封存技术逐步商用，规模化发展发电、燃料制备领域的碳捕集、利用与封存，使其成为中南美洲实现碳中和的有力补充。2030 年后，碳捕集、利用与封存规模化应用于能源领域，2050 年碳捕集、利用与封存量达到 2.2 亿吨，通过稳定的负排放保障中南美洲实现全社会碳中和的同时，控制和减少累积碳排放。

15.3 能源转型

15.3.1 一次能源

一次能源需求持续较快增长，增速略高于全球平均水平。工业发展、人口增长等因素推动中南美洲能源需求增长。2040 年，中南美洲一次能源需求达峰 13.8 亿吨标准煤，2018—2040 年，年均增速 1.9%，之后缓慢下降，到 2060 年下降至 13.3 亿吨标准煤，2040—2060 年，年均下降 0.2%。**人均一次能源需求稳步提升**。2018—2060 年，中南美洲人均能源需求从 1.8 吨标准煤上升至 2.2 吨标准煤，增幅 24%。

煤炭、石油需求相继达峰，能源结构向清洁化转型。中南美洲煤炭、石油需求将在 2030 年前相继达峰，峰值分别约 0.6 亿、5.4 亿吨标准煤，之后持续下降，2060 年分别降至 0.1 亿、0.7 亿吨标准煤。天然气需求于 2035 年左右达峰，峰值为 2.5 亿吨标准煤左右，2060 年下降至 0.5 亿吨标准煤。生物质能需求由 2018 年的 1.9 亿吨标准煤稳步增长至 4.7 亿吨标准煤，年均增速 2.2%。清洁能源发展速度较快，到 2035 年左右，将超越化石能源成为中南美洲主导能源。2018—2060 年，中南美洲清洁能源增长 3.2 倍，达到 12 亿吨标准煤，清洁能源占一次能源比重从 31% 提高到 91%。

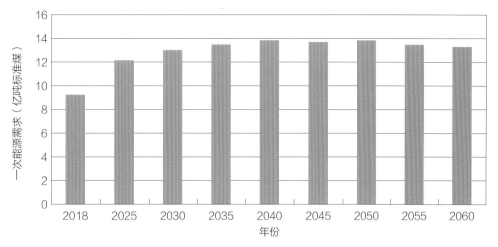

图 15.7　中南美洲一次能源需求总量预测

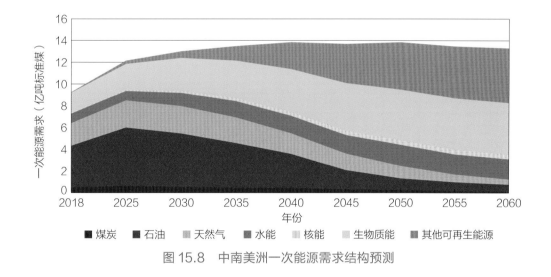

■ 煤炭　■ 石油　▨ 天然气　■ 水能　▨ 核能　▨ 生物质能　■ 其他可再生能源

图 15.8　中南美洲一次能源需求结构预测

15.3.2　终端能源

终端能源需求 2040 年前保持增长，此后缓慢下降。中南美洲再工业化战略推动钢铁、化工、有色金属、食品与烟草等行业快速发展，推动终端用能增长。2018—2040 年间，中南美洲终端能源需求从 7 亿吨标准煤增长至 10.1 亿吨标准煤，年均增速达 1.7%；2040—2060 年，终端能源需求开始缓慢下降，到 2060 年将达到 9.7 亿吨标准煤，年均下降 0.2%。

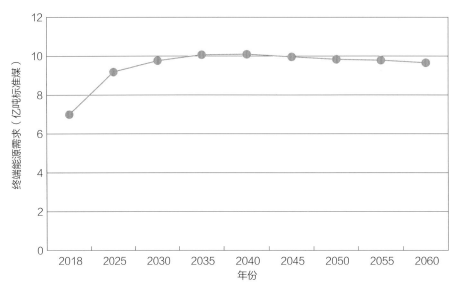

图 15.9　中南美洲终端能源需求总量预测

　　2035 年前后电能成为占比最高的终端能源品种。2018—2060 年，化石能源占终端能源比重由 62% 降至 9%，其中，石油、天然气需求在 2025、2030 年左右达峰，峰值分别约 3.8 亿、1.2 亿吨标准煤，2060 年分别降至 0.6 亿、0.2 亿吨标准煤。2018—2060 年，电能占终端能源比重从 18% 提高到 49%。随着终端氢能替代不断推进，氢能需求持续增长，2060 年，氢能需求增至 1 亿吨标准煤，占终端能源需求的比重达 11%[1]。

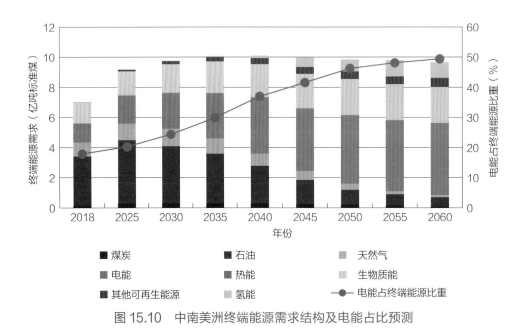

图 15.10　中南美洲终端能源需求结构及电能占比预测

---

[1] 氢能包含能源用氢和非能用氢。

15.3.3　电力需求

中南美洲未来电力需求将持续较快增长，主要增长点为再工业化和用能方式升级、交通部门电气化、城镇化和居民消费升级及电制氢用电需求增长。

再工业化和用能方式升级带来旺盛电力需求。目前，中南美洲工业部门用能电能占比为 25%，其中，有色金属、食品与烟草、造纸与印刷等高耗能行业用能电能占比分别为 45%、13%、17%，均低于全球平均水平（分别为 65%、25%、24%），存在很大提升空间。

交通部门电气化推动电力需求显著增长。中南美洲交通运输主要依靠公路，交通部门用能电能占比整体为 0.2%，公路运输仅为 0.03%，电动汽车发展尚未起步。目前，巴西、阿根廷已出台政策，采取降低进口关税政策促进充电基础设施建设和本国电动汽车生产研发。

城镇化和居民生活消费升级拉动电力消费增长。中南美洲居民、商业及服务业用能电能占比为 43%，低于日本（53%）、美国（52%）等城镇化率水平相当国家；人均居民生活用电约 658 千瓦时/年，低于全球平均水平。随着城市化高质量发展，居民住宅面积及单位住宅面积电耗等指标均会有大幅提高，预计到 2050 年，单位住宅面积电耗将达到 145 千瓦时/平方米，相比 2018 年增长 1.4 倍。

电制氢需求推动用电持续增长。受益于优质的风光资源，智利、巴西和阿根廷等中南美洲国家均聚焦氢能发展，将培育氢能产业作为国家清洁能源转型的关键，已出台或正在制定氢能战略和路线图❶。智利政府于 2020 年出台国家绿氢战略，计划通过大力开发绿氢产业，打造全球绿氢出口基地，并通过在国内推广氢能利用实现国家碳中和。阿根廷是区域和全球利用可再生能源制氢的先驱，自 2008 年始就在巴塔哥尼亚高原试点风电制氢。未来，可再生能源制氢产业的持续发展将极大提高中南美洲电力需求，预计到 2050 年和 2060 年，中南美洲电制氢用电需求将分别增至 1.5 亿、1.6 亿千瓦时，占总电力需求的近三成。

---

❶ 资料来源：IEA，拉丁美洲的氢能机遇：从国家战略到区域合作，2020。

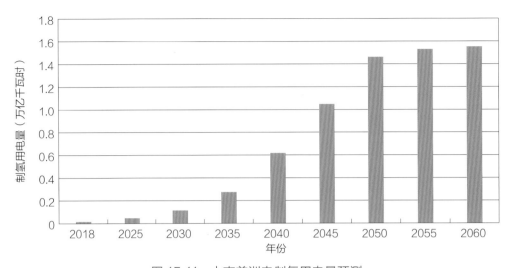

图 15.11　中南美洲电制氢用电量预测

　　中南美洲电力需求总量保持较快增长。2030、2050 年和 2060 年电力需求分别约为 2018 年的 1.8、4.4 倍和 4.6 倍。从 2018 年的 1.3 万亿千瓦时增加到 2030 年的 2.4 万亿千瓦时，2050 年的 5.7 万亿千瓦时和 2060 年的 6 万亿千瓦时，2018—2030 年、2030—2050 年和 2050—2060 年，年均增速分别为 5.1%、4.5% 和 0.5%。

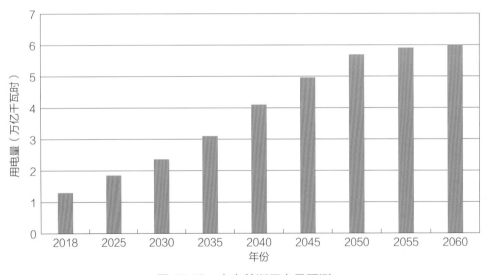

图 15.12　中南美洲用电量预测

　　人均用电水平显著提升。2035 年前，随着城镇化水平进一步提高和偏远地区电网逐步完善，中南美洲电力普及率总体将达到 100%，解决目前 1300 多万人的用电问题。中南美洲人均用电量将从 2018 年的 2605 千瓦时增至 2030

年的 4189 千瓦时、2050 年的 9383 千瓦时和 2060 年的 9839 千瓦时，分别是 2018 年的 1.6、3.6 倍和 3.8 倍。

15.3.4　电力供应

电源发展思路。中南美洲电力供应发展的总体趋势是以清洁能源转型为目标，统筹清洁能源资源禀赋、能源电力需求、电源开发成本和系统运行需要等多方面因素，注重电源结构的多元化和互补性，大力推进风光资源开发，充分利用水风光清洁能源资源的跨时空互补特性，实现多种清洁电源的协同发展，以清洁绿色方式保障经济可靠的电力供应。

风电和太阳能发电成为电源结构多元化的优先选择。依托丰富的水能资源，除加勒比地区外，中南美洲历史上形成了高水电比重的电源结构。加勒比地区目前 90%的电力供应依靠火电，发电燃料依赖进口，发电成本高企。从保障电力供应的角度，中南美洲亟须推动电源结构多元化。随着风电和太阳能发电成本快速降低，水风光协同发展成为电源结构多元化、保障电力经济可靠供应的优先选择。

调节性水电支撑大规模风电和太阳能发展。中南美洲大量水电站具有日调节能力，另有不少水电站具备季、年乃至多年调节能力。在水风光联合优化调度支持下，这些水电站可用于调节风电和太阳能发电出力的短期波动和长期变化。水电与风电和太阳能发电相辅相成，通过达成合理的结构平衡，可以共同支撑中南美洲电源清洁化程度继续大幅提高。从自然特性看，中南美洲水风光清洁能源也具有很好的跨时空互补性，通过大范围电网互联实现多能互补开发利用，可相互平抑季节性出力变化，减少装机需求。

电源结构由"水火主导"转向"水风光协同发展"。2030 年，总装机容量约为 7.4 亿千瓦；清洁能源装机占比增至 68%，其中非水可再生能源装机占比从 2018 年的 14%增至 33%；常规水电装机占比从 52%降至 33%；火电装机占比降至 32%。**2050 年**，总装机容量约 19 亿千瓦，是 2018 年的 5.6 倍；清洁能源装机占比达到 91%，其中非水可再生能源装机占比 72%，成为主力电源；常规水电装机占比下降至 19%；火电装机仅剩气电,装机占比下降至 9%。**2060 年**,总装机容量约为 20 亿千瓦；清洁能源装机占比继续提高，达到 96%，其中非水可再生能源装机占比 77%；常规水电装机占比下降至 18%；火电装机占比下降至 4%。

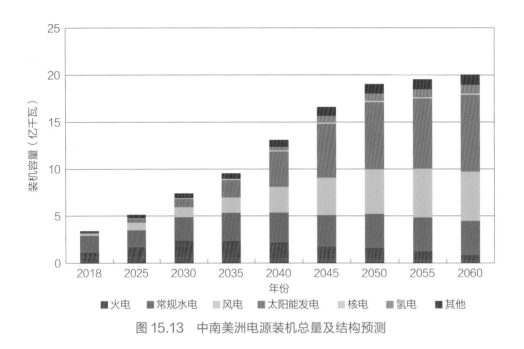

图 15.13　中南美洲电源装机总量及结构预测

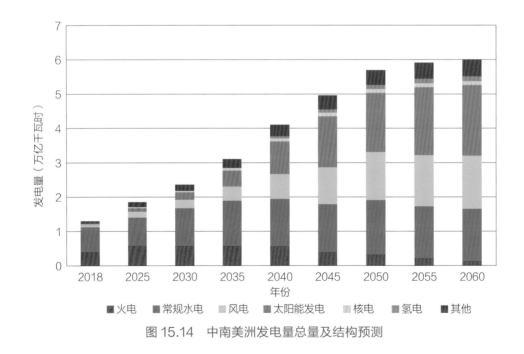

图 15.14　中南美洲发电量总量及结构预测

电化学储能规模大幅增加。随着技术升级、成本下降，电化学储能等新型储能将迎来爆发式增长，2030、2050、2060 年，新型储能容量将分别达到800 万、1.2 亿、1.9 亿千瓦，满足系统运行灵活性需要。

清洁能源发电量占比不断提高。2030 年，中南美洲清洁能源发电量为 1.8 万亿千瓦时，占总发电量比例增至 75%，其中非水可再生能源发电量为 0.6 万亿千瓦时，占比从 2018 年的 12% 提高到 27%；常规水电发电量约 1.1 万亿千瓦时，占比由 2018 年的 55% 降至 46%。**2050 年**，中南美洲清洁能源发电量为 5.4 万亿千瓦时，占总发电量比例提高到 94%，其中非水可再生能源发电量为 3.7 万亿千瓦时，占比提高到 64%；常规水电发电量约为 1.6 万亿千瓦时，占比降至 28%。**2060 年**，中南美洲清洁能源发电量约为 5.9 万亿千瓦时，占总发电量比例提高到 98%，其中非水可再生能源发电量约为 4.2 万亿千瓦时，占比提高到 71%。常规水电发电量约为 1.5 万亿千瓦时，占比降至 25%。

15.4　清洁能源

15.4.1　太阳能

1. 潜力分布

中南美洲太阳能资源丰富。光伏发电理论蕴藏量约为 3.4 亿亿千瓦时，占全球总量的 16%，适宜集中开发装机规模 2774 亿千瓦，占全球总量的 11%，年发电量高达 505 万亿千瓦时，平均利用小时约 1819 小时（平均容量因子约 0.21），开发潜力巨大[1]。

光伏资源主要集中阿塔卡玛地区以及巴西东北部等地区。考虑地形地貌、地物覆盖等因素，中南美洲约 41% 的区域具备集中开发建设大型光伏基地的条件，主要分布在智利、阿根廷、秘鲁、玻利维亚、巴西、委内瑞拉等国家。除阿塔卡玛地区位于海拔较高的安第斯山脉，阿根廷与智利南部、巴西东部等区域海拔基本在 2000 米以下，主要覆盖裸露地表、草本植被和少量灌丛，除保护区外的绝大部分地区适合建设大型光伏基地。秘鲁西部沿海及南部、智利北部、玻利维亚西南部、巴西东北部等地利用小时数在 2000 小时以上，开发条件优越，智利北部的安托法加斯塔区利用小时数最高，超过 2500 小时。

---

[1] 资料来源：全球能源互联网发展合作组织，中南美洲清洁能源开发与投资研究，北京：中国电力出版社，2020。

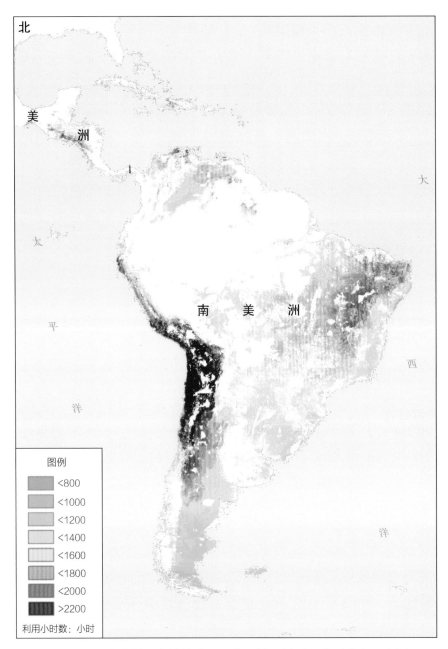

图 15.15　中南美洲光伏技术可开发区域及其利用小时分布示意图

　　中南美洲集中式光伏平均度电成本为 2.34 美分/千瓦时，各国平均度电成本为 1.84～5.39 美分/千瓦时。按照光伏平均度电成本 3.5 美分/千瓦时评估，经济可开发规模约为 2646 亿千瓦，占技术可开发量比例约为 95%。整体而言，中南美洲具备良好的大规模开发条件，智利平均度电成本最低，为 1.84 美分/千瓦时，其国内最低度电成本可达 1.48 美分/千瓦时。由于局部交通及并网条件较差，委内瑞拉、阿根廷、智利等国家部分区域度电成本较高。

2. 基地布局

中南美洲布局 15 个大型光伏基地。近中期，基地总装机规模约为 8785 万千瓦，年发电量为 1800 亿千瓦时，总投资约为 420 亿美元，度电成本为 1.65～2.26 美分/千瓦时。根据远景规划，未来开发总规模有望超过 2 亿千瓦。

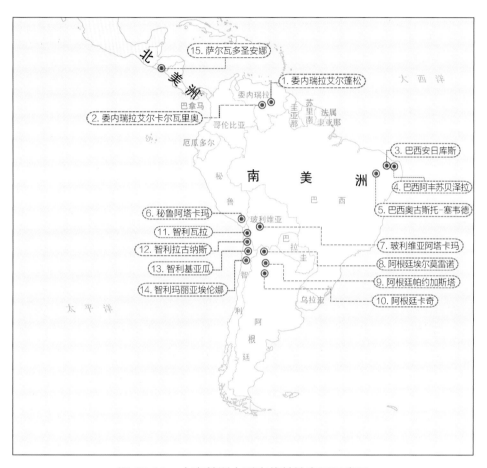

图 15.16　中南美洲大型光伏基地布局示意图

3. 典型案例

智利玛丽亚埃伦娜光伏基地。基地位于北部的安托法加斯塔区，多年平均水平面总辐射量为 2608 千瓦时/平方千米。基地装机规模为 600 万千瓦，年发电量为 140 亿千瓦时，利用小时数为 2326 小时，总投资估算约为 28 亿美元，平均度电成本为 1.65 美分/千瓦时。全年 10 月至次年 3 月总辐射大，发电能力强，每日高辐射时段主要集中在当地时间 11—15 时。基地组件最佳倾角为 27°，预留前后排间距 5.3 米，组串东西向间距为 0.5 米。

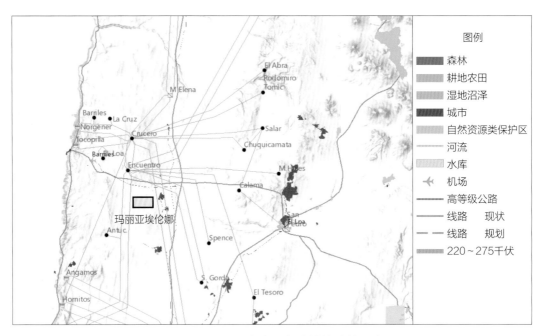

图 15.17 玛丽亚埃伦娜光伏基地选址示意图

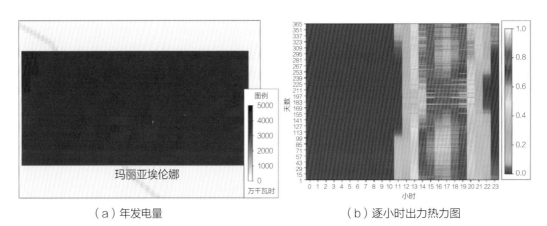

（a）年发电量 （b）逐小时出力热力图

图 15.18 玛丽亚埃伦娜光伏基地年发电量和逐小时出力热力图

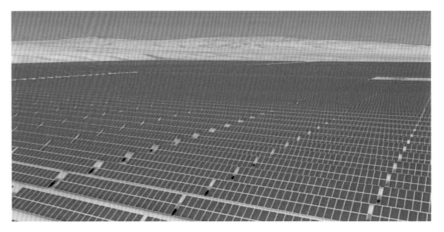

图 15.19 玛丽亚埃伦娜光伏基地组件排布示意图

15.4.2　风能

1. 潜力分布

中南美洲风能资源丰富。根据 100 米高度的风速数据测算，理论蕴藏量达 184 万亿千瓦时，占全球总量的 9%。适宜集中开发风电装机规模约为 68 亿千瓦，占全球总量的 5%，年发电量约为 20 万亿千瓦时，平均利用小时数约为 2916 小时（平均容量因子约 0.33），开发潜力巨大。

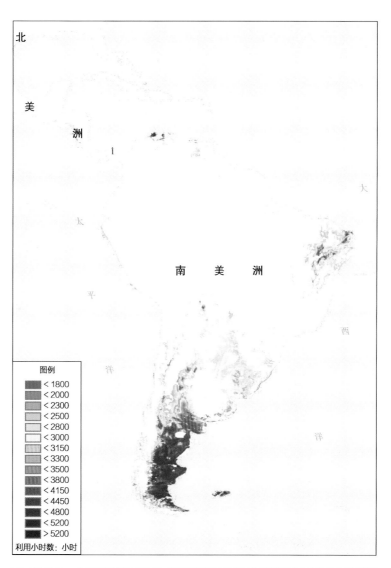

图 15.20　中南美洲风电技术可开发区域及其利用小时分布示意图

风能资源主要集中在阿根廷南部、巴西东北部和乌拉圭东南沿海地区。阿根廷南部大部分地区、委内瑞拉北部加勒比海沿岸、巴西东北部等部分区域利

15.4　清洁能源

用小时数达 3500～4500 小时，开发条件优越。巴西西北部、秘鲁东北部、厄瓜多尔东部等地区资源条件较差且多分布热带雨林，阿根廷东北部以及巴西西南部地区农业耕地广泛分布，中美洲尼加拉瓜南部地形陡峭并覆盖雨林，上述地区集中开发风电基地条件相对有限。

中南美洲集中式风电平均度电成本为 3.18 美分/千瓦时，各国平均度电成本为 1.98～7.72 美分/千瓦时。 按照风电平均度电成本为 5 美分/千瓦时评估，经济可开发规模约为 64 亿千瓦，约占技术可开发量的 95%。整体而言，中南美洲绝大部分风电资源具有较好的经济性，哥伦比亚平均度电成本最低，为 2.41 美分/千瓦时。

2. 基地布局

中南美洲布局 9 个大型风电基地。 近中期，基地总装机规模约为 1 亿千瓦，年发电量约为 3644 亿千瓦时，总投资约为 886 亿美元，度电成本为 1.82～3.47 美分/千瓦时。根据远景规划，未来总开发规模有望超过 2 亿千瓦。

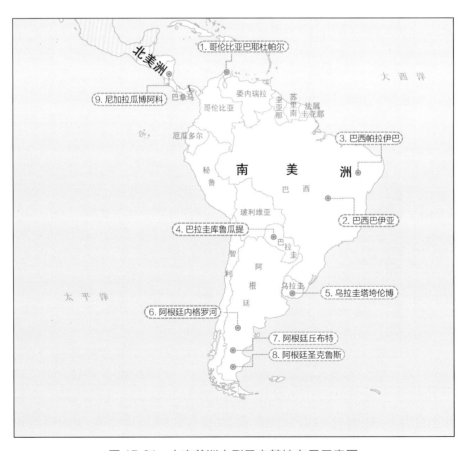

图 15.21　中南美洲大型风电基地布局示意图

3. 典型案例

阿根廷圣克鲁斯风电基地。基地全年平均风速范围为 9.0～11.5 米/秒，综合平均风速为 10.6 米/秒，区域内盛行西风。基地装机规模为 1000 万千瓦，年发电量约为 490 亿千瓦时，利用小时数为 4923 小时，总投资约为 87 亿美元，平均度电成本为 1.82 美分/千瓦时。

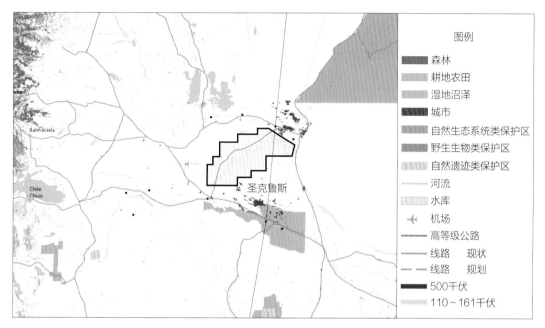

图 15.22　圣克鲁斯风电基地选址示意图

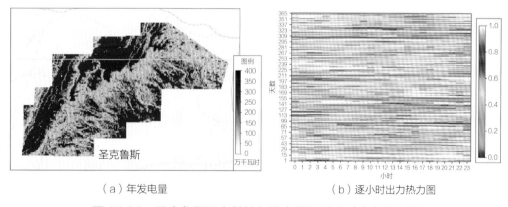

（a）年发电量　　　　　　　（b）逐小时出力热力图

图 15.23　圣克鲁斯风电基地年发电量和逐小时出力热力图

全年 4 月至 6 月以及 11 月至次年 1 月风速大，发电能力强。每日大风时段主要集中在当地时间 15—18 时。基地采用梅花型布机方式，行内间距 3.5 倍叶轮直径，布置风机 3334 台。

图 15.24　圣克鲁斯风电基地部分区域风机布置示意图

15.4.3　水能

1. 潜力分布

中南美洲水能资源丰富。水能理论蕴藏量在 5000 万千瓦时及以上的河流超过 1 万条，蕴藏总量约为 9.4 万亿千瓦时，占全球总量的 20%。其中，亚马孙河、圣弗朗西斯科河、托坎廷斯河、巴拉那河、奥里诺科河、内乌肯—内格罗河、科科河、帕图卡河、莫塔瓜河等 9 个主要流域的覆盖面积超过 1200 万平方千米，水能理论蕴藏总量可达 6.6 万亿千瓦时。

表 15.2　中南美洲主要流域水能资源理论蕴藏量

序号	流域名称	流域面积 （万平方千米）	理论蕴藏量 （亿千瓦时）
1	亚马孙河	610.96	44874.7
2	奥里诺科河	99.66	8030.3
3	巴拉那河	322.61	7148.4
4	托坎廷斯河	81.22	2432.2
5	圣弗朗西斯科河	67.55	1757.4
6	内乌肯—内格罗河	20.6	1016.9
7	帕图卡河	2.52	82.4
8	科科河	2.62	82.5
9	莫塔瓜河	2.00	94
	合计	1209.73	65518.8

图 15.25　中南美洲主要流域分布情况示意图

2. 基地布局

中南美洲布局 14 个大型水电基地。未来主要开发奥里诺科河、托坎廷斯河、亚马孙塔帕若斯河、亚马孙马拉尼翁河、亚马孙马代拉河、亚马孙乌卡亚利河、莫塔瓜河等 4 个流域，共 14 个大型水电基地，开发规模超过 6500 万千瓦，年发电量约为 3300 亿千瓦时。根据远景规划，水电基地开发规模有望超过 1.4 亿千瓦。

表 15.3　中南美洲主要待开发流域水能资源指标

编号	河流名称	理论蕴藏量（亿千瓦时）	待开发梯级方案		
			电站数目（座）	装机容量（万千瓦）	年发电量（亿千瓦时）
1	奥里诺科河流域	1644.8	7	2068	1053.07
2	托坎廷斯河流域	1346.2	8	504.9	247.85
3	亚马孙河流域	17395.8	51	3921.7	1977.27
4	莫塔瓜河流域	94	8	48.6	24.09
	总计	20480.8	74	6543.2	3302.28

图 15.26　中南美洲大型水电基地布局示意图

3. 典型案例

巴西托坎廷斯河干流基地。干流河段水能理论蕴藏总量约为 1346 亿千瓦时，基地采用 15 级开发（含已建电站），尚未开发且资源与开发条件较好河段主要为河源—萨拉达梅萨 1 级库区回水处河段、佩谢安吉科尔坝址处—拉吉阿多库区回水处河段、拉吉阿多坝址处—埃斯特雷托库区回水处河段和埃斯特雷托坝址处—马拉巴镇河段。待开发电站 8 座，总装机容量为 505 万千瓦，年发电量约为 248 亿千瓦时。

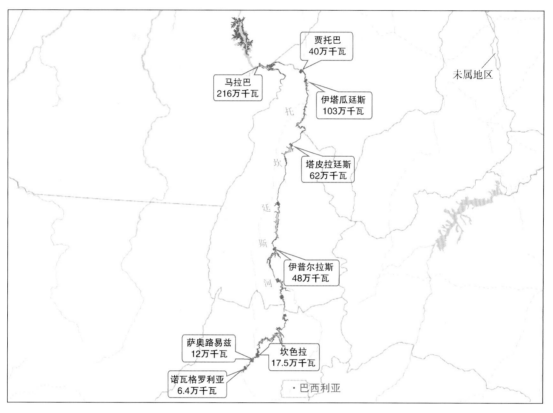

图 15.27　托坎廷斯河干流河段待开发梯级位置示意图

表 15.4　托坎廷斯河干流河段梯级开发方案主要技术指标

项目	单位	上游河源—拉达梅萨库区回水处河段		中游拉达梅萨库区回水处—阿拉瓜亚河汇口处河段			下游阿拉瓜亚河汇口处—入海口河段		
梯级名称	英文名	Nova Gloria	Sao Luiz	Cancela	Ipueiras	Tapiratins	Itaguatins	Jatoba	Maraba
	中文名	诺瓦格罗利亚	萨奥路易兹	坎色拉	伊普尔拉斯	塔皮拉廷斯	伊塔瓜廷斯	贾托巴	马拉巴
坝址控制流域面积	平方千米	14343	18271	20213	177339	267003	311770	314701	730151

续表

项目		单位	上游河源—拉达梅萨库区回水处河段			中游拉达梅萨库区回水处—阿拉瓜亚河汇口处河段		下游阿拉瓜亚河汇口处—入海口河段		
坝址多年平均流量		立方千米/秒	242	308	341	2027	3052	3564	3598	11377
开发方式		—	坝式	坝式	坝式	坝式	坝式	坝式	坝式	坝式
初估坝长		千米	1.13	1.40	0.78	3.29	2.51	1.44	1.79	3.83
正常蓄水位		米	530	510	481	236	184	138	115	100
死水位		米	528	508	479	234	182	136	113	98
坝址水面高程		米	510	481	444	216	160	115	105	81
坝壅水高		米	20	29	36	19	24	23	10	19
厂址水面高程		米	510	481	444	216	160	115	105	81
利用落差		米	20	29	37	20	24	23	10	19
正常蓄水位以下库容		万立方米	28289	61000	69099	317291	442015	195563	15093	391328
调节库容		万立方米	5593	11399	10186	88659	80165	37546	5137	118347
调节能力		—	日调节	日调节	日调节	日调节	日调节	日调节	日调节	日调节
发电引用流量		立方千米/秒	428	535	602	3208	3390	5900	6015	15285
引水线路		千米	0	0	0	0	0	0	0	0
装机容量		万千瓦	6.4	12	17.5	48	62	103	40	216
年发电量	单独	亿千瓦时	2.86	5.43	7.83	22.18	34.52	46.25	17.85	109.5
年发电量	联合	亿千瓦时	2.86	5.43	7.83	22.54	35.02	46.67	18.00	109.5
枯期平均出力	单独	万千瓦	1.37	2.61	3.74	9.33	17.17	19.14	7.36	59.28
枯期平均出力	联合	万千瓦	1.37	2.61	3.74	9.96	17.94	19.87	7.64	59.28
装机利用小时数	单独	小时	4469	4526	4475	4620	5568	4490	4462	5069
装机利用小时数	联合	小时	4469	4526	4475	4695	5649	4531	4501	5069

15.5 配置网络

根据中南美洲清洁能源资源禀赋和空间分布，参考各国能源电力发展规划，统筹清洁能源与电网发展，加快各国和区域电网升级；依托特高压交直流等先进输电技术，加强跨洲跨区跨国电网互联，形成覆盖清洁能源基地和负荷中心的坚强网架，全面提升电网的资源配置能力，支撑清洁能源大规模、远距离输送以及大范围消纳和互补互济，保障电力可靠供应，满足中南美洲经济社会可持续发展的电力需求。

15.5.1 发展定位

南美东部是中南美洲主要负荷中心，负荷主要集中在巴西东南部和南部（约占中南美洲总负荷的 1/3），除开发本区域的亚马孙水电基地、巴西东北部风电及太阳能基地外，从南美南部、南美西部受入大量清洁能源。

南美南部大规模开发水电、风电和太阳能，在满足阿根廷东北部和智利中北部负荷中心用电需求的基础上，成为中南美洲重要的清洁能源送出基地。

南美西部通过开发水电、风电和太阳能，近期以满足自身用电需求为主，远期发挥水电优势，逐步成为清洁能源外送基地，并成为南、北美洲实现季节互济的电力中转站。

中美洲接受南美西部和北美送入电力，满足电力供应需求，并成为南、北美互联的通道走廊。

加勒比地区以各岛就地平衡为主，岛间联网互相支援，实现风、光、地热等清洁能源资源共享。

中南美洲电力流总体呈现"北水南送、南风北送、西光东送，跨洲南、北美互济"格局。

2050 年，跨洲跨区跨国电力流总规模超过 9100 万千瓦。跨洲南、北美交换季节性电力流 1000 万千瓦，11 月至次年 4 月秘鲁富余水电送至北美，5—10 月北美水光联合送至南美消纳。**跨区**电力流 6300 万千瓦，除南美西部向中美洲送电 300 万千瓦外，其余分区向南美东部巴西送电，电源主要来自两个方向：一是南美西部和南部的亚马孙河流域国家水电，玻利维亚汇集秘鲁水电、北美季节性电力共 1000 万千瓦后，送往巴西东南部消纳，跨区电力流为 2000 万千瓦；二是南美南部智利和阿根廷的风光联合，最大送出电力约为 3000 万千瓦。**跨国**电力流 1800 万千瓦，南美东部圭亚那、苏里南和法属圭亚那的水电 200 万千瓦送至巴西，南美南部智利向阿根廷送出电力 1000 万千瓦，乌拉圭、巴拉圭与阿根廷交换电力 300 万千瓦；南美西部各国间交换 300 万千瓦电力。

图 15.28　中南美洲电力流格局示意图

15.5.2　电网互联

　　中南美洲电网发展重点：升级加强各国国内电网，形成覆盖更广的坚强网架，提高电力输配能力和供电可靠性；大力发展跨洲跨区跨国联网，支撑有序开发水电、积极开发非水清洁能源，实现清洁能源大规模开发和大范围互补互济，满足经济社会可持续发展的电力需求。

1. 总体格局

中南美洲整体形成南美东西部、南美南部、中美洲三个同步电网的总体格局。加勒比地区实现交流或直流跨岛联网。

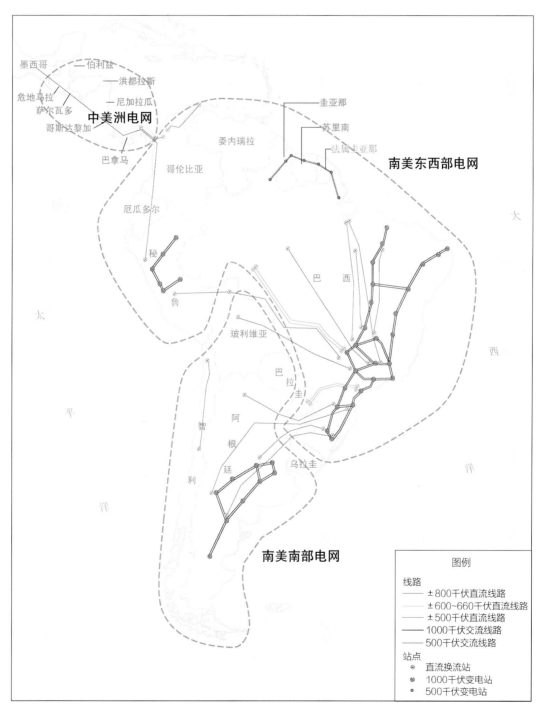

图 15.29　中南美洲电网互联总体格局示意图

南美东西部电网、南美南部电网升级为特高压交直流混合电网，**中美洲电网**升级为超高压交直流混合电网。**跨洲**，建设秘鲁—北美洲墨西哥特高压直流互联通道，实现水电与太阳能互济。同步电网内部各国全部实现 500 千伏交流跨国联网，同步电网间通过多回 ±800 千伏特高压直流和 ±500 千伏及以下直流加强联网。

2. 区域电网互联

南美东西部同步电网形成连接巴西、圭亚那、苏里南、法属圭亚那、委内瑞拉、哥伦比亚、厄瓜多尔和秘鲁 8 个国家的 1000/500 千伏交流主网架。巴西形成东部"一横二纵"、东南部"品"字形、南部梯格状的 1000 千伏交流电网，同时建设 5 回 ±800 千伏特高压直流工程，实现亚马孙河流域水电开发外送，东北部风电、太阳能外送以及支撑大规模清洁电力馈入；秘鲁依托东部大水电开发，形成"C"形链式 1000 千伏特高压交流主网架；其他各国构建 500 千伏（委内瑞拉 400 千伏）主网架，通过 500 千伏交流通道实现跨国跨区联网。

南美南部电网形成连接智利、阿根廷、巴拉圭、乌拉圭及玻利维亚 5 个国家的 1000/500 千伏交流主网架。阿根廷依托南部风电基地汇集外送形成 1000 千伏交流电网形成"日"字形环网结构；智利建成 1 回 ±800 千伏直流工程，满足北部地区太阳能电力向首都圣地亚哥地区的送出需要；其他国家构建 500 千伏主网架，并通过 500 千伏交流通道跨国联网。

中美洲电网，各国对 230 千伏网架进行加强，跨国形成贯穿中美洲六国的双回 400 千伏互联通道。

加勒比地区电网，各国和地区延伸和完善输电主网架，大部分国家和地区实现电网互联。

南美东西部电网与南美南部电网之间异步联网加强，秘鲁与玻利维亚、秘鲁与智利、巴西与阿根廷、巴西与乌拉圭通过 ±500 千伏背靠背直流实现互联。玻利维亚北部水电、阿根廷风电通过 5 回 ±800 千伏特高压直流和 1 回秘鲁—玻利维亚—巴西 ±800 千伏特高压直流工程送电巴西，实现跨区水风光互补。

南美西部和中美洲电网之间通过哥伦比亚—巴拿马 ±500 千伏直流实现互联。**南美西部和加勒比地区电网之间**通过委内瑞拉—特立尼达和多巴哥联网工程实现互联。

　　跨洲，南美洲与北美洲之间实现直流联网，新建秘鲁—墨西哥±800 千伏特高压直流工程，构建南、北美洲互联通道，进一步扩大清洁电力互补互济范围。同时，加勒比地区巴哈马电网实现与美国佛罗里达州电网互联。

15.5.3　重点互联互通工程

1. 巴西国内特高压交直流工程

　　巴西东北部水风光等清洁能源资源丰富，且资源特性具有较高的季节和日内互补性。通过水风光清洁能源资源联合开发，年内可利用水电和风电资源的季节互补特性，日内可利用风电和太阳能资源的昼夜互补特性，外送通道综合年利用小时数可达 5000 小时。

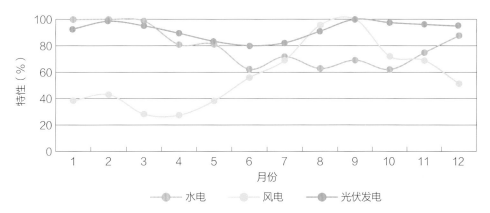

图 15.30　托坎廷斯河水电、帕拉伊巴风电和奥古斯托—塞韦德光伏基地季节特性

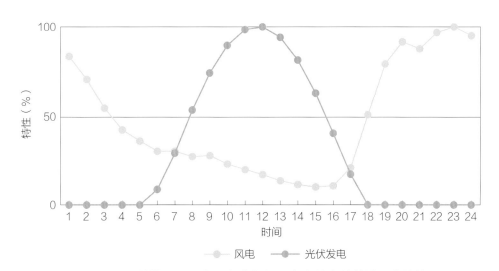

图 15.31　帕拉伊巴风电和奥古斯托—塞韦德光伏基地日内特性

巴西国内超过 70% 的用电需求集中在东南部和南部地区，为满足东北部水风光清洁能源资源开发和负荷中心大规模用电需求，可建设从杜特拉总统镇至贝洛哈里桑塔的 ±800 千伏特高压直流工程 1 回，输电能力为 800 万千瓦。同时，可在东部建设"一横二纵"特高压交流网架，覆盖东北部水风光基地至东南部特里斯里奥斯地区，于东南部负荷中心形成"品"字形特高压交流环网并进一步向南延伸，形成梯格状特高压交流主网架，以满足东北部清洁电力汇集和沿途地区的供电需要，同时提升巴西主网架对跨区跨国电力送入的疏散消纳能力，工程输电能力为 2000 万千瓦。

2. 阿根廷马昆乔—巴西阿雷格里港直流工程

阿根廷南部风能资源丰富，年平均风速为 8~12 米/秒，风能开发条件好，部分地区装机能力可以达到 0.5 万千瓦/平方千米，非常适宜大规模基地式开发。风电基地所发电力在满足本国首都及周边负荷中心的用电需求之余，可跨国外送巴西南部负荷中心。阿根廷南部河流水能资源特性与风能资源具有较好的互补性，且已建有数座具备季、年乃至多年调节能力的大型水电站。灵活调节的水电可为区域风电大规模开发外送提供有效支撑。

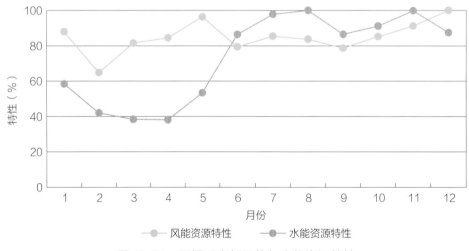

图 15.32　阿根廷南部风能与水能资源特性

为提升阿根廷南部风电送出能力，可建设阿根廷马昆乔—巴西阿雷格里港直流工程。工程拟采用 ±800 千伏直流，输送容量为 800 万千瓦，线路全长为 2200 千米。据测算，工程总投资约为 40 亿美元，输电价约为 1.3 美分/千瓦时。

3. 秘鲁—玻利维亚—巴西三端直流工程

秘鲁、玻利维亚水能资源丰富，理论蕴藏量分别为 9187 亿、5727 亿千瓦时，可开发装机容量分别为 7000 万、4000 万千瓦，主要分布在亚马孙东部的马尼拉翁河、乌卡亚利河以及马代拉河等河流域，已开发比例仅为 7% 和 1%。秘鲁、玻利维亚两国均重视水电开发，并曾与巴西合作开展了联合开发亚马孙河流域水电外送巴西东南部的可行性研究，具有较好的工作基础。因此，可通过建设秘鲁—玻利维亚—巴西三端直流工程，促进秘鲁和玻利维亚的水能资源开发，满足巴西东南部负荷中心用电需求。

工程拟采用 ±800 千伏三端直流，输送容量为 800 万千瓦，线路全长共3000 千米，送端位于秘鲁中部亚纳亚库，汇集 400 万千瓦电力送出，在玻利维亚北部里韦拉尔塔换流站再汇集 400 万千瓦水电送至巴西东南部阿拉拉夸拉负荷中心。据测算，工程总投资约为 57 亿美元，输电价约为 2.1 美分/千瓦时。

15.6 小结

（1）中南美洲经济与能源电力发展预测

- **人口：** 2030 年和 2050 年，中南美洲人口分别达到 5.7 亿和 6 亿，至2060 年，基本稳定在 6.1 亿左右。

- **GDP：** 2020—2060 年，中南美洲 GDP 增速保持在 2% 以上，2030、2050 年和 2060 年，GDP 分别达约 5 万亿、8 万亿美元和 9.9 万亿美元。

- **能源需求：** 2030、2050 年和 2060 年一次能源需求分别达到 13 亿、13.8 亿吨标准煤和 13.3 亿吨标准煤，终端能源需求分别达到 9.8 亿、9.8 亿吨标准煤和 9.7 亿吨标准煤，一次能源需求和终端能源需求均在 2040 年左右达峰。

- **电力需求：** 再工业化和用能方式升级、交通部门电气化、城镇化和居民生活消费水平提高，以及电制氢需求增长等成为电力需求增长的主要驱动因素，2030、2050 年和 2060 年用电量分别达到 2.4 万亿、5.7 万亿千瓦时和 6 万亿千瓦时，电能占终端能源的比重分别达到 24%、46% 和 49%，2035 年前后电能成为终端能源消费主体。

（2）中南美洲碳中和路径

中南美洲碳中和路径分为协同减排和全面中和两个阶段。

- **协同减排阶段（2020—2040 年）：** 以加快构建中南美洲能源互联网为关键，2030 年前碳排放从稳中有降向加速下降转变，2040 年左右实现近零排放，全社会二氧化碳排放较当前水平下降约 83%以上。2040 年，全社会二氧化碳排放降至 5.4 亿吨，其中，能源系统排放约 7.9 亿吨。

- **全面中和阶段（2040—2050 年）：** 以全面建成中南美洲能源互联网、实现深度脱碳和碳捕集、增加林业碳汇为重点，能源领域实现近零排放，2050 年前实现全社会碳中和。其中，能源活动排放（含碳移除）为 1.3 亿吨、工业生产过程排放为 1.7 亿吨、土地利用变化和林业碳汇为 7.3 亿吨、碳移除约为 2.2 亿吨。

（3）中南美洲清洁能源开发

- **电源总装机容量：** 2030、2050 年和 2060 年中南美洲电源装机容量分别达到 7.4 亿、19 亿千瓦和 20 亿千瓦。

- **清洁能源装机容量：** 2030、2050 年和 2060 年中南美洲清洁能源装机容量占比分别达到 68%、91%和 96%，其中 2060 年风电和太阳能发电装机容量将分别达到 5.3 亿千瓦和 8.1 亿千瓦。

- **清洁能源基地开发：** 在资源优质、开发条件好的地区，集中布局 15 个大型光伏发电基地，9 个大型风电基地和 14 个大型水电基地。

（4）中南美洲能源互联互通

- **电力流：** 中南美洲总体呈现"北水南送、南风北送、西光东送，跨洲南、北美互济"电力流格局。2050 年，中南美洲能源互联网跨洲跨区跨国电力流规模为 9100 万千瓦。

- **电网互联：** 中南美洲整体形成南美东部和西部、南美南部、中美洲三个同步电网的总体格局，加勒比地区实现交流或直流跨岛联网。南美东西部电网、南美南部电网升级为特高压交直流混合电网，中美洲电网升级为超高压交直流混合电网。跨洲，建设秘鲁—北美洲墨西哥特高压直流互联通道，实现水电与太阳能互济。

16 大洋洲碳中和实现路径

大洋洲自然资源丰富、区域一体化基础较好，各国重视能源电力等基础设施发展。大洋洲岛国地理位置特殊，面临生态环境复杂脆弱、气候变化影响大等挑战，各国高度重视气候变化，积极参与全球气候治理。实现大洋洲碳中和，关键是立足丰富的太阳能、风能资源优势，加快清洁能源大规模开发、大范围配置，加强能源电力基础设施互联互通，构建多能互补协同、高效互联互通的大洋洲能源互联网，提升各国工业化、城镇化、清洁化发展水平，为大洋洲经济高质量发展和生态环境保护提供保障。

16.1 现状与趋势

16.1.1 经济社会

1. 经济发展

大洋洲经济体量较小，未来将保持稳定增长。2019 年，大洋洲各国 GDP 总和 1.6 万亿❶美元，占全球总量的 2%。其中，澳大利亚 1.4 万亿美元，新西兰 2091 亿美元，两国之和占大洋洲经济总量的 98%。大洋洲人均 GDP 3.9 万美元，澳、新两国分别达 5.5 万美元和 4.2 万美元，其余大洋洲国家平均为 2919 美元。2010—2019 年大洋洲 GDP 平均增长率为 2.7%。大洋洲国家经济增长普遍依赖服务业和外资投资，受世界经济环境影响较大，预计 2020—2030 年大洋洲 GDP 增长率将保持在 3.4% 左右，2035 年经济总量有望达到 2.1 万亿美元，2050 年和 2060 年分别达到 2.3 万亿美元和 2.6 万亿美元。

大洋洲国家积极推动绿色转型。为落实 2030 年的减排目标，澳大利亚政府于 2019 年 2 月 25 日出台了总投资额为 35 亿澳元的气候问题一揽子解决方案，具体包括气候解决方案基金、提高能源效率、国家电池项目和国家电动汽车战略四个方面。2019 年 8 月，第 50 届太平洋岛国论坛领导人会议主题为"确保我们在太平洋的未来"，着重就气候变化、海事安全、海洋污染等问题展开讨

---

❶ 数据来源：世界银行，世界发展指标，2019。

论。2019 年 11 月，新西兰议会通过《零碳排放》法案，提出到 2050 年实现零碳排放。

2. 社会发展

大洋洲人口基数较低，未来将保持平稳增长。2019 年，大洋洲人口 4213 万人，仅占世界人口的 0.5%。其中，澳大利亚人口 2520 万人，是世界上人口密度最低的国家之一；巴布亚新几内亚和新西兰的人口分别为 878 万人和 478 万人，三国人口之和占大洋洲人口的 92%；斐济、所罗门群岛及其他国家人口总和 337 万人。根据联合国预测，未来大洋洲人口将平稳增长，2030、2060 年分别达到 4792 万、6161 万人。

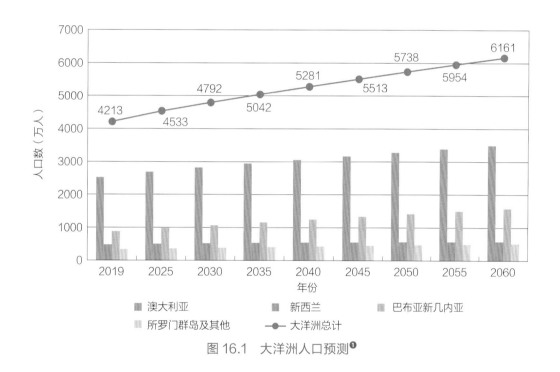

图 16.1 大洋洲人口预测❶

太平洋岛国重视多领域协同合作。2000 年，大洋洲国家发起成立太平洋岛国论坛，旨在加强成员国在经贸发展、社会文化、基础设施、政治和安全等领域的交流与合作。近年来，太平洋岛国论坛促成各国签署了《太平洋国家更紧密经济关系协定》等一系列区域合作协定，在推进区域经济社会援助、贸易自由化、应对气候变化、基础设施互联互通等领域取得重大进展。

---

❶ 数据来源：联合国经社部，世界人口展望，2019。

16.1.2　资源环境

　　大洋洲化石能源和清洁能源资源十分丰富，人口密度低，能源消费总量和碳排放总量较低，但自然环境和生产生活易受气候变化影响。

1. 自然资源

　　矿产资源丰富，主要以初级产品形式出口。澳大利亚铝矾土蕴藏量60亿吨、铁矿砂496亿吨，铅、镍、银、铀、锌、钽等有色金属探明经济储量均居世界首位，是全球最大的铝矾土、氧化铝、钻石和钽的生产国，黄金、铁矿石、煤、锂、锰的产量位居世界前列，同时也是全球最大的铝矾土、锌精矿出口国以及第二大氧化铝、铁矿石、铀矿出口国。巴布亚新几内亚铜、镍、钴、铝矾土和黄金等资源丰富，已探明铜矿储量2000万吨、黄金储量3110吨、铜金共生矿约4亿吨。矿产业在澳大利亚产业结构和对外贸易中占据重要地位，也是巴布亚新几内亚的支柱产业之一。

　　煤炭资源丰富，主要集中在澳大利亚。大洋洲煤炭资源探明储量约1550亿吨，占全球总量的14.7%，主要集中在澳大利亚；油气资源较匮乏，石油和天然气探明储量约4亿吨、2.4万亿立方米，分别占全球总量的0.1%和1.4%[1]。

　　清洁能源资源丰富，开发潜力大。水能、风能、太阳能理论蕴藏量分别约5260亿、154万亿、1.7亿亿千瓦时，分别占全球总量的2%、8%和8%。大洋洲清洁能源开发程度相对较低，水电开发比例仅24%，太阳能和风能开发比例不足1%，开发潜力巨大。

2. 生态环境

　　大洋洲碳排放缓慢增长。2016年，大洋洲化石燃料燃烧产生的二氧化碳排放达4.4亿吨，占全球总量的1.4%。化石燃料燃烧产生的二氧化碳排放主要来源于煤炭和石油。

　　气候变化对大洋洲造成严重威胁。海平面上升和暴雨增多导致沿海地区和岛屿国家面临淹没风险，气温升高造成土地干旱和火灾风险加剧，海洋温度升高破坏海洋生态平衡，对经济发展、粮食安全和人类生存带来严峻挑战。据不

---

[1] 数据来源：英国石油公司，世界能源统计年鉴，2019。

完全统计，1994—2015 年，极端气候灾害造成大洋洲经济损失达 400 亿美元。

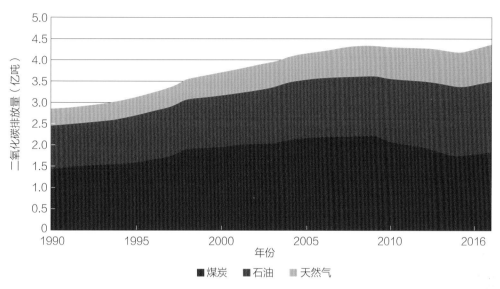

图 16.2 大洋洲化石能源燃烧产生的二氧化碳变化

主要国家均制定了应对气候变化减排目标。大洋洲主要国家签署了《巴黎协定》，制定了应对气候变化国家自主贡献目标和中长期减排战略。例如，澳大利亚承诺 2030 年温室气体排放总量较 2005 年减少 26%～28%[1]；新西兰承诺 2030 年温室气体排放总量较 2005 年减少 30%[2]，到 2050 年实现除农业和废物甲烷排放外所有温室气体的净零排放[3]；巴布亚新几内亚承诺到 2030 年电力部门实现碳排放净零[4]。

16.1.3 能源电力

1. 能源生产与消费

能源生产中化石能源占 95%以上，总量持续增长。2000—2018 年，大洋洲能源生产量从 3.5 亿吨标准煤增至 5.8 亿吨标准煤，年均增长 2.8%[5]。人均能源生产量 19 吨标准煤，是全球平均水平的 7 倍。2018 年，大洋洲化石能源产量占能源生产总量的 96%，其中煤、油、气比重分别为 72%、5%、19%。

---

[1] 数据来源：澳大利亚政府，澳大利亚国家自主贡献，2016。
[2] 数据来源：新西兰政府，新西兰国家自主贡献，2016。
[3] 数据来源：新西兰政府，应对气候变化（零碳）修正案草案，2019。
[4] 数据来源：巴布亚新几内亚政府，巴布亚新几内亚国家自主贡献，2016。
[5] 数据来源：国际能源署，全球能源平衡，2017。

16.1 现状与趋势

大洋洲化石能源主要集中在澳大利亚。2018 年，澳大利亚煤炭产量增长至 5.0 亿吨，石油产量持续下降至 1470 万吨，天然气产量稳步增长至 1260 亿立方米。

一次能源消费总量增长趋缓，清洁能源占比较低。大洋洲一次能源消费总量在 2011 年前保持小幅增长，2000—2011 年年均增速 1.0%，之后增长放缓，2011—2018 年年均增速 0.4%，2018 年达到 2.2 亿吨标准煤[1]，占全球总量 1%。人均能源消费量 5.2 吨标准煤，是全球平均水平的 2.0 倍。化石能源占一次能源比重 89%，其中煤炭、石油、天然气在一次能源消费中占比分别为 30%、34%、26%。清洁能源消费比重约为 10%，比全球平均水平低 9 个百分点。

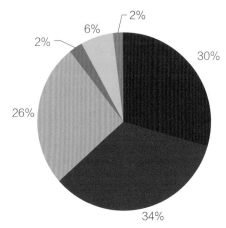

图 16.3　2018 年大洋洲一次能源消费结构

■ 煤炭　■ 石油　■ 天然气　■ 水能　　生物质能　■ 其他可再生能源

终端能源消费以石油为主，电能占比小幅提升。2000—2018 年，大洋洲终端能源消费总量从 1.2 亿吨标准煤增至 1.4 亿吨标准煤，年均增长 0.8%，占全球比重约 1%。2018 年，终端石油、天然气、电能消费占比分别为 51%、17%、22%，电能占比高于全球平均水平 3 个百分点。

2. 电力现状

电力消费水平总体较高，发展不均衡。2018 年，大洋洲总用电量约 3115 亿千瓦时，占全球总量 1.2%。其中，澳大利亚和新西兰占比分别为 85% 和 14%。电力普及率总体较高，地区发展水平差异较大。澳大利亚、新西兰、斐济等国电力普及率达到 100%，巴布亚新几内亚、瓦努阿图等国电力普及率较

---

❶ 一次能源消费总量默认采用热当量法，如采用发电煤耗法，一次能源消费总量是 2.3 亿吨标准煤。

低，约 30%。大洋洲年人均用电量 7500 千瓦时，约为世界平均水平的 2.2 倍。澳大利亚、新西兰年人均用电量分别达到 1 万、8860 千瓦时，巴布亚新几内亚等太平洋岛国平均年人均用电量约 400 千瓦时。

电源装机以火电为主，部分国家清洁能源占比较高。2018 年，大洋洲电源总装机容量 8014 万千瓦，火电占比高达 62%，水电、风电、太阳能发电等清洁能源装机容量占比约 38%。2018 年，大洋洲人均装机容量 1.93 千瓦，约为世界平均水平的 2.1 倍。澳大利亚、新西兰、巴布亚新几内亚三国电源装机占比分别为 86%、12% 和 1%，清洁能源装机比重分别为 38%、77% 和 32%。大洋洲清洁能源发电量 695 亿千瓦时，占比 22%。

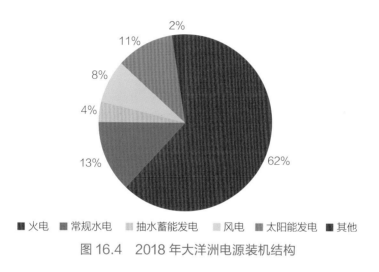

图 16.4　2018 年大洋洲电源装机结构

■ 火电　■ 常规水电　▨ 抽水蓄能发电　▨ 风电　■ 太阳能发电　■ 其他

澳大利亚、新西兰电网条件较好，各国发展水平差异大。大洋洲除澳大利亚和新西兰，其他国家尚未形成覆盖全国的输电网。**澳大利亚**东部和西部建成了 330/275 千伏交流同步电网，新南威尔士和维多利亚州围绕首府悉尼、墨尔本形成 500 千伏主网架；依托塔斯马尼亚岛水电送出，建设了跨越巴士海峡的 ±400 千伏直流工程。**新西兰**北岛和南岛分别建成了 220 千伏交流主网架；北岛建成了哈卡马鲁—奥塔胡的 400 千伏交流输电通道；南北岛间建成了本莫尔—海沃德 ±350 千伏直流工程。**巴布亚新几内亚、斐济**最高电压等级为 132 千伏，以 66/33 千伏为主网架，尚未覆盖全国主要负荷中心。**所罗门群岛、瓦努阿图、萨摩亚、基里巴斯、密克罗尼西亚联邦、汤加**等国仅在局部地区建设了 6.6 ~ 13.8 千伏中低压配电网和小型微网。

16.2 减排路径

16.2.1 减排思路

　　大洋洲人口较少，经济水平发达，二氧化碳排放总量小，但能源消费仍以化石能源为主，且岛屿众多，受气候变化影响较大。未来，通过加快构建大洋洲能源互联网，实现 21 世纪中叶温室气体中和，**总体思路**是以协调发展为主线，推动能源系统脱煤化发展，增强小岛屿国家气候适应能力，坚持减排与适应并重，以网络化、互联化促进区域协同互补，实现经济社会、资源环境、人与自然的协调可持续发展。结合大洋洲在气候环境、经济社会和能源电力领域的特点，碳中和路径总体可分为**加速减排**、**全面中和**两个阶段。

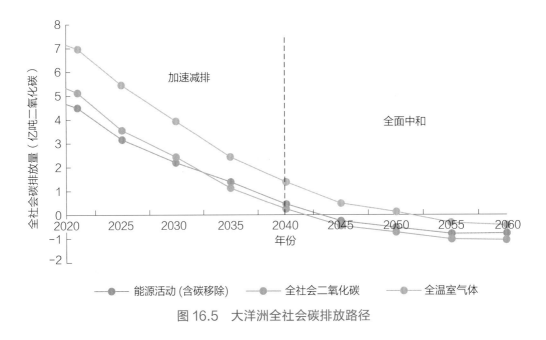

图 16.5　大洋洲全社会碳排放路径

　　第一阶段：加速减排阶段（2020—2040 年）。加快构建大洋洲能源互联网，2030 年前碳排放从稳中有降向加速下降转变，2040 年左右实现近零排放，全社会二氧化碳排放量较 2020 年下降约 94%。2040 年全社会二氧化碳排放降至 0.3 亿吨，其中能源系统排放约 0.5 亿吨。全社会快速减排的核心在于清洁能源发展规模和能源效率的提升，关键是加快构建大洋洲能源互联网，实现清洁能源优化配置，促进煤炭快速退出与减排成本下降，加速能源系统脱碳。

第二阶段：全面中和阶段（2040—2050 年）。全面建成大洋洲能源互联网、实现深度清洁替代与电能替代，能源领域实现净零排放，2050 年前实现全社会碳中和。其中，能源活动排放（含碳移除）-0.5 亿吨、工业生产过程实现近零排放、土地利用变化和林业碳汇 0.2 亿吨、碳移除约 0.9 亿吨，全社会净二氧化碳排放约-0.6 亿吨。通过保持适度规模负排放，控制和减少大洋洲累积碳排放量。

16.2.2   减排重点

能源系统脱碳。充分利用大洋洲清洁资源，加速清洁能源集约化开发与高效利用，迅速提高清洁能源在能源供应中的比重，到 2050 年，清洁能源占一次能源消费比重达 88%。大力推动终端电能替代，促进石油、天然气、煤炭等化石能源有序退出，提升能源利用效率，到 2050 年，电气化率（含制氢用电）将达到 42%以上。2050 年化石能源排放（不含碳移除）减少至 0.4 亿吨，降幅达 91%，2050 年左右实现能源领域二氧化碳排放净零。

电力系统脱碳。通过开发澳大利亚北领地、昆士兰北部和南部等大型太阳能基地，澳大利亚西部、南部等大型风电基地，以及澳大利亚墨累—达令河、塔斯马尼亚岛等水电基地，到 2050 年，清洁能源发电量比重接近 99%。形成澳大利亚东部、澳大利亚西部、新西兰北部、新西兰南部、巴布亚新几内亚主岛等 5 个主要同步电网，斐济等岛国各自建成国内互联电网。2045 年前大洋洲电力系统实现净零排放，之后提供稳定负排放，助力实现全社会碳中和。

碳捕集及增加碳汇。通过森林保护、再造林等措施提升土地利用与林业领域的碳汇，保障森林覆盖率稳步提升，到 2050 年，碳汇量达到 0.2 亿吨。推动碳捕集利用与封存技术逐步商业化应用，规模化发展发电、燃料制备领域的碳捕集、利用与封存工程，成为大洋洲实现碳中和的有力补充。2030 年左右碳捕集、利用与封存规模化应用于能源领域，2050 年碳捕集、利用与封存量达到 0.9 亿吨，通过稳定的负排放保障大洋洲实现全社会碳中和的同时，控制和减少累积碳排放。

16.3　能源转型

16.3.1　一次能源

一次能源需求小幅增长。2018—2060 年，大洋洲一次能源需求先降后升，2050、2060 年分别增至 2.6 亿、2.7 亿吨标准煤，年均增长 0.5%。**人均一次能源需求持续下降**。2018—2060 年，大洋洲年人均能源需求从 5.1 吨标准煤逐年下降至 4.3 吨标准煤，降幅 15%。其中，澳大利亚、新西兰下降较大，巴布亚新几内亚未来提升潜力巨大，年人均能源需求将保持增长。

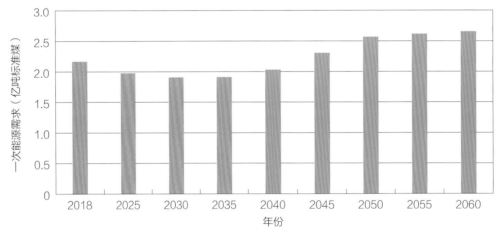

图 16.6　大洋洲一次能源需求总量预测

煤炭需求逐年下降，石油、天然气需求缓慢下降，能源结构从化石能源主导逐步向清洁能源主导转变。大洋洲煤炭需求持续下降，从 2018 年 0.64 亿吨标准煤下降到 2025、2050、2060 年的 0.4 亿、0.1 亿、0 亿吨标准煤，2018—2060 年，年均下降超过 15%；石油需求 2025 年下降至 0.7 亿吨标准煤，此后快速下降至 2060 年 0.1 亿吨标准煤，降幅 88%；天然气下降较快，2060 年降至 0.03 亿吨标准煤，降幅超过 90%。清洁能源增长较快，2035 年左右，清洁能源将超越化石能源成为大洋洲主导能源，2018—2060 年，大洋洲清洁能源增长约 10 倍，达到 2.5 亿吨标准煤，清洁能源占一次能源比重从 11% 大幅提高到 95%。

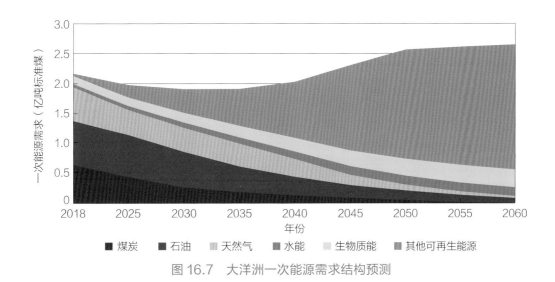

图 16.7　大洋洲一次能源需求结构预测

图例：■ 煤炭　■ 石油　▨ 天然气　▨ 水能　▨ 生物质能　▨ 其他可再生能源

16.3.2　终端能源

大洋洲终端能源需求先增后降。2018—2025 年，大洋洲终端能源需求从 1.4 亿吨标准煤增长至 1.5 亿吨标准煤，年均增速 1.1%；2025—2050 年，需求逐年下降，年均下降 0.1%，2050 年降至 1.4 亿吨标准煤；2050—2060 年需求保持不变。

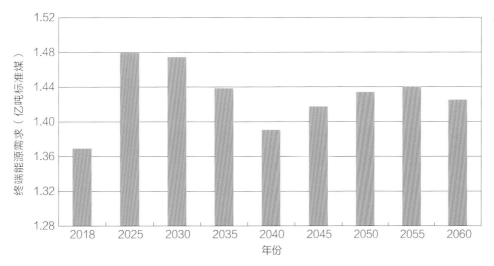

图 16.8　大洋洲终端能源需求总量预测

2040 年前电能成为主要终端能源消费品种。2018—2060 年，电能占终端能源比重从 22% 提高到 47%[1]，其中，澳大利亚电气化程度较高，巴布亚新几内亚较低。

———————————

[1] 电能占终端能源比重计算时，不计入化石能源非能利用，下同。

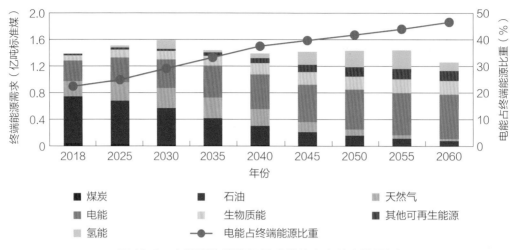

图 16.9 大洋洲终端能源需求结构和电能占比预测

16.3.3 电力需求

大洋洲未来电力需求将稳步增长，主要增长点为交通领域电能替代、巴布亚新几内亚等太平洋岛国工业化发展和电制氢产业发展。

交通领域电能替代成为电力需求增长新引擎。随着储能技术快速发展和电动汽车成本不断降低，预计到 2035 年，澳大利亚电动汽车将达到 460 万辆，占汽车总量的 20%；到 2050 年，随着燃油车逐步退役和电动汽车技术的进一步发展，电动汽车总量将突破 1500 万辆，占汽车保有量的 60%。新西兰鼓励电动汽车发展，并计划 2030 年后不再出售燃油车，预计 2035 年，新西兰电动汽车将达到 180 万辆，占汽车总量的 40%；到 2050 年，随着燃油车逐步退役，电动汽车保有量将达到 384 万辆，占汽车总量的 90%。

工业化和城镇化发展成为区域电力需求增长点。太平洋岛国除瑙鲁、斐济等国，其余国家贫困问题突出，未来随着经济发展和基础设施不断完善，电力需求和电力普及率将大幅提升。部分太平洋岛国的自然资源和矿产资源丰富，未来随着能源电力基础设施发展，以电为中心，带动"电—矿—冶—工—贸"联动发展，工业领域电气化水平也将大幅提升。以巴布亚新几内亚为例，未来通过发展电解铜、木材加工等产业，工业领域用电需求将从 2017 年 19 亿千瓦时增至 2035 年 36 亿千瓦时，到 2050 年，将进一步增至 80 亿千瓦时。

电制氢产业发展带动中远期电力需求大幅增长。澳大利亚、新西兰清洁能源资源丰富，区位优势显著，产业链和基础设施相对完善，具备发展电制氢的天然优势，依托电制氢产业发展形成以电力和氢能为中心的零碳现代能源体系和经济体系。远期，电制氢除了满足本国生产生活需要，将主要用于出口，澳大利亚致力打造全球氢能外送中心，通过发展氢能提振经济、创造就业。根据澳大利亚联邦政府能源委员会 2019 年颁发的《澳大利亚国家氢能战略》的情景之一，2030、2050 年澳大利亚氢能产量分别达到 150 万、1850 万吨，耗电量分别达到 675 亿、8325 亿千瓦时。根据新西兰政府 2019 年颁发的《氢能发展愿景》，到 2030、2050 年，新西兰氢能产量将分别达到 70 万、150 万吨，耗电量分别约 315 亿、675 亿千瓦时。

电力需求保持稳步增长。2025、2050 年用电总量分别是 2018 年的 1.2、4.8 倍。大洋洲用电量从 2018 年 3115 亿千瓦时增至 2030 年 4720 亿千瓦时，到 2050、2060 年，分别增至 1.5 万亿、1.6 万亿千瓦时，2018—2030、2030—2050、2050—2060 年电力需求年均增速分别为 3.5%、5.9%、1.0%。2030 年后大洋洲用电需求显著上升主要是因为电制氢规模的大幅增加。

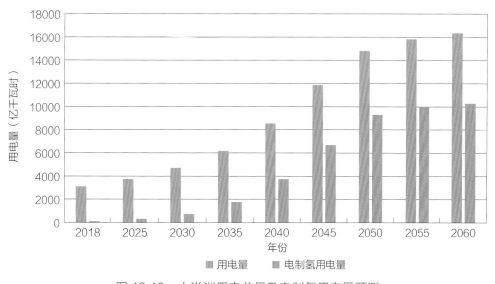

图 16.10 大洋洲用电总量及电制氢用电量预测

人均用电量总体平稳增长。2030 年前，随着城镇化水平提高和电力基础设施逐步完善，太平洋岛国电力普及率整体将达到 90% 以上，解决目前约 600 万无电人口用电问题。到 2030 年，大洋洲年人均用电量将从 2018 年 7500 千瓦时增至 9860 千瓦时。到 2050 年，受电制氢产业发展拉动，大洋洲年人均用电量将进一步增至 2.6 万千瓦时。

从行业分布看，随着电能替代和电动汽车产业发展，太平洋岛国工业化城镇化发展，澳大利亚、新西兰电制氢产业发展提速，交通和工业将成为电力消费增长的主要部门，预计到 2060 年交通领域用电需求将是目前的 11～12 倍。2030 年后，随着电制氢产业快速发展，工业部门用电需求增速将远远超过其他部门。

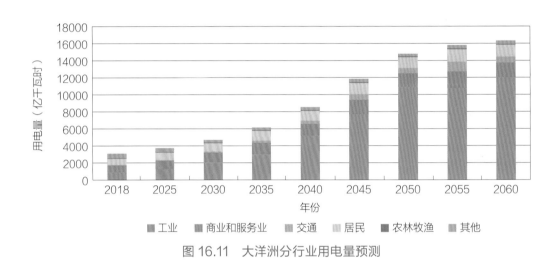

图 16.11　大洋洲分行业用电量预测

16.3.4　电力供应

大洋洲电源发展思路。根据大洋洲清洁能源资源禀赋和空间分布，结合各国能源电力发展规划，综合考虑能源电力需求发展趋势，按照 2050 年实现碳中和目标要求，集中式分布式并举开发清洁能源发电，合理配置系统灵活性调节电源，充分发挥多能互补效益，为经济社会可持续发展提供充足电力供应。

太阳能和风电将逐步取代火电成为主导电源。随着开发利用成本、低碳清洁和安全性方面要求的提升，传统化石能源利用的内外部费用将呈上升趋势。清洁能源发电规模化效益越发显著，成本持续降低。预计到 2025 年，大洋洲光伏和陆上风电竞争力将全面超过煤电和气电。到 2050 年，光伏和陆上风电成本将分别下降至 3 美分/千瓦时和 4 美分/千瓦时。

抽水蓄能开发为大规模风光新能源提供灵活调节资源。澳大利亚抽水蓄能技术可开发量达 670 亿千瓦时[1]。其中，塔斯马尼亚岛拥有大量的大规模天然蓄水池，非常适合建设大规模抽水蓄能电站，目前已规划抽水蓄能电站装机容量超过 400 万千瓦。新西兰南岛奥斯洛—曼诺伯恩流域洼地可建设抽水蓄能电站容量高达 102 亿千瓦时[2]，不仅能够有效解决南岛水电枯期出力低的问题，还可为南岛大规模风电基地提供调节备用。

太平洋岛国也具备清洁能源开发利用的条件。巴布亚新几内亚地形多山，且常年雨水充沛，河流径流量全年分布均匀，水电开发潜力超过 1500 万千瓦，已开发容量不足 30 万千瓦，未来可大规模开发，南送澳大利亚东北部负荷中心，与当地太阳能基地电力互补互济。斐济、所罗门群岛、瓦努阿图等国具备太阳能、风能、水能、地热能、生物质能和海洋能等清洁能源资源分布式开发条件，未来可依靠自身清洁能源资源满足用能需求。

大洋洲电源结构将逐步向水风光协同发展趋势转变。2030 年，大洋洲电源总装机容量约 2.1 亿千瓦，是 2018 年 2.7 倍；清洁能源装机比重从 2018

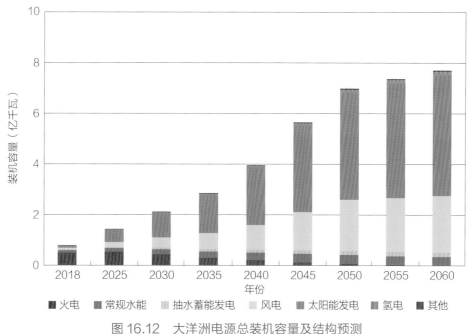

图 16.12　大洋洲电源总装机容量及结构预测

---

❶ 数据来源：澳大利亚国立大学，抽水蓄能图谱，2017。

❷ 数据来源：新西兰怀卡托大学，新西兰抽水蓄能开发潜力，2005。

年 38% 提高到 63%，其中太阳能发电从 11% 提升至 47%，风电从 8% 提升至 19%，火电 62% 大幅降至 21%；人均装机容量 4.5 千瓦，是 2018 年的 2.3 倍。**2050 年，**大洋洲电源总装机容量约 6.9 亿千瓦，是 2018 年的 8.6 倍；清洁能源装机比重继续提高，达到 99%，其中太阳能发电进一步提升至 62%，风电提升至 30%，火电大幅降至 1%；人均装机容量 12.2 千瓦。**2060 年，**大洋洲电源总装机容量约 7.6 亿千瓦，是 2018 年的 9.5 倍；清洁能源装机比重达到 100%，其中太阳能发电提升至 63%，风电提升至 30%，火电装机全部退出；人均装机容量 12.3 千瓦。

电化学储能快速增长。随着技术升级、成本下降，大洋洲电化学储能等新型储能将迎来跨越式发展，2030、2050、2060 年新型储能容量将分别达到 100 万、500 万、1000 万千瓦，支撑系统运行灵活性需求。

大洋洲清洁电量占比稳步提升。2030 年，大洋洲清洁能源发电量达到 3670 亿千瓦时，占总发电量比重由 2018 年 21% 提升至 78%。**2050 年，**大洋洲清洁能源发电量进一步增至 1.5 万亿千瓦时，占总发电量比重提升至 99%。**2060 年，**大洋洲清洁能源发电量进一步增至 1.7 万亿千瓦时，清洁能源电量比重达到 100%，全面建成 100% 清洁能源电力系统。

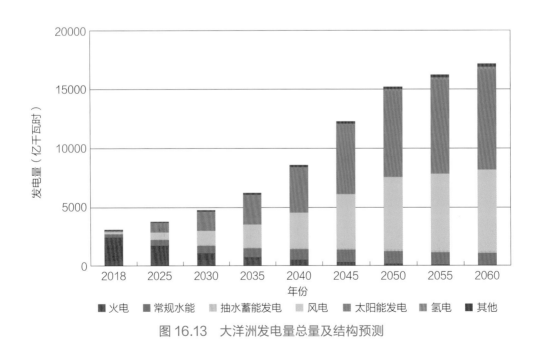

图 16.13　大洋洲发电量总量及结构预测

16.4 清洁能源

16.4.1 太阳能

1. 潜力分布

大洋洲太阳能资源丰富。根据太阳能水平面总辐射量数据测算，光伏发电理论蕴藏量约 1.7 亿亿千瓦时，占全球总量 8%；适宜集中开发的规模达 2635 亿千瓦，年发电量约 510 万亿千瓦时，平均利用小时约 1929 小时（平均容量因子约 0.2 ），开发潜力大[1]。

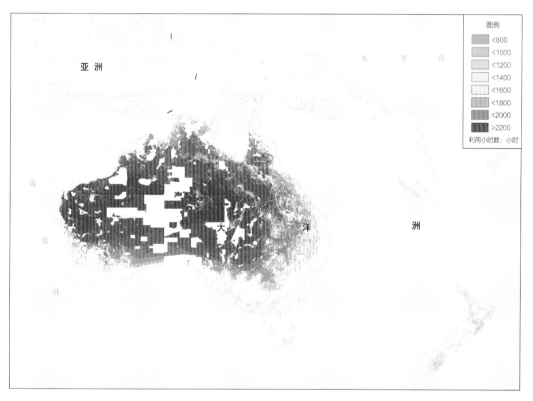

图 16.14　大洋洲光伏技术可开发区域及其利用小时分布示意图

大洋洲光伏资源主要集中在澳大利亚中部和西部。陆地海拔多在 1000 米以下，主要覆盖草本植被、灌丛与少量裸露地表，除保护区以及耕地之外，均适合建设大型光伏基地。澳大利亚大部分地区的利用小时数在 2000 小时以上，开发条件优越，北部埃克斯茅斯附近利用小时数最高，超过 2100 小时。

---

❶ 资料来源：全球能源互联网发展合作组织，大洋洲清洁能源开发与投资研究，北京：中国电力出版社，2020。

大洋洲集中式光伏平均度电成本为 3.43 美分/千瓦时，各国平均度电成本在 2.96~7.47 美分/千瓦时之间。按照光伏平均度电成本 3.5 美分/千瓦时评估，经济可开发规模约 1017 亿千瓦，占技术可开发量比例约 39%。整体而言，大多数岛国不具备大规模开发光伏条件，由于局部交通及并网条件较差，斐济、巴布亚新几内亚、所罗门群岛等国家部分区域度电成本较高。澳大利亚具有洲内最低的平均度电成本为 3.42 美分/千瓦时。

2. 基地布局

大洋洲布局 5 个大型光伏基地。 近中期，基地总装机规模约 5000 万千瓦，年发电量超过 960 亿千瓦时，总投资约 243 亿美元，度电成本为 1.92~2.28 美分/千瓦时。根据远景规划，未来开发总规模有望超过 1 亿千瓦。

图 16.15　大洋洲大型光伏基地布局示意图

3. 典型基地

澳大利亚北领地光伏基地。 基地东临罗珀河，南临塔纳米沙漠，海拔高程范围 161~197 米，最大坡度 1.4°，地形平坦，占地总面积约 26 平方千米。区域内全部覆盖草本植被，主要避让东南部 16 千米外的 1 处自然生态类保护区。接入电网条件较好，地质结构稳定。区域内无大型城镇等人类活动密集区，北侧 33 千米有小型城镇分布，距离最近人口密集区域约 79 千米。

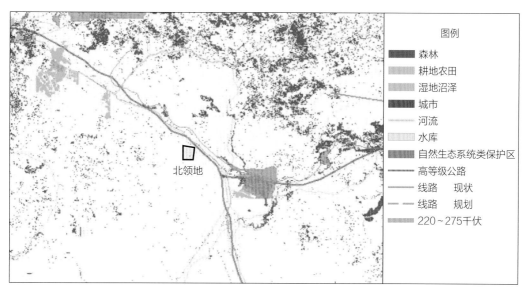

图 16.16   北领地光伏基地选址示意图

基地装机规模 200 万千瓦，年发电量约 39 亿千瓦时，利用小时数为 1924小时，总投资约 9 亿美元，平均度电成本 1.93 美分/千瓦时。全年 10 月至次年1 月总辐射大，发电能力强。每日高辐射时段主要集中在当地时间 12 点至 16点。基地组件最佳倾角为 14°，预留前后排间距 4.9 米，组串东西向间距为0.5 米。

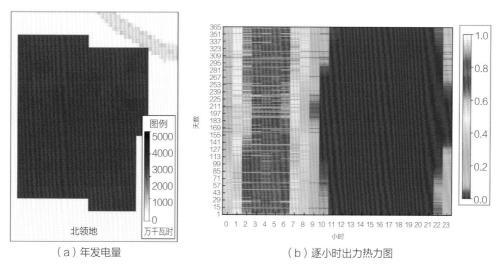

图 16.17   北领地光伏基地年发电量和 8760 逐小时出力热力图

16.4 清洁能源

595

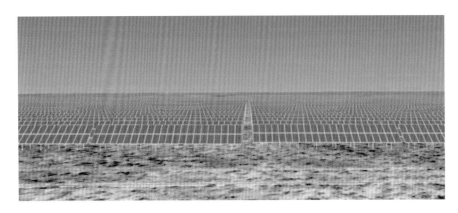

图 16.18　北领地光伏基地组件排布示意图

16.4.2　风能

1. 潜力分布

大洋洲风能资源丰富。根据 100 米高度的风速数据测算，大洋洲理论蕴藏量约 155 万亿千瓦时，占全球总量 8%，适宜集中开发的装机规模超过 155 亿千瓦，年发电量约 41 万亿千瓦时，平均利用小时数约 2650 小时（平均容量因子约 0.3），开发潜力大。

图 16.19　大洋洲风电技术可开发区域及其利用小时分布示意图

风能资源主要集中在澳大利亚中西部地区和新西兰东部沿海地区。上述地区海拔基本在 1000 米以下，地面主要覆盖草木植被和灌丛，除保护区之外的绝大部分地区适合建设大型风电基地，可开发装机规模占全洲总量的99%以上。全洲约40%的陆上区域具备集中式开发条件。

大洋洲集中式风电平均度电成本为 5.26 美分/千瓦时，各国平均度电成本在 3.45~7.30 美分/千瓦时之间。按照风电平均度电成本 5 美分/千瓦时评估，经济可开发规模约 52 亿千瓦，占技术可开发量比例 34%。整体而言，大洋洲绝大部分地区风电开发经济性较好，其中新西兰平均度电成本最低，为 3.45 美分/千瓦时，其国内成本范围为 2.00~6.27 美分/千瓦时。

2. 基地布局

大洋洲布局 5 个大型风电基地。近中期，总装机规模约 1420 万千瓦，年发电量 485 亿千瓦时，总投资近 160 亿美元，度电成本为 2.93~5.61 美分/千瓦时。根据远景规划，未来开发总规模有望超过 2600 万千瓦。

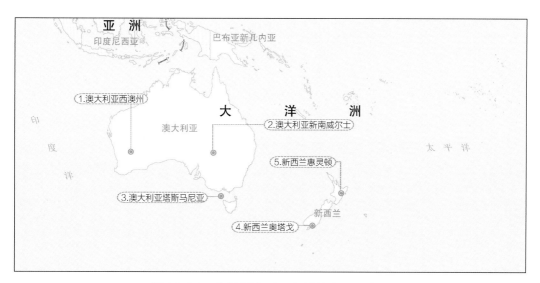

图 16.20 大洋洲大型风电基地布局示意图

16.4.3 水能

1. 潜力分布

大洋洲水能资源条件一般。水能理论蕴藏量在 5000 万千瓦时及以上的河流共计 1420 条，理论蕴藏量共计 6870 亿千瓦时，占全球总量 1.5%。其中，

16.4 清洁能源

墨累河、塔马尔河、德文特河、克鲁萨河、怀塔基河、普拉里河、弗莱河、塞皮克河等 8 个主要流域，覆盖面积约 162 万平方千米，占大洋洲一级河流的 37%，理论蕴藏总量约 5260 亿千瓦时。

图 16.21　大洋洲主要流域分布情况示意图

表 16.1　大洋洲主要流域水能资源理论蕴藏量

序号	流域名称	流域面积 （万平方千米）	理论蕴藏量 （亿千瓦时）
1	墨累河	134	313.8
2	塔马尔河	1.8	22.8
3	德文特河	1.5	62.1
4	克鲁萨河	4.1	260.7
5	怀塔基河	2.3	267
6	普拉里河	3.3	1776.7
7	弗莱河	6.5	1418.4
8	塞皮克河	8.1	1138.8
合计		161.6	5260.3

2．基地布局

大洋洲布局 3 个水电基地。未来主要开发普拉里河、弗莱河、克鲁萨河 3 个流域，近中期装机规模 2358 万千瓦，年发电量 1096 亿千瓦时。根据远景规划，3 个大型水电基地未来开发总规模有望超过 1.3 亿千瓦。

图 16.22　大洋洲大型水电基地布局示意图

表 16.2　大洋洲主要待开发流域水能资源指标

编号	河流名称	理论蕴藏量（亿千瓦时）	待开发梯级方案		
			电站数目（座）	装机容量（万千瓦）	年发电量（亿千瓦时）
1	普拉里河干流	756	8	1435	668.57
2	弗莱河支流斯特里克兰河	569.9	7	839	389.82
3	克鲁萨河干流	100	4	84	37.69
	总计	1425.9	19	2358	1096.08

16.5　配置网络

　　根据大洋洲清洁能源资源禀赋和空间分布，参考各国能源电力发展规划，统筹清洁能源与电网发展，加快各国和区域电网升级，加强跨洲跨国跨区域电网互联，形成覆盖清洁能源基地和负荷中心的坚强能源互联网，全面提升电网的资源配置能力，支撑清洁能源大规模、远距离输送及大范围消纳和互补互济，保障电力可靠供应，满足大洋洲各国经济社会可持续发展的电力需求。

16.5.1 发展定位

澳大利亚北部，开发大规模太阳能基地，在满足本地需求的基础上，与印度尼西亚水电互济；澳大利亚南部，南澳州和塔斯马尼亚岛开发大规模风电和水电基地，在满足本地需求的同时送至东部新南威尔士州和维多利亚州负荷中心；澳大利亚东海岸和西海岸为主要的负荷中心。其中，东海岸除开发本地水电、太阳能等清洁能源基地，还从南澳洲、塔斯马尼亚岛受入大量清洁能源电力，同时向北与巴布亚新几内亚水电互补互济。澳大利亚依托大规模清洁能源基地开发和电制氢产业发展，将逐步成为区域氢能生产外送基地。

新西兰南岛大规模开发水电和风电基地，除满足自身需求外，向北送至北岛负荷中心；北岛是新西兰主要负荷中心，除开发本地水电和风电，还从南岛受入清洁能源电力。

巴布亚新几内亚中西部开发大规模水电基地，除送至东南部负荷中心，还向南送至澳大利亚东北部，与澳大利亚东北部太阳能基地电力互补互济。

斐济、所罗门群岛、瓦努阿图、密克罗尼西亚联邦等其他国家，立足本国清洁能源开发，以分布式电源为主，实现电力自平衡。

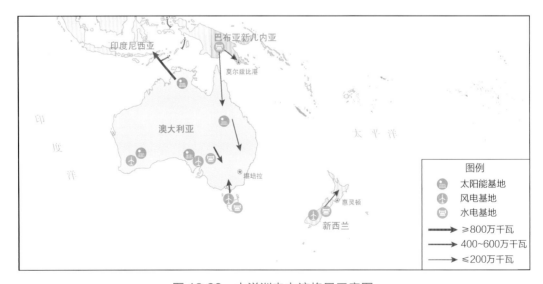

图 16.23 大洋洲电力流格局示意图

大洋洲电力流总体呈现**澳大利亚与巴布亚新几内亚水光互补，跨洲与东南亚电力互济**的格局。

2050 年，大洋洲跨洲跨国电力流总规模 1000 万千瓦。跨洲，澳大利亚北领地太阳能基地向印度尼西亚送电 800 万千瓦。**跨国**，巴布亚新几内亚水电基地至澳大利亚东北部负荷中心的送电规模增至 200 万千瓦。

16.5.2　电网互联

大洋洲电网发展重点：通过大力发展跨洲、跨国和国内跨区域电网互联，支撑太阳能、风电和水电的大规模开发利用和大范围互补互济，实现能源电力清洁化转型，促进经济社会可持续发展。

1. 总体格局

大洋洲整体形成澳大利亚东部、澳大利亚西部、新西兰北部、新西兰南部、巴布亚新几内亚主岛等 5 个主要同步电网，斐济等岛国各自建成国内互联电网。澳大利亚北领地、塔斯马尼亚岛分别建成清洁能源基地。

图 16.24　2050 年大洋洲电网互联总体格局示意图

2. 区域电网互联

澳大利亚东部沿海岸线建成 500 千伏双环网，实现东部太阳能、风电和水电更大规模互补互济。西部沿西南部海岸和主要城市建成"日"字形 500 千伏环网，同时向东辐射至矿业中心，满足矿业发展用电需求。**跨洲**，建设北领地—

印度尼西亚±800千伏直流工程，送电规模800万千瓦；**跨国**，东北部受入巴布亚新几内亚水电200万千瓦。

新西兰北岛建成400千伏"日"字形环网，支撑东部大型风电基地汇集送出；南岛建成本莫尔—北部七七瓦400千伏双回输电线路，提升南部水电基地向北部负荷中心送电能力。

巴布亚新几内亚建成覆盖整个主岛的400千伏交流环网，全面提升系统供电能力和供电可靠性，支撑大规模水电开发、汇集和送出。建设达鲁—澳大利亚东北部直流工程，送电规模200万千瓦。巴布亚新几内亚具备与新几内亚岛西部，印度尼西亚伊里安查亚省电网互联条件。

斐济、所罗门群岛、瓦努阿图、萨摩亚等国，完善本地输配电网和微电网建设，支撑分布式清洁能源开发和消纳。

16.5.3　重点互联互通工程

澳大利亚北领地地域广袤，人口稀少，太阳能资源全国最优，大部分地区太阳能辐照强度超过2000千瓦时/平方米，发电利用小时数超过1800小时，适宜建设大规模太阳能基地。目前北领地经济支柱产业是矿业，能源主要是化石能源，可再生能源开发尚处于起步阶段。未来随着碳中和进程加速推进，北领地必须实现产业和能源双转型。通过开发大型太阳能基地，可构建清洁低碳的能源供应系统，实现产业转型，发展绿色矿业、电制氢产业，并可实现绿电外送。

印度尼西亚是整个东南亚地区面积最大、人口最多、GDP总量最大的国家。近年来，印度尼西亚重视制造业发展，能源电力需求持续增长，能源消费以化石能源为主，煤电占比高。为了向制造业提供清洁低碳可持续能源电力供应，印度尼西亚必须大力发展可再生能源发电。印度尼西亚水能资源丰富，但水电季节性特征显著，枯期出力较低，无法满足供电需要。

考虑跨洲建设澳大利亚达尔文—印度尼西亚巴厘岛—印度尼西亚爪哇岛三端直流工程，推动澳大利亚北领地光伏基地开发和送出，满足印度尼西亚爪哇岛、巴厘岛负荷中心的电力需求。

工程拟采用±800千伏直流，输送容量800万千瓦，印尼巴厘岛消纳200万千瓦、印尼爪哇岛消纳600万千瓦，线路全长2500千米，其中海缆长度约

800 千米。初步测算，工程总投资约 77 亿美元，输电价约为 2.76 美分/千瓦时。

远期，随着北领地光伏开发规模的增加和印度尼西亚用电需求的持续增长，可沿原路径建设第 2 回特高压直流。

图 16.25　澳大利亚—印度尼西亚互联工程示意图

16.6　小结

（1）大洋洲经济与能源电力发展预测

- **人口：** 2030、2050 年大洋洲人口分别达到 4792 万、5738 万人，到 2060 年进一步增至 6161 万人。

- **GDP：** 2020—2060 年，大洋洲 GDP 年均增速约 1.5%，2030、2050、2060 年 GDP 分别达到 2.0 万亿、2.3 万亿、2.6 万亿美元。

- **能源需求：** 2030、2050、2060 年一次能源需求分别达到 1.9 亿、2.6 亿、2.7 亿吨标准煤，终端能源需求分别达到 1.5 亿、1.4 亿、1.4 亿吨标准煤，终端能源需求 2025 年左右达峰。

- **电力需求：** 交通领域电能替代，太平洋岛国工业化、城镇化发展和氢能产业规模化发展是能源电力需求主要增长点。2030、2050、2060 年用电量分别达到 4723 亿、1.5 万亿、1.6 万亿千瓦时，电能占终端能源比重分别达到 29%、42%、47%，2040 年前电能成为主要终端能源消费品种。

（2）大洋洲碳中和路径

大洋洲碳中和路径分为加速减排和全面中和两个阶段。

● **加速减排阶段（2020—2040 年）：** 以加快构建大洋洲能源互联网为关键，2040 年左右实现近零排放，全社会二氧化碳排放量下降至 0.3 亿吨，较 2020 年下降约 94%，其中能源活动碳排放约 0.5 亿吨，相比峰值下降 89%。

● **全面中和阶段（2040—2050 年）：** 以全面建成大洋洲能源互联网、实现深度清洁替代与电能替代为重点，能源领域实现净零排放，2050 年前实现全社会碳中和。其中，能源活动排放（含碳移除）-0.5 亿吨、工业生产过程实现近零排放、土地利用变化和林业碳汇 0.2 亿吨、碳移除约 0.9 亿吨，全社会净二氧化碳排放约 -0.6 亿吨。

（3）大洋洲清洁能源开发

● **电源总装机容量：** 2030、2050、2060 年大洋洲电源装机容量分别达到 2.1 亿、6.9 亿、7.6 亿千瓦。

● **清洁能源装机容量：** 2030、2050、2060 年大洋洲清洁能源装机占比分别达到 79%、99%、100%，其中 2060 年风电、太阳能发电装机容量分别达到 2.3 亿、4.8 亿千瓦。

● **清洁能源基地开发：** 在资源优质、开发条件好的地区，集中布局 10 个大型光伏发电基地，5 个大型风电基地和 3 个水电基地。依托大型清洁能源基地开发推动电制氢产业发展，预计到 2060 年，大洋洲电制氢规模达到 2320 万吨。

（4）大洋洲能源互联互通

● **电力流：** 大洋洲总体呈现"澳大利亚与巴布亚新几内亚水光互补，跨洲与东南亚电力互济"电力流格局，2050 年大洋洲能源互联网跨洲跨国电力流规模 1000 万千瓦。

● **电网互联：** 大洋洲总体形成澳大利亚东部、澳大利亚西部、新西兰北部、新西兰南部、巴布亚新几内亚主岛等 5 个主要同步电网，斐济等岛国各自建成国内互联电网。澳大利亚北领地、塔斯马尼亚岛分别建成清洁能源基地。跨洲，建设澳大利亚—印度尼西亚 ±800 千伏直流工程，输电规模 800 万千瓦；跨国，建设澳大利亚—巴布亚新几内亚 ±400 千伏直流工程，输电规模 200 万千瓦。

17 综合价值与发展展望

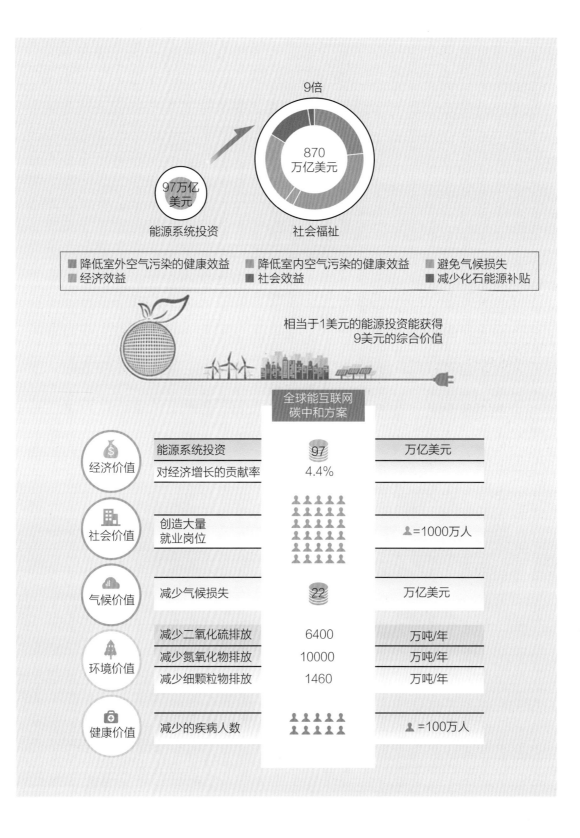

　　构建全球能源互联网，推动形成清洁低碳、经济高效的现代能源体系和绿色低碳循环的经济体系，将使人类从根本上摆脱化石能源资源依赖，实现全球碳中和目标，创造巨大综合价值，推动能源、信息、交通等基础设施创新融合发展，开启人类文明新阶段。

17.1　综合价值

　　构建全球能源互联网，实现全球碳中和，提升经济、社会、生态环境多重协同效益，实现可持续发展目标。能源系统投资创造的综合价值累计超过 800 万亿美元，相当于 1 美元的能源投资获得 9 美元的综合价值，为人类社会的繁荣发展提供强大支撑。

17.1.1　经济价值

1. 提升经济发展质量

　　能源系统投资能够拉动相关基础设施建设投资，对经济增长产生直接贡献。到 2050 年，预计能源系统累计投资 97 万亿美元，对全球经济增长的贡献率达 4.6%，其中累计投资最多的是亚洲，达到 52.7 万亿美元，对经济增长的贡献率为 4.3%；欧洲和北美洲累计投资分别为 14.8 万亿、12.7 万亿美元，对经济增长的贡献率分别为 6.1%、4.2%；非洲和中南美洲累计投资分别为 9.1 万亿、7.4 万亿美元，对地区经济增长的贡献率分别为 6%、5.2%；大洋洲累计投资为 1.1 万亿美元，对经济增长的贡献率为 4.4%。

2. 优化经济和产业结构

　　培育清洁能源产业体系，以清洁能源为主的多能互补能源网络、清洁智能电力和先进制造技术全面促进产业节能增效，为产业转型升级提供资本支持和基建保障，让清洁能源为经济高质量发展赋能。促进以清洁能源为基础的先进制造业和服务业发展，以技术创新助力产业转型升级，将清洁能源资源优势转化为经济优势。绿色零碳产业转移带动欠发达地区经济增长，促进区域协调共赢发展，使清洁能源资源丰富的不发达国家和周边相对发达国家形成电网互联，实现能源技术投资与能源输送配置相互促进。

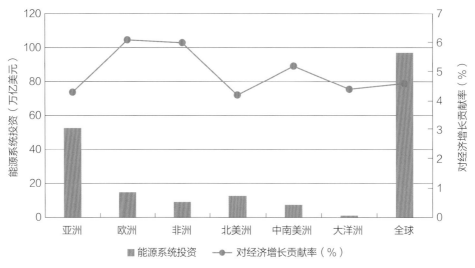

图 17.1 全球各区域能源系统投资拉动经济增长效益

17.1.2 社会价值

1. 创造就业机会

能源基础设施投资创造大量直接和间接就业岗位。至 2050 年,在全球累计创造近 3 亿个就业岗位,其中亚洲地区就业的拉动效应最为显著,创造近 1.5 亿个就业岗位,占全球新增就业岗位的一半;欧洲和北美洲创造就业岗位分别为 2700 万个和 1000 万个;非洲创造约 1 亿个就业岗位;中南美洲具有清洁能源优势,就业岗位增幅超过 500 万个;大洋洲新增就业岗位接近 500 万个。由投资拉动的间接就业数量显著高于直接就业数量,比例约为 2 ∶ 1[1]。

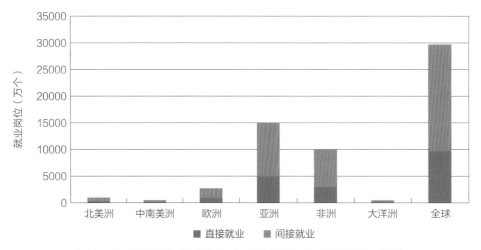

图 17.2 2050 年全球分区域能源系统投资创造的就业岗位

---

[1] 资料来源:IEA,Net Zero by 2050:Roadmap for the Global Energy Sector,2021.

2．解决贫困问题

能源投资解决贫困问题，推动普惠发展。到 2030 年，全球无电人口下降一半；到 2050 年，非洲、亚洲、南美洲全面消除无电人口问题。通过在非洲、亚洲等贫困人口集中的区域进行电力普及，加快推进重点扶贫、脱贫，创造就业机会，发挥电力对工业生产、生活品质的保障和提升作用，全面消除生存贫困（每天消费支出低于 1.9 美元），促进社会公平正义，创造巨大社会福祉，实现 2030 可持续发展目标中的减贫脱困目标。世界范围内实现覆盖面广、成本较低的现代能源服务，全面消除贫困，促进社会和谐平稳发展。

3．提高健康水平

能源系统投资增加人均卫生支出。可支配收入的增加提升卫生投资，降低疾病死亡风险，显著延长人均预期寿命[1]。通过促进经济社会发展，有效降低失业率，提升家庭平均收入，增加人均卫生支出，避免因失业造成的暴力事件和心理健康问题，避免营养不良、不接种疫苗等造成的新生儿死亡和儿童健康问题，避免医疗保障系统不完善导致的孕产妇死亡等问题，提高基本医疗覆盖率，保障人类健康水平。

17.1.3　环境价值

1．化解气候变化风险

绿色低碳发展减少气候变化损失。贯彻绿色低碳发展理念，能够将 21 世纪内全球能源系统累积二氧化碳排放量控制到 5000 亿吨以内，实现《巴黎协定》温控目标[2]。人类生命健康、粮食安全、水资源、生产生活、经济增长面临的气候风险将大幅降低，21 世纪可累计避免经济损失超过 470 万亿美元[3]，约相当于全球能源系统投资的 5 倍。相比现有模式延续情景，到 2050 年能够避免约 22 万亿美元气候损失[4]，气候系统、地球系统和人类系统总体风险将处于安全、

---

[1] 资料来源：WHO，World Health Statistics 2019，2019.

[2] 资料来源：全球能源互联网发展合作组织，全球能源互联网促进《巴黎协定》实施行动计划，2018。

[3] 全球实现 2℃和 1.5℃温控目标的经济效益范围为 127 万亿～616 万亿美元。资料来源：Wei Y M，Han R，Wang C，et al.，Self-preservation Strategy for Approaching Global Warming Targets in the Post-Paris Agreement Era，Nature Communications，2020，11（1）：1-13.

[4] 资料来源：Weitzman M L，What is the "damages function" for global warming-and what difference might it make? Climate Change Economics，2010，1（1）：57-69.

可控水平，地球和人类得以避免气候环境危机❶。

2. 减少环境污染

源头治理、过程把控和终端替代多措并举减少污染。预计到 2050 年可减少排放 6400 万吨二氧化硫、1.0 亿吨氮氧化物、1460 万吨细粒颗物，分别减排 82%、77% 和 81%❷，空气污染减少可直接提升大气环境质量，使人类共享清洁空气和蔚蓝天空。清洁替代能够显著提升清洁能源发电占比，以充足廉价的电力供应为支撑，推动解决水污染治理问题，到 2050 年，全球每年可节约发电用水 2200 亿立方米，化石能源造成的工业废水、化学需氧量、氨氮排放量分别下降 68%、63% 和 63%❸。

3. 降低致病风险

清洁替代和电能替代减少环境污染导致的健康问题。到 2050 年，空气细颗粒物浓度减少 85%，达到世界卫生组织的安全标准 10 微克/立方米，可避免因污染导致的相关疾病超过 1000 万例，避免极端气候灾害导致的人员伤亡以及由气候变化引发的腹泻、媒介传播疾病（疟疾、登革热、血吸虫病）、心血管疾病和呼吸系统疾病等环境灾害导致的 75 万人死亡，到 2100 年每年减少 250 万人死亡，21 世纪内累计减少近 1 亿人死亡❹。

4. 维护生态系统动态平衡

碳中和联动效应保护生物多样性。实现碳中和，能够避免气温大幅上升引发的全球气候系统灾难，有效遏制南极和格陵兰冰盖融化，将海平面上升控制在 0.45 ~ 1 米范围内❺，通过遏止海平面上升，可使全球沿海地区超过 45 亿人口、200 万亿美元经济资产和 260 多个百万人口以上的大城市免于海水淹没带

---

❶ 资料来源：IPCC, Climate Change 2014: Impacts, Adaptation, and Vulnerability, Contribution of Working Group II to the Fifth Assessment Report of the Intergovernmental Panel on Climate Change, Cambridge, UK and New York, USA: Cambridge University Press, 2014.

❷ 资料来源：IEA，能源与空气污染，北京：机械工业出版社，2017。根据全球能源互联网方案和 IEA 中的排放系数测算减排效益。

❸ 资料来源：全球能源互联网发展合作组织，全球能源互联网促进全球环境治理行动计划，2019。

❹ 资料来源：Zhao Z J, Chen X T, Liu C Y, et al., Global Climate Damage in 2℃ and 1.5℃ Scenarios based on BCC_SESM Model in IAM Framework, Advance in Climate Change Research, 2020, 11: 261-272.

❺ 资料来源：IPCC, Global Warming of 1.5℃, 2018.

来的生存危机。控温可以避免亚马孙和北半球森林大面积枯萎，防止森林和永久冻土储存的温室气体大量进入大气引发温升正反馈机制，避免引发全球性生态危机，有效保护生物多样性，维护整个生态系统的动态平衡。

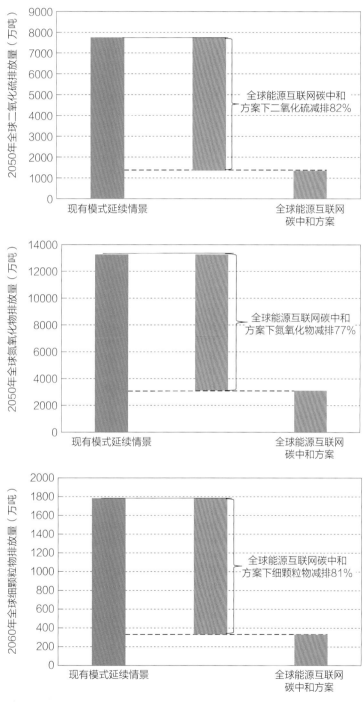

图 17.3　2050 年全球二氧化硫、氮氧化物、细颗粒物排放量❶

---

❶ 资料来源：全球能源互联网发展合作组织，破解危机，北京：中国电力出版社，2020。

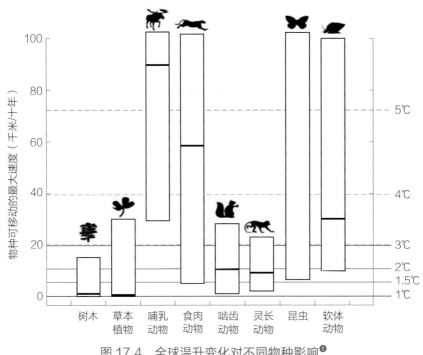

图 17.4　全球温升变化对不同物种影响❶

17.2　发展机制

为加快构建全球能源互联网，实现全球碳中和目标，需要建立和完善相关发展机制，在清洁发展、合作治理、协作创新、金融投资、法律保障等方面形成系统性的政策框架与实施机制，为全球和各国应对气候变化行动提供重要抓手和制度保障，全方位、系统性地保障全球清洁转型与碳中和行动落地实施。

17.2.1　清洁发展机制

清洁发展机制是加快全球清洁能源发展、实现碳中和目标的核心机制，需要从清洁能源发展政策体系、化石能源退出政策、绿色产业发展机制等方面发展，为全球能源发展提供行之有效的政策保障。

---

❶ 资料来源：IPCC，Climate Change 2014: Impacts，Adaptation，and Vulnerability，Contribution of Working Group II to the Fifth Assessment Report of the Intergovernmental Panel on Climate Change，Cambridge，UK and New York，USA: Cambridge University Press，2014.

健全清洁能源发展政策体系。完善清洁能源发展政策体系，促进发达国家进一步加速清洁能源技术发展与项目实施，推动发展中国家逐步积极参与到风能、太阳能等清洁能源及储能的大规模开发利用进程中，使清洁发展目标引领作用不断显现。优化清洁能源发展环境，从营商环境、支持政策、电力市场以及土地、劳工、环保等不同方面，全方位优化全球各国清洁能源开发利用的发展环境，通过增加补贴、降低税收等多方面政策提升清洁能源行业利润，促进清洁能源产业发展，实现全球清洁能源倍增目标。建立各环节协调发展模式，推动构建电力系统"源网荷储"体系，获取清洁替代效益，实现清洁能源项目规划、建设、运营全链条管控水平和能力提升，促进消费侧电能替代及清洁能源在多能互补、输送利用等方面的融合发展。

出台化石能源退出政策。统筹化石能源退出规划，加快煤电转型发展，统筹退煤系统规划，形成分区域、分步骤的煤电退出方案。制定高碳产业转型升级计划，严格淘汰落后产能，加速化解过剩产能，提高环境、能耗、排放、安全方面准入标准，推动传统工业低碳化改造和转型。构建化石能源转型体系，为化石能源退出提供保障措施，为高碳和能源密集型行业从业人员、相关贫困人口提供补贴与税收减免，并增加新兴绿色产业的就业机会，为社会公平、稳定提供重要保障。

形成绿色产业发展机制。加快全行业清洁、低碳发展，推进产业发展绿色转型。构建绿色工业体系，制定绿色制造工程计划，打造绿色供应链企业与绿色示范标杆项目，加快共性关键绿色制造技术在行业中的推广应用，培育绿色经济增长点。建立绿色管理体系，将绿色低碳发展理念融入企业管理体系，形成全行业绿色管理模式。实施能效提升计划，推动用能侧电能替代、用能技术创新及绿色工艺革新，实现节能增效。

17.2.2　合作治理机制

合作治理机制是推动开放、包容、公平、共赢的治理体系建设、保障各国气候治理参与权与发展权的长效发展机制，需要从能源气候协同、多边合作、国际协调等方面发展，推动发达国家对发展中国家的资金、技术援助，形成跨领域、跨国家的统筹协调治理框架与治理平台。

图 17.5　全球能源与气候协同治理体系框架图

　　建立能源气候协同治理体系。构建发展目标对接机制，促进国家发展目标与全球目标对接，在发展目标、发展路径、组织机制等多个方面统筹兼顾并主动融入《公约》及《巴黎协定》的原则和目标，促进各国将国家自主贡献目标与本国能源发展目标有机衔接。建立区域协同工作机制，为气候目标的制定和实现路径提供创新方案，促进区域规划与各国清洁发展政策相衔接，推动气候治理和能源治理目标实现。形成产业协同发展机制，在实现能源与气候协同治理的同时，带动产业技术创新发展，推动产业转型与经济高质量发展。

碳中和多边合作机制			
政策交流	技术交流	能力培养	公众沟通
面向政府部门、具有政策影响力的企业、相关国际组织，促进各方把碳中和目标纳入国际、国家发展战略，塑造良好政策环境	面向政府、企业、科研机构的技术部门和相关人员，促进碳中和的技术发展与推广	面向发展中国家，结合全球碳中和目标和各自发展需求，提供具有建设性的能力培养项目	面向各国社会组织、公民团体、媒体进行对话交流，宣介碳中和巨大的政治经济社会效应，推动形成全民共识

图 17.6　碳中和多边合作机制框架图

　　完善多边合作机制。夯实国际政治互信基础，促进国际社会在能源转型、产业转型等方面形成目标协同，形成高层次对话机制，促进国家间增信释疑、团结协作，扩大发展中国家的发言权。形成经验交流与技术分享机制，为资金、技术、管理经验的"走出去"和"引进来"提供重要支撑。

完善国际协调机制。促进高层次合作，解决碳中和进程中出现的多种问题，提出行动方案，推动实质性合作。制定全球发展路线，规划全球碳中和路线与时间表，促进全球行动方案与各国减碳行动统筹协调。设计通用标准体系，在全球能源互联网、三网融合、碳汇保护等方面建构国际通用的标准体系。创新监管模式，重点覆盖能源生产、传输、消费等全环节，让投资者、消费者和其他市场参与者在碳中和的商业活动中获得合理收益和回报。建立矛盾协调机制，通过外交、法律等多种途径，有效解决全球碳中和进程中可能出现的贸易争议。

17.2.3 协同创新机制

协同创新机制是实现技术、产业创新发展的重要保障，需要从学科创新、政府推动、成果分享等方面发展，为实现全球碳中和提供重要技术支撑。

构建多学科交叉、产学研互动的联合创新机制。鼓励多学科交叉，在传统能源、电力学科基础上，构建汇集材料科学、化学、系统科学、经济学的综合性能源学科，建立跨领域研发、跨学科联合的协同创新机制和攻关体系，以绿色低碳为方向推动科学研究与技术创新，培育原创性成果、培养复合型人才。加强"产学研用"协作，创建有利于行业纵向合作的公共服务平台，充分利用人、财、物、信息等要素，建立涵盖战略协同、知识协同和组织协同的纵向联动机制，激发产业链各环节企业的内生创新动力，发挥各主体在理论研究、技术突破、装备研发、试验示范等方面的优势，打通创新主体间的各种壁垒，建立有利于激发和释放协同创新活力的新模式、新机制。聚焦重点领域创新突破，在新型发电材料、新型储能技术、复杂系统构建与分析等交叉领域，以重大科学技术研发为依托推动形成协同创新模式，以重大工程示范为抓手加快创新成果转化。

强化政府在推动创新发展中的作用。通过提供各种规则、规范和法律，为促进创新发展提供强大推力。形成宣传动员机制，在碳中和创新发展中，凭借强大的动员和宣传教育能力，有效促进创新理念的培育与普及，为创新发展营造有利的社会氛围。通过改变和完善外部环境，充分调动社会组织的积极性，发挥创造潜能。完善资源配置模式，推动包括政府、市场、社会等资源的配置，促进创新要素的自由流动与有机整合，提升创新资源的配置效率。健全科技创新体系，通过立法对创新成果专有权利加以界定和保护，建立创新成果的使用、补偿与回报机制，保障创新发展的可持续性。积极参与、引导和大力支持新能源发电、规模化储能、燃料电池等关键共性、前沿技术的研发创新，加强创新要素投入、统筹资源规划、财税金融支持，持续为碳中和创新发展赋能。

建立国际协作和绿色低碳技术成果分享机制。面对日益突出的国际创新发展不平衡问题，各国应在联合国框架下，携手加强国际创新合作、提升创新水平，打破各类限制开放创新的桎梏，坚持合作精神，共同推进零碳负碳技术突破和推广应用。加强全球性和区域性的联合创新实践，发达国家应积极参与绿色低碳技术成果分享；发展中国家一方面应加快提升对来自发达国家高端创新成果的承接能力，另一方面应从应用和实践角度更广泛参与全球创新合作，为绿色低碳技术突破贡献价值。持续促进知识产权国际合作，为人才、技术、产品等创新要素的自由流动提供平台，使创新成果尽快在全球，特别是发展中国家转化形成生产力，推动全球碳中和平衡、协调发展，让更多国家和人口分享创新成果的绿色发展红利。

17.2.4　金融投资机制

金融投资机制是拓宽资金渠道、推动项目落地的重要举措，需要从资金来源、融资模式、金融服务等方面创新发展，为全球碳中和方案落地实施提供资金保障。

拓宽资金渠道。构建跨国跨区域清洁能源投资平台，吸引多样化投资主体和多类型投资资金共同参与清洁能源开发、跨境电网互联、智能电网等清洁低碳项目。推动跨境融资、多种类型货币结算、国家间货币互换、跨国银行间合作等跨国金融合作，建立期限匹配、成本适当以及多元可持续的资金保障机制，完善《巴黎协定》下的气候变化资金机制。放开私人资本和国际资本投资限制，加速推动全球金融资本跨境流动，满足欠发达地区清洁能源开发和电力互联互通项目建设的资金需求。依托全球电—碳市场促进全球清洁电力交易，提高清洁能源项目收益率，通过项目碳减排量认证、交易和结算等方式，将减排收益转化为经济效益，为清洁低碳项目投资创造稳定的资金来源。

创新融资模式。激发多类型、多渠道融资模式创新，建立全方位、多层次的投融资体系，推广公私合营（PPP）模式、资产证券化、产业基金、担保准备金等创新型融资模式。充分发挥政策性投资基金的杠杆和示范作用，以初始股权投资、担保等方式，广泛吸引市场化资金共同参与项目投资，为国际金融资本和产业资本提供绿色投资渠道，通过投资基金实现对项目的间接投资。在公共部门和私人资本之间构建风险共担、利益共享的融资机制，降低融资成本。

加强金融服务。完善各项金融产业规划和投资引导，逐步建立远期、期货、期权和掉期等碳金融衍生品市场体系，为投资各方提供避险工具，激发市场活力，增强市场流动性，扩大交易规模。促进绿色信贷、绿色债券、绿色保险、碳金融等绿色金融工具创新，创新结构化金融工具，丰富金融服务种类，提供多元化、灵活的交易模式。鼓励保险公司、咨询公司、信用评级机构等金融服务机构积极参与全球能源互联网建设项目，提供风险管理、金融咨询、信用评级等相关服务。

17.2.5 法律保障机制

法律保障机制是碳中和行动的重要组成部分，是推动项目落地、工程实施等具体举措的必要基础，需要从国际履约、国家立法、政策法规协同等方面发展，为碳中和方案的落地实施提供法律保障。

建立国际履约机制。构建有约束力的国际协议履约执行机制，促进各缔约方积极开展碳减排行动、履行碳减排义务。完善国际公约协定，基于《公约》及《巴黎协定》的原则和目标，形成更具约束力的应对气候变化的国际法律法

图 17.7 全球能源互联网对接《巴黎协定》六大领域示意图

规。促进各国制定和提升国家自主贡献目标，使其与国家、区域及全球长期减排目标契合，提升各国应对气候变化雄心。促进各国在能源发展目标、清洁技术研发与应用、资金来源与管理、透明度数据基础等领域的长效合作与履约。

推动国家立法保障。完善各国顶层设计，加强协同执法，为碳中和目标愿景提供法律基础和依据，通过加强法规实施，建立国家应对气候变化的长效机制。形成纠纷协调机制，解决利益主体间矛盾，协调与解决国家在实现碳中和发展中各利益主体间的冲突，防范化解纠纷，行使保障权利，履行承担责任义务。

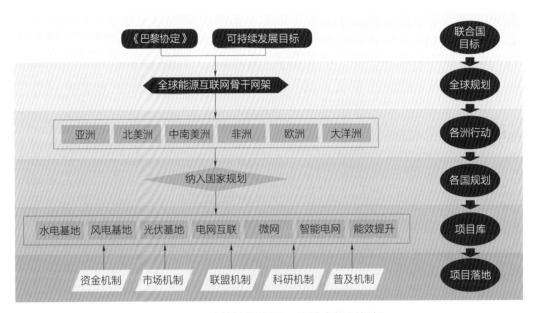

图 17.8　政策法规协同下的综合规划框架

形成政策法规协同。立足联合国可持续发展目标、各国自主贡献目标与本国能源互联网发展目标，统筹全球能源电力发展规划。形成国家综合规划，推动各国碳减排战略与本国能源、电力发展规划有机衔接。建立规划滚动优化机制，构建碳减排项目库，明确建设计划，为精确计量碳排放提供数据信息，为各国透明度和规划滚动修编提供基础。

17.3　三网融合

基础设施创新发展和经济产业转型升级是实现全球碳中和的重要保障。能源网、交通网、信息网（简称"三网"）是重要的网络型基础设施，也是经济社会发展的支柱。在全球碳中和目标推动下，三网将在形态功能上紧密耦合、高效协同，以高质量发展促进三网深度脱碳，对于加快世界能源转型、应对气候变化、实现可持续发展具有重要作用。

17.3.1 发展要求

三网融合是基础设施发展的高级阶段，是实现全球碳达峰碳中和目标的必然要求，是产业转型升级和经济高质量发展的重要抓手。

能源、交通是实现全球碳中和的关键。能源网、交通网作为重要基础设施，是维持人类社会高效运转的有力保障。但能源网、交通网的建设运行，也带来了大量二氧化碳排放。2018 年，全球能源、交通行业的二氧化碳排放总量接近 70%，其中，电力和交通分别贡献了 42% 和 23%。因此，推动能源网和交通网深度脱碳，是实现全球碳中和目标、破解气候危机的关键。

能源、交通转型客观要求三网融合。能源网与交通网融合发展，将推动水、风、光等清洁能源大规模开发利用，以及电动汽车、火车、轮船、飞机等电动交通工具的大范围普及推广，促进清洁、高效、便捷的绿色电能成为终端能源的主导能源，实现清洁能源占一次能源消费比重和电能占终端能源消费比重"双提升"，能源结构和交通方式的"双转型"。**信息网与能源网、交通网融合发展，**将促进 5G、物联网、大数据、云计算、人工智能等技术在能源网、交通网的普及和应用，显著提升能源网、交通网的信息化、自动化水平，有力支撑清洁能源大规模开发、高比例接入、大范围配置，助力构建智能化、低碳化、高效化的交通方式，为提升能源、交通系统效率，加快能源网和交通网脱碳提供重要支撑。

构建绿色低碳产业体系需要三网的产业加速融合。传统产业以化石能源为驱动，采用高耗能、高污染、高排放的发展和生产模式，推动产业升级是实现碳中和的重要路径和现实需要。三网融合将有力促进绿色能源、互联网经济、智能交通等领域产业创新发展，催生新业态和新模式，驱动传统工业经济向新型网络、数字、共享经济转型，打造新能源、新材料、储能、高端芯片、大数据、云计算、物联网、人工智能、区块链、电动汽车、电动船舶、电动飞机等绿色低碳产业体系，实现经济发展与碳减排脱钩，为经济社会高质量发展打造新引擎。

17.3.2 融合模式

三网融合即能源网、交通网、信息网由条块分割的各自发展转变为集成共享的协同融合发展，在形态功能上深度耦合，形成广泛互联、智能高效、清洁低碳和开放共享的新型综合基础设施体系，实现能源流、人流/物流、信息流的高效协同和价值倍增，是更具资源配置力、产业带动力、价值创造力的发展模式，是基础设施发展的高级形态。

变革、创新、效率、政策是加速三网融合的"四大驱动力"。变革驱动，是经济社会转型对基础设施的要求，特别是能源清洁转型、经济数字化转型要求加快三网融合。**创新驱动**，是三网融合的根本动力，重点是通过技术、金融和商业模式创新为三网融合提供支撑。**效率驱动**，是经济高质量发展的本质要求，需要三网加快融合，以更少投入和更低成本，产生更大效益。**政策驱动**，是国家层面对基础设施发展的要求，如各国在碳减排、数字经济、产业融合等方面的政策，将促进三网加速融合。

作为网络型基础设施，能源网、交通网、信息网都具有相似的内部结构，主要可以分为动力层、物理层、数据层、应用层和业态层五层结构。

动力层是实现网络运转的能量系统，目前主要有煤炭、石油、天然气、电能、氢能等能源形式。**物理层**是设施和设备的集合，包括电力设备、油气管道，交通线路、运输工具，光缆、基站、存储和交换设备等。**数据层**是信息与数据的集合，包括系统数据、企业数据、用户数据等。**应用层**是业务与服务的集合，包括规划建设、调度运行、市场营销、运营管理等各类业务，以及能源供应、交通出行、信息数据等各项服务。**业态层**是三网利益相关方以及合作模式、机制的集合，包括政府、企业、用户等相关方，各类商业模式、市场交易机制等。

尽管三网功能不相同，但在同一层，三网之间有很强的相关性和内在联系，可以通过分层对接，实现能源、设施、数据、业务和产业融合，发挥网网协同优势，提高效率效益。

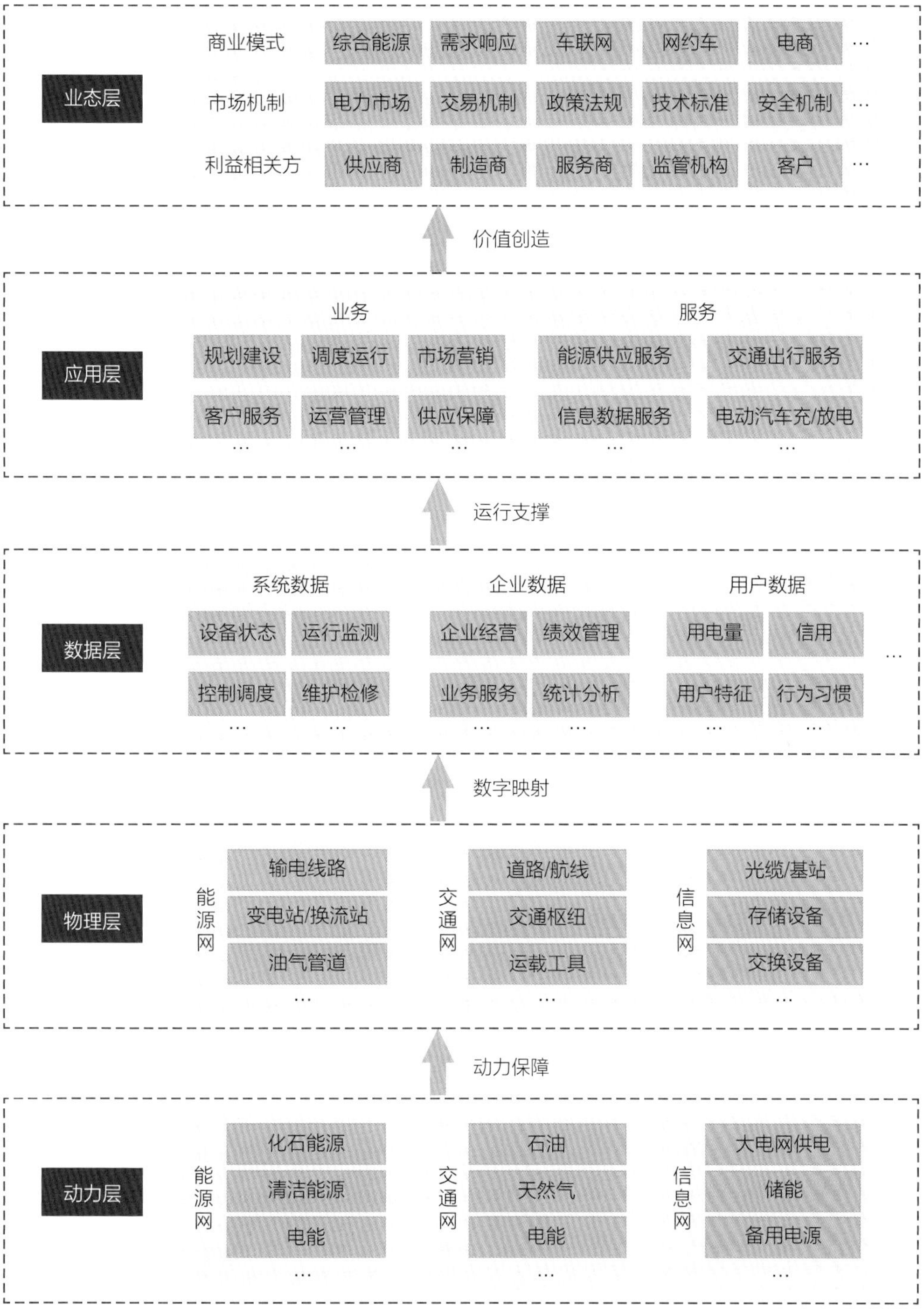

图 17.9 能源、信息、交通三网的层次结构示意图

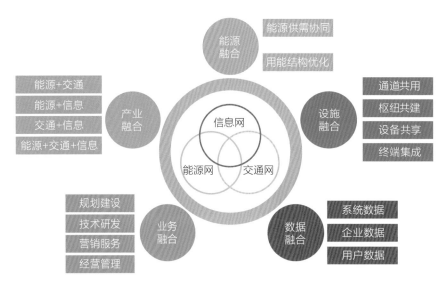

图 17.10　能源、信息、交通三网的融合发展模式示意图

动力层实现能源融合。通过动力层紧密耦合，推动能源供需协同和结构优化，实现能源充分融合，为三网提供安全、高效、清洁的能源保障。重点是加强能源网供能系统与交通网、信息网用能系统之间的衔接与互动，加快清洁电力替代煤、油、气，提高能源系统效率和清洁化水平。

物理层实现设施融合。通过物理层协同发展，推动三网通道、枢纽、设备和终端集成共享，实现设施有效融合，减少土地和空间占用，提高投入产出。重点是推动空中走廊、地上通道、地下及水下管廊等通道共用，变电站/5G 基站、物流集散中心/充换电站、能源基地/数据中心等枢纽共建，电力光纤、智慧路灯等设备复用与共享，智能电能表、车载终端、智能手机等终端软硬件集成。

数据层实现数据融合。通过数据层高效贯通，推动各类数据跨平台共享，实现数据充分融合，创造更大效益。重点是推动系统数据、企业数据、用户数据集中采集、处理和存储，打造数据大平台，促进数据融合共享，消除信息孤岛，挖掘数据更大价值。

应用层实现业务融合。通过应用层有效衔接，推动三网业务协同和服务创新，实现业务深度融合，提高业务水平和企业效益。重点是推动三网规划建设、运营管理、营销服务、技术研发等业务融合，促进企业人、财、物高效利用和用户服务水平提升。

业态层实现产业融合。通过业态层协同创新，打破行业壁垒，实现产业跨界融合，培育新业态、新模式和新产业，构建三网融合产业生态圈。重点是聚焦"能源+交通+信息"及"能源+交通""能源+信息""交通+信息"等产业形态，推动智慧能源、智慧交通、大数据等新兴产业发展，打造经济发展新引擎。

三网融合促进"多流合一"，实现价值创造最大化。能源、人/物和信息的流动效率，决定了三网价值创造效率。在能源、设施、数据、业务和产业融合推动下，三网的能源流、人/物流、信息流"多流合一"，各类要素的配置能力和能源资源的利用效率大幅提高，推动三网各项业务高效协同和相关产业跨界融合，促进价值流在三网跨界流动，形成协同创新、开放共享、合作共赢的价值网络，大大拓展三网的价值创造空间，推动三网价值创造的最大化。

图 17.11　能源流、人/物流、信息流、价值流"多流合一"

17.3.3　主要形态

三网融合不是三网变成一个网，而是通过能源、设施、数据、业务和产业融合，推动三网的形态功能耦合和集成，打造网络型基础设施的"升级版"。具体来看，三网融合包括"能源网+交通网+信息网""能源网+信息网""能源网+交通网""交通网+信息网"四种形态。每种形态下包含大量应用，有些应用已经出现并快速发展，还有很多新应用在不断涌现。

1."能源网+交通网+信息网"

城市综合管廊、多站融合、共享铁塔等是三网融合的典型应用，已开展大量的研究、探索和实践，进入快速发展阶段，对于提高三网运行水平和资源利用效率具有重要作用。

　　城市综合管廊。通过交通、电力、通信、供水、供热、制冷、燃气等多种管道的集中布置，提升城市基础设施运行效率，有效利用城市的地下空间，节约城市土地资源，大幅降低基础设施建设费用，美化城市景观，创造优美的城市环境。

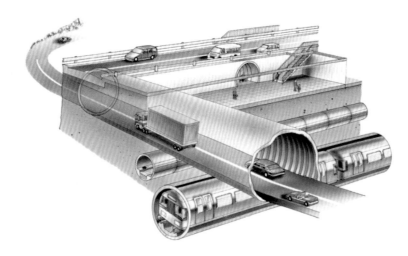

图 17.12　城市综合管廊示意图

　　多站融合。通过发电站/变电站、电动汽车充电站、5G 通信基站等能源网、交通网枢纽站点和信息网的统一规划、设计和建设，实现"一站多用"，提升三网的运行效率，降低建设成本。

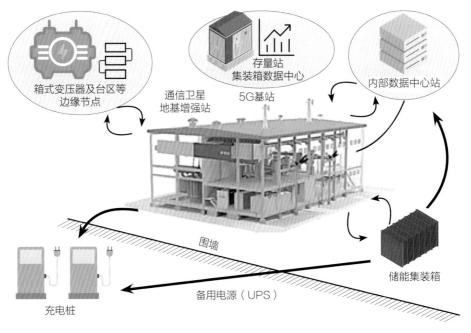

图 17.13　多站融合示意图

图 17.14　电力铁塔集成 5G 基站实景图

共享铁塔。在电力铁塔加装光缆、通信基站、移动天线等通信设施，实现电力铁塔设施的复用，将大幅减少通信设施建设成本，缩短信息通信建站周期，有力推动 5G 等网络的推广应用。

图 17.15　智慧岛屿侧视图与俯视图

未来，通过建设智慧岛屿、智慧空间站等新型设施，将打造覆盖海陆空天、广泛互联、智能互动的基础设施网络，极大拓展人类发展空间。智慧岛屿集成海上清洁能源开发、航运港口、信息基站等功能，将成为三网融合海上枢纽。智慧空间站集成太空太阳能发电基地、物资集散交通枢纽、通信等多种功能，将成为三网融合太空枢纽。

2. "能源网+信息网"

智能电网、电力光纤、绿能数据中心等应用，推动信息技术与能源系统的深度融合，将极大提高能源与信息系统整体效率，让能源更智能、更安全、更经济、更友好。

智能电网。将现代传感、信息、通信、控制等技术与电网高度集成，大力发展虚拟电厂、智能变电站和智能电能表终端等，促进源、网、荷、储、用友好互动，实现电网的自动化、智能化运行，大幅提升电力安全供应水平。

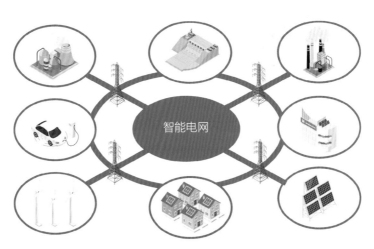

图 17.16　智能电网示意图

电力光纤。在电缆中加入光纤，实现电能和信息同步传输，可降低线路单位造价，减少电力网和信息网的建设和运维成本。目前，电力光纤使用的光缆主要有三种：普通非金属光缆、自承式光缆和架空地线复合光缆。

绿能数据中心。通过清洁能源基地开发与信息数据中心建设相互协同，既能促进清洁能源消纳，又可为信息数据中心提供经济、充足的电力供应，有效降低信息数据中心用能成本，实现零排放。

3."能源网+交通网"

电动交通、氢能交通、光伏公路是能源网与交通网融合的典型应用，这些应用将加速能源、交通转型，实现绿色低碳发展。

电动交通。大力发展电动汽车、电气化铁路、电动船舶、电动飞机，加快交通领域电能替代，提升能效水平，将有力促进能源和交通碳减排。

氢能交通。在长途和重载运输方面，氢能交通具有显著优势，可作为电动交通的有效补充，弥补纯电动汽车续驶里程短、充电时间长等短板，促进交通领域实现全面脱碳。

光伏公路。在道路上同时铺设光伏太阳能板和无线充电线圈，实现"公路光伏发电、汽车无线充电"一体化发展，能够节约占地，减少对生态的多重破坏，有力促进能源和交通绿色转型。

图 17.17　光伏与无线充电公路

4."交通网+信息网"

车联网、自动驾驶、智慧物流等应用，将推动信息技术与交通系统深度融合，深刻改变人们的出行方式，让交通系统运转更安全、更智能、更高效。

车联网。借助新一代信息通信技术，实现车与车、车与人、车与路、车与服务平台之间的网络连接，能够提高交通系统运行效率，提升交通服务智能化水平。

自动驾驶。通过摄像机、雷达、超声波等传感器感知周围环境，车辆进行自主决策判断，实现路径规划及自动控制，为用户提供安全、舒适、智能、高效的驾驶感受。

智慧物流。以信息技术为支撑，在物流的运输、仓储、包装、装卸搬运、流通加工、配送、信息服务等各个环节，实现系统感知、全面分析、及时处理和自动调整，提升物流配送效率。

17.3.4 发展路径

三网融合可从城市、国内、跨国三个层面推进。加快三网融合发展，将打造高度电气化、高度智能化、高度人本化的基础设施发展新格局，满足能源、人员、物资、信息大范围配置和土地、空间等资源高效利用等要求，促进经济转型和高质量发展。

1. 城市三网融合

城市是三网的重要枢纽，也是三网融合发展的突破口。推进城市三网融合，应坚持统筹、集约、共享、绿色的发展理念，加快推进动力层、物理层、数据层、应用层、业态层融合，以三网融合推动城市可持续发展。

图 17.18 城市三网融合发展路线图

城市三网融合重点是推动城市大脑，综合管廊、智慧交通、智慧能源等系统建设。城市大脑运用"大云物移智链"等技术，建设统一数据平台和协同调控中心，消除行业壁垒，实现城市基础设施高效运行。综合管廊集交通、电力、通信、燃气等管道于一体，是减少城市用地、降低成本、美化景观的重要途径。智慧交通构建"人—车—路—云"协同网络，实现人流、物流、车流的实时优化调控，解决城市拥堵等问题。智慧能源通过建设智能配电网、智能楼宇、智能家居等，促进能源在供需两侧灵活互动、高效使用，提升城市能源系统效率。

2. 国内三网融合

推进国内三网融合，应以城市三网融合为骨干节点，以国内三网融合通道为纽带，形成广泛覆盖、高效互联的国家基础设施网络，大力提升各国基础设施互联互通水平和发展质量。

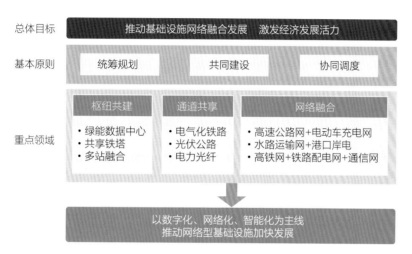

图 17.19　国内三网融合发展路线图

建设国内三网融合，应遵循统筹规划、共同建设、协同调度的原则，结合各国发展阶段和需求，重点推进绿能数据中心、多站融合等枢纽共建，电气化铁路、光伏公路等通道共享，"高速公路网+电动车充电网"等网络融合。

3. 跨国三网融合

推进跨国三网融合，应坚持清洁绿色、高效协同、共建共享的原则，在各国能源网、交通网、信息网发展现状及规划基础上，以各国三网融合为支撑，重点建设包含特高压输电、高速公路/铁路、光缆等跨国三网融合综合走廊，联通各国主要经济中心、能源基地和信息中心，实现能源、物资、信息等要素跨国优化配置，打造覆盖全球的基础设施体系，提高资源跨国配置能力。

总体来看，三网融合是跨领域、跨时空、立体式的新型网络基础设施，将像人的血液、四肢和神经系统一样成为有机整体，推动全球产业变革、经济增长、生态改善、生活提升、文明进步，为实现全球碳中和提供全方位支撑，展现出广阔的发展前景和巨大价值。

17.3　三网融合

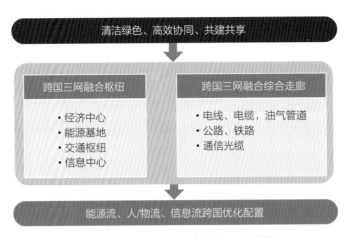

图 17.20　跨国三网融合发展路线图

当前，信息网、交通网基本实现全球互联，能源网的互联互通相对滞后，跨国跨区互联程度还远不够。在全球碳中和目标推动下，应抓住能源网这个关键和短板，加快建设全球能源互联网，实现世界能源的互联互通，为促进三网融合发展提供强大助力，开创人类可持续发展的新时代。

17.4　未来世界

应对气候变化、实现全球碳中和是全人类共同的责任，决定全人类共同的前途和命运。实现全球碳中和将深刻影响自然生态环境、人类经济发展和社会生活。展望未来，人们将享受更充足的能源、更舒适的生活、更繁荣的经济、更宜居的环境、更和谐的社会，开启世界可持续发展的美好明天。

图 17.21　碳中和背景下的未来世界场景

17.4.1　改善气候环境，开启生态文明新篇章

实现全球碳中和，将根本解决当前高排放、高污染、高度发达的工业文明同生态环境持续恶化之间的矛盾，人类社会将开启尊崇自然、绿色发展的生态文明新篇章。

气候变化有效控制。随着清洁能源逐步替代化石能源，大气中温室气体浓度逐步达峰并逐年下降，人类活动产生的温室气体排放量将逐步减少趋零，全球温升得到有效控制，全球变暖威胁逐步消除。建成全球能源互联网根本解决了全球气候环境难题，气候生态回归自然稳定状态，极端天气逐步减少，泥石流、山体滑坡、森林火灾等次生灾害发生频率下降。极地冰盖和陆地冰川的消融势头减缓，海平面上升得到遏制，全球沿海地带和岛屿的居民环境获得显著改善。

自然环境和谐优美。建立在零碳能源体系上的现代工业文明与自然生态和谐共生，绿色成为大自然的底色。自然生态系统的覆盖面和完整性大幅提升，森林、草地、湿地和城市绿地的空间持续扩大。生物多样性得到保护和恢复，动植物生存范围扩大，实现"万物各得其和以生，各得其养以成"的新境界。创造美丽健康的人居环境，有效减少污染物和温室气体排放造成的健康影响和生理疾病，人类平均寿命进一步延长，生活质量显著提高。

全球共建生态文明。良好生态环境是全人类共建、共享的文明成果。世界各国密切合作，共同遵循人与自然共生共存的理念，尊重自然、顺应自然、保护自然，共同建设不可替代的地球家园。发展中国家有望在最大程度上避免重复发达国家先发展后减碳、先高碳再低碳、先污染后治理的弯路，走出一条以绿色低碳方式建设现代生态文明的新道路。

17.4.2　释放创新红利，激发经济增长新活力

碳中和是顺应全球治理变革趋势、推动经济社会系统性变革的必然选择，是协同推进经济高质量发展与生态环境高水平保护的根本途径，全球生产生活方式将发生深刻变革，经济社会步入绿色低碳、智能高效、开放共享的新时代。

能源清洁永续供应。各类清洁能源大规模开发利用，人类对能源的开发利用彻底实现从高碳、粗放、污染向零碳、智能、清洁的方式转变。全球能源互

联网作为全球能源大规模配置网络全面建成，清洁能源以低成本、低损耗、高效率、高质量的方式传输，在大洲之间、区域之间、国家之间优化配置能源资源，减少弃水、弃风、弃光，电力供应覆盖地球每一个角落，为人类社会永续发展提供不竭动力。人类将充分享有价格低廉、服务高效的清洁电力供应，人人享有经济、便捷、充足的能源，有力驱动经济高速增长和社会蓬勃发展。

产业体系不断升级。**制造业领域**，智能制造、3D 打印等通用型生产方式广泛应用，人工智能、纳米材料等技术应用，制造业面貌焕然一新。新能源汽车发展迅速，呈现绿色化、共享化、智能化趋势。**农业领域**，生产活动由智能网络、人工机器完成，数据驱动、人机协同的灵活方式实现立体农业、数字农业等多种形态。**服务业领域**，信息流、大数据、科技与服务交汇，大批新兴价值创造方式应运而生。

全球经济一体化发展。碳中和背景下的能源互联、产业升级、资金融通，促进各国共同打造新技术、新产业、新业态、新模式，建立开放、透明、非歧视性的国际规则和多边体制，推动经济全球化朝着更加开放、包容、普惠、平衡、共赢的方向发展。区域经济一体化加速推进，构建深度融合、开放融通的区域生产网络体系。在世界上消除贫困，推动欠发达国家实现现代化，缩小全球南北差距、东西差距，促使世界经济布局更加均衡，实现全球经济一体化发展。

17.4.3　推动社会和谐，迈入人类文明新阶段

全球碳中和将不断开拓生产发展、生活富裕、生态良好的文明发展道路，推动文明跨越式发展，使国际社会真正成为你中有我、我中有你的人类命运共同体。

绿色宜居新生活。全社会推动生活方式绿色化，崇尚理性消费、健康消费、绿色消费，高效节约的共享生活新理念得到广泛认同和践行。环保低碳的生活用品受到大众欢迎，旧物循环回收成为生活习惯。城镇建设规划更加科学合理，超低能耗的"零碳建筑"全面推广。绿色出行成为第一选择，电动、燃料电池、氢能等新能源汽车占据主导地位。

人类命运共同体。全球实现能源与物质的充足永续供应，国与国互信互助、共荣共生。**全球安全迈上新高度**，营造公平、正义、合作的安全格局，和平的

阳光普照大地，人人享有安宁祥和新社会。**全球发展迈上新高度**，形成紧密协作、互利共赢的合作网络，发展成果惠及世界各国，人人享有富足安康的新生活。**全球治理迈上新高度**，全球事务共同治理，国际规则共同书写，全球治理体系更好反映全人类的美好愿望和共同利益，人人享有公平公正的新秩序。**人类文明迈上新高度**，各国以文明交流超越文明隔阂，以文明互鉴超越文明冲突，人人享有文化滋养的新文明。全球携手建设持久和平、普遍安全、共同繁荣、开放包容、清洁美丽的美好世界，人类文明将迈上绿色、繁荣、和平、和谐的新高度。

17.5　小结

- **全球能源互联网实现碳中和价值巨大**。到 2050 年，能源系统投资约 97 万亿美元，对全球经济增长的贡献率达到 4.6%，创造近 3 亿个就业岗位，减少排放 6400 万吨二氧化硫、1.0 亿吨氮氧化物、1460 万吨细粒颗物，累计创造综合价值超过 800 万亿美元，相当于 1 美元的能源投资获得 9 美元的综合价值。

- **政策机制是实现全球碳中和的重要保障**。重点是创新清洁发展机制、完善合作治理机制、形成协作创新机制、健全金融投资与法律保障机制。

- **三网融合是世界发展的重要趋势**。能源网、信息网、交通网在形态功能上紧密耦合、高效协同，在设施、数据、业务和产业多层次融合促进"多流合一"，实现价值创造最大化。三网在城市、国家、区域加速形成基础设施融合发展的高级形态，推动世界经济转型升级，为人类可持续发展提供重要保障。

- **实现全球碳中和将创造美好未来**。实现碳中和将重塑文明生态、创造繁荣经济、实现和谐社会，开启人类绿色低碳、智能永续、开放共享的新时代。

附　录

附录1　全球能源互联网发展合作组织简介

2015年9月，中国国家主席习近平在联合国发展峰会上提出"探讨构建全球能源互联网，以清洁和绿色方式满足全球电力需求"的重大倡议。为推动倡议落地，全球能源互联网发展合作组织（简称合作组织）于2016年3月29日正式成立。全球能源互联网为推动世界能源转型、应对气候变化、实现人类可持续发展提供系统解决方案，得到国际社会高度赞誉和积极响应。联合国秘书长古特雷斯指出：构建全球能源互联网是实现人类可持续发展的核心和全球包容性增长的关键，对落实联合国"2030议程"和《巴黎协定》至关重要。联合国气候变化框架公约秘书处表示，构建全球能源互联网代表了世界可再生能源发展与能源转型趋势，是实现《巴黎协定》目标的极佳工具。成立五年以来，合作组织在理论创新、战略研究、能源规划、国际合作、网络平台、项目落地等方面全面促进全球能源气候治理与合作。

开创全球能源互联网理论体系。合作组织源互联网理念为统领，实施"两个替代、一个提高、一个回归、一个转化"为途径，"三网融合"发展为方向，形成推动能源、气候、环境全面协调发展的理论体系，开辟了以清洁发展促进可持续发展的新道路，占据了世界能源革命的战略高地。五年来，合作组织开展了百余项课题研究，面向全球发布气候变化、环境健康、无电贫困、可持续发展、能源互联网规划、可再生能源资源评估、三网融合等一大批创新成果，在完善和创新全球能源互联网理论方面实现重要突破。全球能源互联网理论指导实践，推动全球能源互联网从中国倡议走向全球行动。目前全球能源互联网已纳入联合国落实《2030年议程》、促进《巴黎协定》实施、推动全球环境治理、解决无电贫困健康问题以及"一带一路"建设、中阿合作、中非合作等工作框架，连续四年纳入联合国高级别政治论坛政策建议报告，写入第五十四届西非国家经济共同体首脑峰会、第九届清洁能源部长级会议、中阿合作论坛第八届部长级会议等成果文件，助力全球能源互联网成为应对气变环境危机、推动可持续发展的全球性解决方案。

　　开展全球碳中和重大战略研究。《全球能源互联网促进〈巴黎协定〉实施行动计划》❶全面对接《巴黎协定》减缓、适应、资金、技术、能力建设、透明度六大议题，全球能源互联网纳入联合国《巴黎协定》工作框架。合作组织与WMO、IIASA 联合研究成果《全球能源互联网应对气候变化研究报告》❷，系统提出全球能源互联网 1.5℃和 2℃情景，指出全球能源排放有望在 2025 年左右达峰，2050 年左右基本净零，能够实现《巴黎协定》温升控制目标。发布《全球能源互联网促进全球环境治理行动计划》❸，全球能源互联网纳入联合国全球环境治理工作框架。《破解危机》❹系统阐述以全球能源互联网破解气候和环境危机的发展思路、行动路线、重点举措和综合价值。面向中国碳达峰碳中和目标，合作组织发布《中国 2030 年前碳达峰研究报告》❺《中国 2060 年前碳中和研究报告》❻《中国碳中和之路》❼及中国能源电力发展展望等系列研究报告。

　　完成全球能源电力系统规划。能源电力规划方面，研究全球能源互联网建设方案和行动路线，形成了全球及各大洲能源互联网研究与展望"1+6"系列报告❽，提出了全球和各洲能源变革转型、电力发展规划等重要成果。清洁能源资源方面，系统分析测算全球以及各大洲水能、风能、太阳能等清洁能源资源分布、储量、品质和开发条件，形成全球及各大洲清洁能源开发与投资"1+6"系列报告❾。技术方面，发布全球能源互联网技术装备和标准体系，发布清洁能源发电、特高压输电、大容量直流海缆、大规模储能等全球能源互联网关键技术发展路线图，持续引领和推动关键技术创新突破。为推动世界能源转型、实现各国减排目标提供了系统方案和重要支撑。

　　推动全球气候与能源治理合作。合作组织与联合国机构、国际组织、权威国际气变环境机构开展国际合作与联合研究。合作组织与联合国气候变化框架

---

❶ 全球能源互联网发展合作组织，全球能源互联网促进《巴黎协定》实施行动计划，2018。

❷ 全球能源互联网发展合作组织、国际应用系统分析研究所、世界气象组织，全球能源互联网应对气候变化研究报告，北京：中国电力出版社，2019。

❸ 全球能源互联网发展合作组织，全球能源互联网促进全球环境治理行动计划，2019。

❹ 全球能源互联网发展合作组织，破解危机，北京：中国电力出版社，2020。

❺ 全球能源互联网发展合作组织，中国 2030 年前碳达峰研究报告，北京：中国电力出版社，2021。

❻ 全球能源互联网发展合作组织，中国 2060 年前碳中和研究报告，北京：中国电力出版社，2021。

❼ 全球能源互联网发展合作组织，中国碳中和之路，北京：中国电力出版社，2021。

❽ 全球能源互联网发展合作组织，全球能源互联网研究与展望及亚洲、欧洲、北美洲、中南美洲、大洋洲、非洲能源互联网研究与展望系列报告，北京：中国电力出版社，2019。

❾ 全球能源互联网发展合作组织，全球清洁能源开发与投资及亚洲、欧洲、北美洲、中南美洲、大洋洲、非洲清洁能源开发与投资系列报告，北京：中国电力出版社，2020。

公约秘书处合作编写《能源部门温室气体排放核算方法及监测指南》，为发展中国家能源部门制定减排战略和行动提供核算指南和政策工具。合作组织主导设计的"全球能源互联网实现《巴黎协定》温控目标情景"纳入政府间气候变化专门委员会第六次评估报告。合作组织与世界气象组织联合开展能源气象融合战略研究与项目合作，为促进全球清洁能源资源开发利用提供基础数据、合作平台与能力建设。合作组织与国际应用系统分析研究所等国际权威研究机构联合开展应对气候变化、大气污染与健康、全球气变环境综合评估模型、全球能源互联网减排数据库等领域的合作研究。

打造全球气候能源合作平台。以推动绿色能源全球互联为目标，打造覆盖全球、跨界融合、协同创新、共建共享的全球能源互联网"合作圈"。目前合作组织已吸纳超过 130 个国家的 1100 多家会员单位，形成全球能源与气候合作网络与平台。与联合国经社部、环境规划署、人居署、气变公约秘书处、高代办、世界气象组织、教科文组织等重要机构，亚太经社委、西亚经社委、非洲经委会、欧洲经委会、拉加经委会等五大区域分支机构建立密切合作关系，与非盟、阿盟、东盟、欧盟、海湾国家合作委员会等国际组织，五大洲 100 多个国家的政府、企业、机构、协会、高等院校等开展深入合作，签署了 48 项合作协议。2018 年中非合作论坛北京峰会期间，合作组织与几内亚政府共同倡议成立非洲能源互联网可持续发展联盟，为政府、企业、金融机构等各方搭建政策对接、资源整合、资金筹措、项目实施的合作平台。

推动实施全球减排重大工程。合作组织为各国政府、国际组织、企业机构提供项目、技术、资金等方面的综合服务，形成"能联全球"合作平台，打造价值共创、互利共赢的全球网络和合作平台。面前全球，建立水风光发电和电网互联重点项目库，遴选出 219 个清洁能源基地和 110 个跨国跨洲联网工程。推动中国与周边国家及"一带一路"沿线国家电力互联互通项目并取得突破，与埃塞能源部、海合会合作推动海湾国家联网工程。全球能源互联网清洁低碳项目的落地实施，将助力各国提升国家自主贡献、实现碳中和目标。

附录 2　GEI 碳中和情景

附表 1　GEI 碳中和方案能源与排放情景

能源与排放	能源需求（亿吨标准煤）					占比（%）		增速（%）
	2018	2025	2035	2050	2060	2025	2050	2018—2050
一次能源需求	204	222	219	194	186	100	100	−0.2
煤炭	54.4	51.4	27.3	6.8	2.2	23	3	−6.3
石油	64.9	70.1	55.4	20.5	10.8	32	11	−3.5
天然气	46.5	53.3	55.2	21.3	11.5	24	11	−2.4
水能	5.2	6.7	9.1	13.3	13.4	3	7	3.0
核能	10.1	10.3	12.4	17.0	18.9	5	9	1.6
生物质能	19.0	20.3	26.2	36.8	39.3	9	19	2.1
可再生能源	4.1	9.5	33.0	78.5	89.7	4	40	9.7
发电/制热部门	78	86	96	125	131	100	100	1.5
煤炭	35.1	34.8	17.1	3.2	0.5	40	2	−7.2
石油	2.9	3.1	1.4	0.0	0.0	4	0	—
天然气	18.6	18.6	18.8	7.9	5.3	22	6	−2.6
水能	5.2	6.7	9.1	13.3	13.4	8	11	3.0
核能	10.1	10.3	12.4	17.0	18.9	12	14	1.6
生物质能	3.0	3.7	6.4	9.8	9.8	4	8	3.8
可再生能源	3.4	8.3	30.6	73.5	82.7	10	59	10.1
终端能源需求	142	159	165	148	142	100	100	0.1
煤炭	14.2	12.9	8.5	3.2	1.5	8	2	−4.5
石油	57.9	62.0	50.0	19.0	10.0	39	13	−3.4
天然气	23.0	28.5	31.6	12.0	5.5	18	8	−2.0
电能	27.4	35.6	51.0	73.7	78.6	22	50	3.1
热能	4.3	3.9	3.6	3.0	2.7	3	2	−1.1
生物质能	14.5	13.9	15.1	18.5	20.1	9	13	0.8
其他可再生能源	0.7	1.2	2.4	5.0	7.0	1	3	6.3
氢能	0.0	0.6	2.9	13.8	16.3	0	9	—
工业部门（不含非能）	41	45	49	45	44	100	100	0.3
煤炭	11.4	11.1	7.7	2.6	1.1	25	6	−4.5
石油	4.2	4.8	5.2	1.2	0.2	11	3	−3.8

续表

能源与排放	能源需求（亿吨标准煤）					占比（%）		增速（%）
	2018	2025	2035	2050	2060	2025	2050	2018—2050
天然气	8.5	10.1	12.0	4.2	2.0	22	9	-2.2
电能	11.5	14.1	17.5	26.2	27.1	31	58	2.6
热能	2.0	1.8	1.8	1.5	1.5	4	3	-0.9
生物质能	2.9	3.2	4.2	4.2	6.0	7	9	1.2
其他可再生能源	0.0	0.0	0.2	0.6	1.0	0	1	—
氢能	0.0	0.2	0.7	4.6	5.5	0	11	—
交通部门	41	48	46	35	31	100	100	-0.5
石油	37.9	43.0	33.0	9.5	2.8	89	27	-4.2
天然气	1.7	1.6	1.5	0.3	0.0	3	1	-5.3
电能	0.5	1.5	6.5	13.5	14.5	3	39	10.8
生物质能	1.3	1.9	3.2	7.0	8.5	4	20	5.4
氢能	0.0	0.4	2.0	4.5	5.5	1	13	—
建筑部门	47	52	56	50	49	100	100	0.2
煤炭	2.1	1.1	0.1	0.0	0.0	2	0	—
石油	6.2	4.5	2.0	0.0	0.0	9	0	—
天然气	10.0	14.0	15.0	5.0	1.5	27	10	-2.1
电能	15.4	20.0	27.0	34.0	37.0	39	67	2.5
热能	2.3	2.1	1.8	1.5	1.2	4	3	-1.3
生物质能	10.3	8.8	7.5	4.0	2.0	17	8	-2.9
其他可再生能源	0.7	1.2	2.2	4.4	6.0	2	9	5.9
氢能	0.0	0.0	0.0	1.4	1.7	0	3	—
非能利用部门	13	13	14	16	14	100	100	0.7
煤炭	0.7	0.7	0.7	0.6	0.4	5	4	-0.5
石油	9.6	9.7	9.8	8.3	7.0	73	53	-0.5
天然气	2.8	2.9	3.1	2.5	2.0	22	16	-0.4
生物质	0.0	0.1	0.3	0.9	0.6	0	6	—
氢能	0.0	0.0	0.2	3.3	3.6	0	21	—
二氧化碳排放（亿吨二氧化碳）								
能源相关（含碳移除）	335	348	240	19	-34	—	—	-8.6
全社会（含碳移除）	423	434	257	-0.3	-64	—	—	—

附录 3　全球气候变化综合评估模型

全球气候变化综合评估用于研究**全球能源电力转型、气候变化影响、经济社会可持续发展**。全球碳中和优化方案基于可持续发展与气候经济学理论，运用一般综合评估模型研究全球气候变化，构建能源系统和电力系统综合模型，系统全面研究气候—能源—电力—环境—可持续发展战略问题。全球能源互联网发展合作组织与奥地利国际应用系统分析研究所（IIASA）和世界气象组织（WMO）共同开展全球能源互联网应对气候变化科学研究，以实现《巴黎协定》2℃和 1.5℃温控目标，形成了集能源需求预测、能源系统优化、气候变化影响、综合效益分析的**全球气候变化综合评估平台**。本报告基于全球 1.5℃温控目标研究成果深化全球碳中和最优方案，并提供各行业转型路线图。

1. 综合评估框架

MESSAGEix 模型对全球能源系统进行全局优化，以满足供能需求和成本最小为目标，以气候变化、资源潜力、能源供需平衡、生产能力和能源系统存量变化为约束条件，综合考虑资源开采、中间转换、终端用能各个环节，优选工业、交通、建筑部门用能技术效率和成本参数，构建跨国、跨洲电力贸易的格局，形成满足气候变化等约束条件的全能源系统技术组合方案。

2. 能源需求模块

为了研究未来终端部门用能电气化发展规律，并与 MESSAGEix 模型的终端用能需求相衔接，能源需求预测模块利用 S 形曲线方法对工业部门和交通部门的人均工业用能和陆路交通用能进行了预测，采用核最小均方（Kernel Least Mean Squares，KLMS）学习方法对建筑部门用能进行预测，对未来终端部门用能变化进行了展望。

（1）工业部门

工业用能与工业化水平、城镇化程度、经济发展程度密切相关。发达国家工业用能数据变化趋势表明，人均工业用能与人均国民生产总值（GDP）数据呈现 S 形曲线，即随着人均 GDP 的增长，人均工业部门能源消费呈现"从缓慢增长到加速增长，再到减速增长，最后为零增长或负增长的 S 形轨迹"。

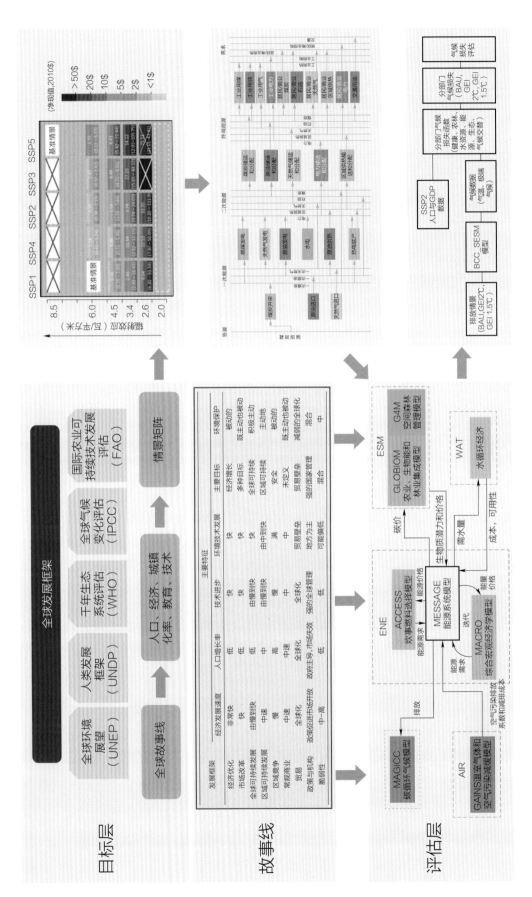

附图1 全球气候变化综合评估框架图

全球碳中和之路

640

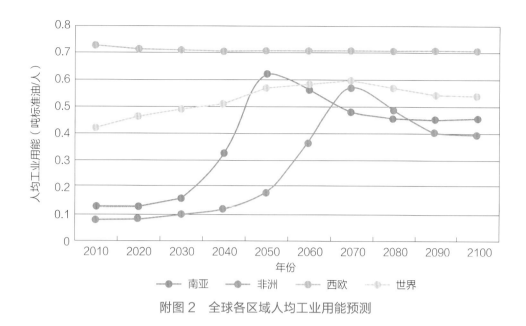

附图 2 全球各区域人均工业用能预测

（2）交通部门

2018 年交通部门能源消费主要集中在陆路交通，占交通部门总能源消费的 3/4 左右。本方案交通部门能源需求展望以共享社会经济路径（SSP2）为经济社会发展边界条件，利用 S 形曲线考虑不同区域陆路交通电能替代进程，预测中

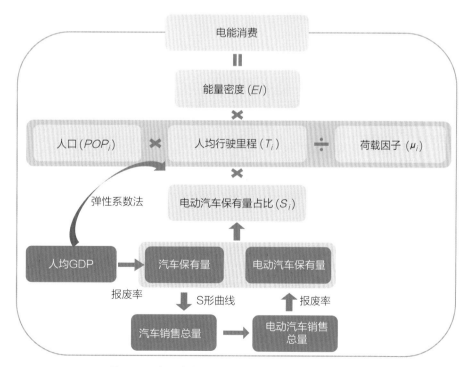

附图 3 交通部门电能消费预测模型结构示意图

远期陆路交通用能，并利用趋势外推的方法对其他运输方式用能进行预测，计算交通部门总用能。假设电池技术、充电桩数目等不影响电动车行驶里程，则电动车/燃油车保有量占比即为电动车/燃油车总行驶里程占比。根据汽车保有量历史数据、销售量数据及报废量等，得到汽车销售量预测值。电动汽车渗透率随时间推移符合 S 形曲线分布。

（3）建筑部门

　　建筑部门有用能需求预测采用核最小均方学习方法，通过创新性地建立包含历史基础、发展现状以及未来发展模板的数据库，预测未来建筑部门的有用能需求总量与结构发展趋势。建筑终端需求具体通过以下步骤进行预测。第一，建立训练指标体系，选取 GDP、人口密度、占地面积和温度等参数作为训练指标。第二，建立历史训练数据库，根据选定的指标，在库中收集大量历史数据作为训练样本。第三，建立发展模板，由于仅凭历史数据很难预测长期结果，故在考虑自然和社会相似性的基础上，研究选择一定数量的高度发达地区作为其他地区的发展模板。第四，考虑包含上述历史数据和模板数据的数据库，形成发展路径集群，使用核最小均方学习方法预测未来的有用能需求。第五，通过将有用能用作 MESSAGEix 模型的输入并汇总来自各个地区的结果，完成建筑部门的全球最终用能需求预测。

附图 4　建筑部门终端能源需求预测模型结构示意图

3. 气候损失模块

　　在综合评估模型（IAM）中，气候损失模块是连接气候模块与经济模块的关键纽带。该模块采用的气候损失函数在评估气候变化可能引起的各种直接、间接损失和系统影响方面被广泛使用。平台整合了北京气候中心简化地球系统模型（BCC_SESM）和国际应用系统分析研究所（IIASA）开发的

MESSAGEix-GLOBIOM 综合评估模型，利用第五次耦合模式比较计划（CMIP5）最新的排放、气候和经济社会情景数据，基于 FUND 气候损失模型，研究不同情景下的全球部门气候损失，扩展了受气候变化影响的部门和途径，构建了全球总气候损失函数，以此预估未来气候变化对全球和部门的影响和损失，包括评估 FUND 模型中农业、林业、水资源和能源消耗等市场部门以及生态系统和海平面上升等非市场部门，同时研究多种气候灾害损失情况，包括评估空气污染对人类健康的影响及海平面上升对沿海地区的影响。

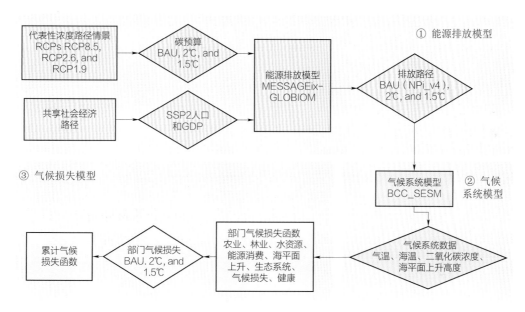

附图 5　气候损失预测模型结构示意图

4. 综合效益模块

综合效益分析是基于能源转型结果和减排成效对全球经济、社会、环境、健康的综合影响评估。经济社会方面，采用自上而下的可计算一般均衡能源经济模型（CGE），开展全球碳中和方案在政策机制、产业结构、国际贸易、民生就业等方面产生的综合效益研究。环境健康方面，采用温室气体—空气污染相互作用和协同模型（GAINS）计算得出全球碳中和方案的污染物减排效益，并进而计算得出健康效益。

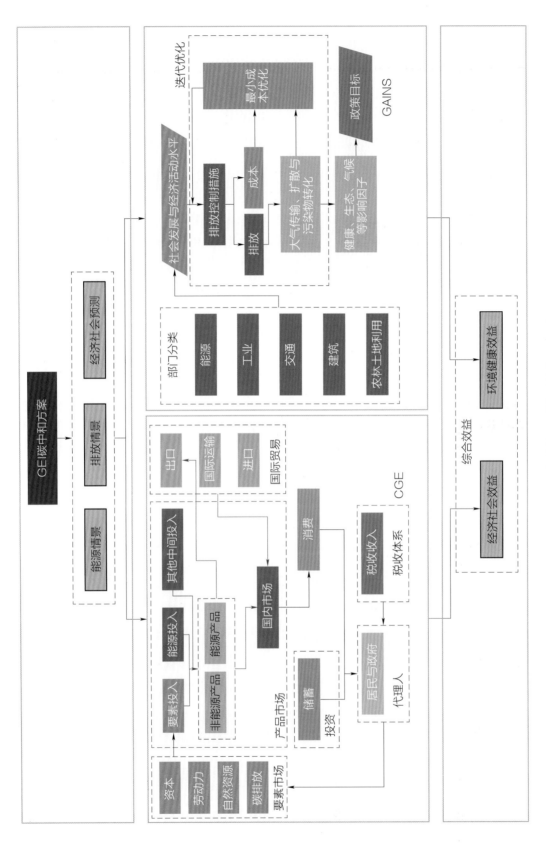

附图 6　综合效益预测模型结构示意图

附录 4　全球清洁能源资源评估模型

清洁能源大规模开发利用需要科学准确的资源量化评估。当前,全球范围内清洁能源发展虽然已取得一定成效,但仍有巨大开发潜力,开展资源开发量的精细化评估研究显得尤为关键。

全球能源互联网发展合作组织提出了一套定义明确,系统、全面、可操作的算法,构建了清洁能源资源评价体系和精细化数字评估模型,在建立健全全球清洁能源资源数据库的基础上,实现全球视角下水能、风能和太阳能理论蕴藏量、技术可开发量、经济可开发量的系统测算与量化评估,形成了**全球清洁能源开发评估平台**(Global Renewable-energy Exploitation Analysis platform,GREAN),有效提升了全球清洁能源资源评估的准确度与时效性,为相关国家和地区清洁能源的大规模开发利用提供了重要支撑。

1. 水能资源评估方法

水能是蕴藏于河川和海洋水体中的势能和动能。广义水能资源包括河川水能、潮汐水能、波浪能、海流能等能量资源;狭义水能资源是指河川水流水能资源。本书主要研究狭义水能资源。

水能资源评估需要河网和河流水文数据。利用全球数字高程模型(Digital Elevation Model,DEM),采用数字化方法生成数字化河网,进一步收集整理了遍布全球的水文站数据,形成了全球水能资源评估的重要基础。

水能资源评估具体可分为准备地形和水文资料、生成河网、测算理论蕴藏量、研究梯级开发方案、测算技术指标、估算经济性 6 个主要步骤。

河流水能的理论蕴藏量是河流水能势能的多年平均值,由河流多年平均流量和全部落差经逐段计算得到,单位为千瓦时。水能理论蕴藏量与河川径流量和地形落差直接相关。流域内干支流径流受全球气候、区域环境变化、人类活动影响等存在一定变化,但其多年平均径流量相对稳定;河道天然落差取决于地形,一般情况下区域地形较为稳定。因此,河流的水能理论蕴藏量是相对固定和客观的,是评价河流水能资源大小的宏观指标。受水能资源分布特点限制,开展水能理论蕴藏量评估时,一般遵循"从河段到河流、从支流到干流"的原则,按照流域开展逐级研究。

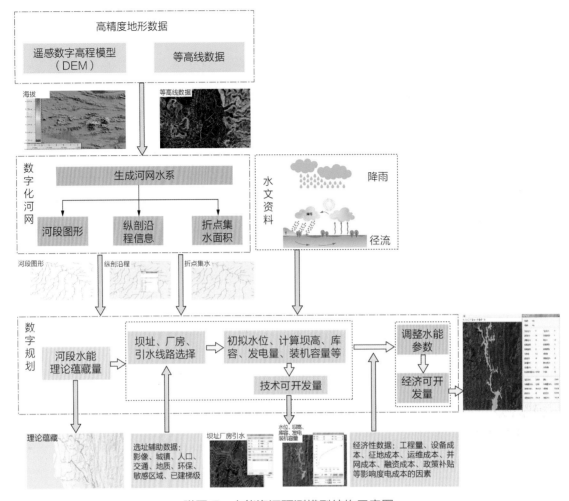

附图 7　水能资源预测模型结构示意图

　　采用数字化方法评估水能资源理论蕴藏量的目标是计算河流的理论年发电量。首先以卫星遥感观测数据为基础得到数字高程模型，生成数字化河网数据；通过提取河流比降突变点、支流汇入点和河口位置，在满足断面间距要求的前提下，合理确定控制断面，生成用于计算分析的河段；然后以全球径流场数据、全球主要河流水文站数据为基础，结合河流或者湖泊年降水量、河段区间集水面积、上下断面多年径流量平均值、区间水位等信息，计算得到各河段的流量信息，进而完成理论蕴藏量的测算。

　　一般情况下，流域的水能资源理论蕴藏量是其干流及主要支流范围内各河段理论蕴藏量的总和。一个国家的水能理论蕴藏量是其国界范围内各流域理论蕴藏量的总和。界河资源量按各 50% 分别计入两岸国家。

　　评估河流的技术可开发量，主要任务是剔除不宜开发水电站的河段的资源，而评估经济可开发量需进一步考虑影响水电度电成本的经济性因素，结合替代电源的成本或受电地区可承受的电力价格进行对比分析。

2. 风光资源评估方法

风能是空气流动所产生的动能，是太阳能的一种转化形式。太阳辐射造成地球表面各部分受热不均匀，引起大气层中压力分布不平衡，在水平气压梯度作用下，空气沿水平方向运动形成风。**太阳能是由太阳核聚变所产生的能量，经由电磁波形式在宇宙空间中传递，是地球表层能量的主要来源。**分析太阳能资源需要包括太阳能年总水平面辐射量、水平面散射辐射量、年总法向直射辐射量等数据。本书主要研究适宜开发光伏发电的太阳能资源。

风能与太阳能资源评估研究重点关注理论蕴藏量、技术可开发量和经济可开发量 3 个指标的测算。

首先，收集整理风、光资源数据，全球地形、数字高程、岩层地质等地理信息，地面覆盖物分布等高分遥感辨识信息，自然保护区、交通基础设施分布等人类活动信息，形成支撑资源评估的多元数据库。然后，基于地理信息数字计算，采用多分辨率融合及多类型混合计算等技术，将各类数据同化为可以进行量化评估的标准数据源。最后，构建多层次量化分析体系，实现从技术特性（理论蕴藏量与技术可开发量）到经济性水平（经济可开发量）的全面评估。

风能资源理论蕴藏量是指评估区域内一定高度上可利用的风的总动能。一般不考虑从动能到机械能乃至电能的能量转换效率。太阳能光伏发电资源理论蕴藏量是某一区域地表接收到的太阳能完全转化为电能的能量总和，不考虑发电转化效率的损失。数字化评估风能资源、光伏发电资源的理论蕴藏量，是将评估转化为计算待评估区域内每个栅格面积与该栅格对应风功率密度、太阳水平面总辐射量乘积的累加。

技术可开发量是指在评估年份技术水平下可以进行开发的装机容量总和。评估的关键在于剔除因资源禀赋、保护区、海拔与海深、地面覆盖物等限制而产生的不可利用面积。风能评估需要根据不同地形坡度条件设定的不同装机密度，光伏评估需要根据当前技术条件下光伏发电组件的设备参数和最佳排布原则，计算单位面积上的光伏发电设备排布方阵的总功率，得出装机密度。最后，风能与太阳能光伏发电资源技术可开发量的数字化评估即为计算每个栅格的有效装机面积与装机容量乘积的累加。

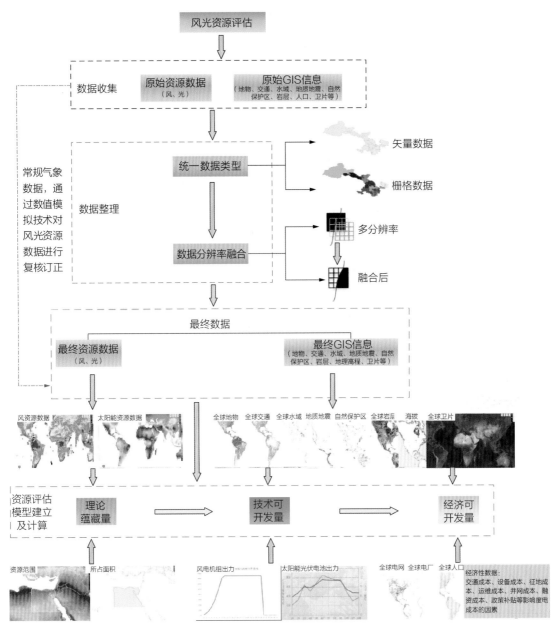

附图 8　风能与太阳能资源预测模型结构示意图

　　经济可开发量是指在评估年份技术水平下，技术可开发装机容量中与当地平均上网电价或其他可替代电力价格相比具有竞争优势的风电或光伏装机总量。评估风能资源经济可开发量时，采用平准化度电成本（Levelized Cost of Energy，LCOE）作为评估指标，建立了一种适用于清洁能源资源经济可开发量的计算模型，通过选定待评估地区、确定技术参数、确定成本参数、确定财务参数、确定政策参数、计算度电成本、经济性判断和结果计算等 8 个主要流程实现资源经济可开发量评估。评估过程中将每个地理栅格视为一个计算单元，分别计算各栅格单元对应的度电成本，通过与给出的综合参考电价进行对比，将具有经济性的栅格的装机容量按照地域面积进行累加，即可得到该区域的经济可开发量。

资源开发经济性分析中，基地的建设投资除设备成本、建设成本（不含场外道路）、运维成本等外，还需要重点计算并网成本与场外交通成本。

并网成本是指将开发的清洁能源发电资源接入电网所需新增建设电网设施的费用。一般清洁能源基地工程多建设在远离城镇等人口密集的地区，需要修建更长的并网工程，增加了开发投资成本。并网主要受格点风电接网与消纳方式影响，需要开展针对性测算。对于本地消纳的风光资源，其并网成本是风电场或光伏电站到最近电网接入点的输电成本，与接入电压等级和距离有关，多采用交流输电方式。输电成本包括受端变电站和输电线路建设费用。对于需要远距离外送消纳的风光资源，其并网成本是风电场或光伏电站到本地电力汇集站以及远距离外送工程的输电成本之和。外送工程多采用直流输电方式，输电距离不同，输电成本也不同，成本包括送受端换流站和直流线路建设费用。不同规模、不同距离的电源并网需要采用不同输电方式和电压等级，具有不同的并网成本因子，结合待评估格点的最短并网距离，量化测算并网条件对不同区域清洁能源资源开发成本的影响。

场外交通成本是指为开发清洁能源发电资源而新增建设从现有交通设施路网（包括公路、铁路等）到资源地的交通设施费用。本书主要考虑公路交通设施。一般大型清洁能源发电基地与现有公路之间有一定距离，需要修建必要的场外引接公路才能满足工程建设需要，这部分增加的建设成本应计入资源的开发总成本。本书采用了交通成本因子法，基于覆盖全球的公路路网数据，计算待开发格点到最近外部运输道路的长度，即最短公路运距，综合山地、平原等不同地形条件下场外运输道路的平均单位里程成本，可以量化测算场外交通对开发成本的影响。

3. 基础数据

水文、风速、太阳辐射等资源数据是开展水能、风能和太阳能资源评估研究的基础。本书为实现数字化、多维度的水能、风能与太阳能资源评估，引入了全球地面覆盖物分布等地理信息类数据，以及全球交通与电网基础设施分布等人类活动相关数据，可以在理论蕴藏量评估的基础上，进一步开展技术可开发量和经济可开发量等多维度的评估测算。总体上，研究建立了全球清洁能源资源评估基础数据库，共包含 3 类 18 项覆盖全球范围的数据信息。

附表 2　全球清洁能源资源评估基础数据

序号	数据名称	空间分辨率	数据类型
1	全球水文数据	—	其他数据
2	全球中尺度风资源数据	9 千米×9 千米	栅格数据
3	全球太阳能资源数据	9 千米×9 千米	栅格数据
4	全球地面覆盖物分类信息	30 米×30 米	栅格数据
5	全球主要保护区分布	—	矢量数据
6	全球主要水库分布	—	矢量数据
7	全球湖泊和湿地分布	1 千米×1 千米	栅格数据
8	全球主要断层分布	—	矢量数据
9	全球板块边界分布 空间范围：南纬 66°～北纬 87°	—	矢量数据
10	全球历史地震频度分布	5 千米×5 千米	栅格数据
11	全球主要岩层分布	—	矢量数据
12	全球地形卫星图片	0.5 米×0.5 米	栅格数据
13	全球地理高程数据 空间范围：南纬 83°～北纬 83° 间陆地	30 米×30 米	栅格数据
14	全球海洋边界数据	—	矢量数据
15	全球人口分布	900 米×900 米	栅格数据
16	全球交通基础设施分布	—	矢量数据
17	全球电网地理接线图	—	矢量数据
18	全球电厂信息及地理分布	—	矢量数据

资源类数据， 主要包括全球主要河流的水文数据、全球中尺度风资源数据以及太阳能资源数据。**全球水文数据** 为全球径流数据中心（GRDC）发布的涵盖全球主要河流的 9484 个水文站点、30 年以上的逐日水文数据。**全球风资源**

数据为 Vortex 计算的全球风能气象资源数据❶。**太阳能资源数据**为 GeoModel Solar 计算发布的全球太阳能气象资源数据❷。

地理信息类数据，主要包括全球地面覆盖物、保护区、水库、湖泊湿地、主要断层、板块边界、历史地震频度、岩层等分布数据，地理高程与海洋边界等数据。**全球地面覆盖物分布数据**来源于中国国家基础地理信息中心发布的覆盖北纬 80°～南纬 80° 陆地范围的森林、草地、耕地等 10 个主要地表覆盖类型的辨识成果数据。**全球主要保护区分布数据**来源于国际自然保护联盟和联合国环境规划署世界保护监测中心联合发布的全球保护区数据集，本书结合中国保护区分类标准❸进行了必要的翻译、归类和整理。**全球主要水库分布数据**来源于德国波恩的全球水系统项目，包含了超过 6500 个人工水库，累计库容约 6.2 万亿立方米。**全球湖泊湿地分布数据**由世界自然基金会、环境系统研究中心和德国卡塞尔大学合作开发，包含了人工水库外的湖泊和永久开放性水体。**全球主要断层分布数据**来源于美国环境系统研究所。**全球板块边界分布数据**来源于美国环境系统研究所。**全球历史地震频度分布数据**来源于世界资源研究所，包含了自 1976 年以来里氏 4.5 级以上地震的地理分布。**全球主要岩层分布数据**来源于欧盟委员会、德国联邦教育与研究部、德意志科学基金会等机构的联合研究成果。**全球地理高程数据**来源于美国国家航空航天局和日本经济贸易工业部。**全球海洋边界数据**来源于比利时弗兰德斯海洋研究所，包含《联合国海洋法公约》中规定的 200 海里（1 海里=1852 米）专属经济区、24 海里毗连区、12 海里领海区域等信息。

人类活动和经济性资料，主要包括全球人口、交通基础设施、电网地理接线图、电厂信息及地理分布等数据。**全球人口分布数据**来源于哥伦比亚大学国际地球科学信息网络中心，包含 2000、2005、2010 年和 2015 年的人口分布数据。**全球交通基础设施分布数据**来源于北美制图信息学会发布的全球铁路、机场、港口数据集，以及由美国国家航空航天局社会经济数据和应用中心发布的全球公路网数据集。**全球电网地理接线图数据**来源于全球能源互联网发展合作组织，涵盖了欧洲、亚洲、美洲、非洲及大洋洲共 147 个国家截至 2017 年

---

❶ 资料来源：VORTEX, Vortex System Technical Description，2017.

❷ 资料来源：SOLARGIS, Solargis Solar Resource Database Description and Accuracy，2016.

❸ 资料来源：中华人民共和国环境保护部，GB/T 14529—1993 自然保护区类型与级别划分原则，北京：中国标准出版社，1993。

年底的主干输电网数据，包括 110～1000 千伏的交流电网和主要的直流输电工程。**全球电厂信息及地理分布数据**来源于谷歌、斯德哥尔摩皇家理工学院和世界资源研究所的联合研究成果，包含截至 2017 年年底火电、水电、核电、风电、光伏发电、生物质能发电等全球电站的位置分布及装机容量等信息。

附录5　全球能源互联网规划模型

全球能源互联网发展合作组织构建了涵盖全球经济、人口、能源、电力等多维度指标的全球能源互联网综合数据库。以实现绿色清洁方式满足能源需求为目标，统筹考虑经济、社会、资源和环境等因素，开发全球能源互联网规划模型，为全球能源互联网规划工作提供权威的数据支撑和模型工具。

1. 电力需求预测模型

电力需求预测模型主要包括能源服务需求、终端能源需求、一次能源需求三部分。统筹考虑人口和经济增长、资源禀赋、产业发展和结构调整、技术创

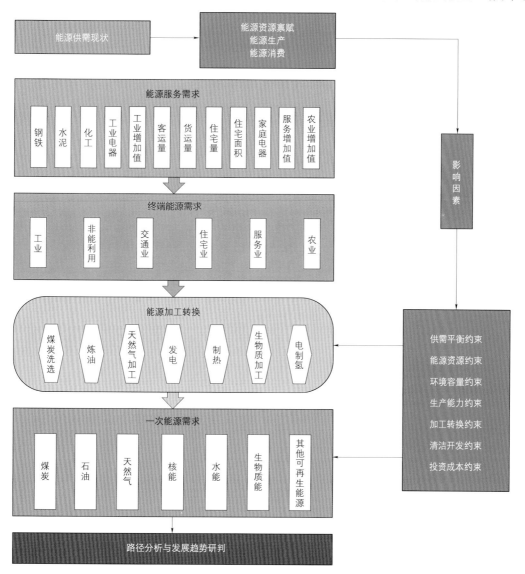

附图9　电力需求预测模型结构示意图

新和能效提升、能源转型和电能替代、环境和气候变化约束，以及各国能源电力规划，不同地区、国家发展阶段的差异性等因素，采用"自上而下"和"自下而上"相结合的方法，对全球、各洲及各国能源需求、电力需求进行分析预测。

"自上而下"与"自下而上"相结合主要考虑从经济发展到能源服务需求、从能源服务需求到终端能源需求，"自上而下"将经济社会发展对能源需求的影响予以定量考虑；"自下而上"量化技术进步、效率提升、能源政策等因素对能源需求的影响。考虑发电、供热、炼油、炼焦等加工转换环节效率，通过能源系统平衡分析能源发展趋势，计算终端分部门/分品种能源需求、一次分品种能源需求和分行业电力需求。预测方法主要包括回归分析法、趋势外推法、指数平滑法、部门分析法、增长曲线法等，并进行综合校验。

2. 电源装机规划模型

电源装机规划模型主要以规划期内包括建设成本、运行维护成本和燃料成本等全社会总成本最低为目标，以电力电量平衡、能源资源、能源政策、环境约束等为约束条件，求解得到规划水平年装机规模、各类装机构成、开发时序、碳排放等。

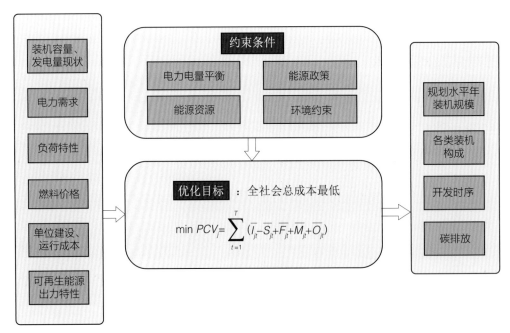

附图 10　电源装机规划模型结构示意图

（1）优化目标

模型以展望期内系统总成本最小为优化目标，其中总成本包括各区域不同水平年的投资、运维、燃料、排放成本及设备残值。

（2）主要约束

模型所考虑约束包括电力电量平衡约束、能源资源约束、能源政策约束、环境约束等。

电力电量平衡约束。确保了所有国家的电力需求在任何季节的任何时刻都必须得到满足。主要计及各区域各水平年中各国的电力电量平衡约束、系统充裕度约束、电源出力约束、跨区输电约束等。系统充裕度约束确保有足够装机容量满足峰值负荷需求。电源出力约束主要确保各类机组运行出力在合理范围内。跨区输电约束确保通道交换功率在合理范围内。

能源资源约束。根据全球清洁能源资源评估平台测算得到风、光、水等资源，作为各类发电能源资源禀赋约束。

能源政策约束。主要体现在可再生能源装机目标、非化石能源发电量占全部发电量的比重、弃能率约束、投资总量约束。

环境约束。主要体现在碳排放、污染物排放等约束。

3. 基础数据

经济、人口、资源、能源电力供需、价格等数据是开展全球能源互联网规划研究的基础。全球能源互联网规划平台将各类基础数据作为和规划模型的输入参数，以提高规划的效率。

经济数据。包括全球各国国民经济生产总值、分产业结构等经济指标，来自世界银行、国际货币基金组织（IMF）、欧盟统计局、亚洲开发银行、非洲开发银行等国际权威组织、国家官方统计局等机构数据库或研究报告。

人口数据。主要包括全球各国人口现状及预测数据，来自联合国世界人口展望研究报告。

清洁能源资源数据。主要包括全球各国水能、风光资源技术可开发量、可再生能源出力特性等，来自全球能源互联网发展合作组织开发的全球清洁能源资源评估平台。

能源电力供需数据。主要包括全球各国终端分部门/分品种能源需求、一次分品种能源需求和分行业电力需求、用电负荷特性，电源装机容量、发电量等，主要来自国际能源署（IEA）在线数据库、美国能源信息署（EIA）在线数据库、英国石油公司（BP）在线数据库、相关国际组织、各国能源电力规划报告、各国电力公司网站等。

能源电力价格数据。主要包括全球各国（各区域）各类电源、输电通道建设和运行成本、销售电价等数据，来自国际能源署（IEA）在线数据库、国际可再生能源协会（IRENA）可再生能源统计报告、彭博新能源财经（BNEF）研究报告、各国能源电力规划报告等。

附录 6　名词解释

（一）碳排放类

1. 碳达峰： 指人为源的二氧化碳（或温室气体）排放达到峰值后不再增长，实现稳定或逐步下降。

2. 碳中和： 指特定时期内人为源的二氧化碳（或温室气体）排放和人为二氧化碳（或温室气体）移除达到平衡时的状态，也称净零排放。其主体范围可以是国家、组织、地区或商品等实体，也可以是具体行业、领域、事件等活动。

3. 气候中性： 指人类活动对气候系统没有净影响的状态。这种状态考虑了人类活动对区域或局部地球物理效应，例如辐射效应。

4. 辐射效应（Radiative Forcing）： 又称辐射强迫，指温室气体浓度或太阳辐射变化等外部强迫引起的对流层顶垂直方向上的净辐射变化，单位为瓦特/平方米（W/m^2）。正辐射强迫使地球表面变暖，负辐射强迫使其变冷。辐射强迫值是当前相对于工业革命前（1750 年）的差值。

5. 翻转事件（Tipping Element）： 又称翻转成员，指在地球系统中发生根本性变化的子系统或者系统成员。当翻转事件有标志性的转变成全新状态的临界值称为翻转点（Tipping Point）。

6. 国家自主贡献（National Determined Contributions，NDC）:《巴黎协定》要求各缔约方根据自身情况确定的应对气候变化行动目标，包括减排、适应、资金、技术转移、能力建设、透明度等内容。

7. 温室气体长期低排放发展战略（Long-term Low Greenhouse Gas Emission Development Strategy，LTS）:《巴黎协定》要求各缔约方通报 21 世纪中叶温室气体长期低排放发展战略。

8. 农业、林业和其他土地利用（Agriculture，Forestry and Other Land Use，AFOLU）： 指农业、林业、草地、湿地、聚居地、其他土地等土地利用类型和土地利用变化。AFOLU 领域既包括温室气体排放（排放源），也包括二氧化碳清除（碳汇）。

9. **排放源**：指向大气中释放二氧化碳（或温室气体）的过程、活动或机制，主要指人为的碳排放源，包括能源活动、工业过程、农业活动、土地利用和土地利用变化及林业、废弃物处理过程中的二氧化碳（或温室气体）排放。

10. **碳汇**：指从大气中清除二氧化碳的过程、活动或机制。

11. **固碳**：指增加除大气之外的碳库碳含量的举措，主要包括物理固碳和生物固碳。

12. **森林碳汇**：指森林植物吸收大气中的二氧化碳并将其固定在植被或土壤中，从而减少大气中的二氧化碳浓度。森林碳汇是最主要的碳汇形式。

13. **碳预算**：指将全球温升幅度控制在《巴黎协定》温控目标之内而计算出的全球当前至 21 世纪末之间的二氧化碳累积排放总量。不同的温升目标、不同的温升实现概率对应着不同的全球碳预算。

14. **碳捕集利用与封存**（Carbon Dioxide Capture，Utilization and Storage，CCUS）：指将二氧化碳从排放源中分离后或直接加以利用或封存，以实现二氧化碳减排的工业过程，主要包括碳捕集、输送、封存和利用技术。

15. **生物质能碳捕集利用与封存**（Bioenergy with Carbon Capture and Storage，BECCS）：结合生物质能和二氧化碳捕集与封存从而实现温室气体负排放的技术。

16. **直接空气捕获**（Direct Air Capture，DAC）：指直接利用化学溶液分离空气中的二氧化碳并捕集，捕获的二氧化碳经过纯化注入地下，或者用于制造燃料或塑料等商业产品。

17. **基于自然的解决方案**（Nature-based Solution，NBS）：受自然启发、由自然支持并利用自然的动态解决方案，倡导依靠自然力量应对气候变化，构建温室气体低排放和气候韧性。

18. **碳强度（单位 GDP 二氧化碳排放）**：指产生单位国内生产总值（GDP）排放的二氧化碳数量，单位是千克二氧化碳/美元。

19. **全球增温潜势**（Global Warming Potential，GWP）：衡量各种温室气体对气候变化影响的相对能力。假设将二氧化碳的增温潜势值定为 1，非二氧化碳温室气体的全球增温潜势定义为 1 千克温室气体一段时间内辐射效应对时间的积分与同条件下 1 千克二氧化碳辐射效应对应时间积分的比值。

（二）能源类

20. **能源强度（单位 GDP 能耗）：** 指单位 GDP 能源消费量，单位是吨标准煤/万美元。

21. **发电煤耗法：** 指一次能源统计中，可再生能源电力按当年平均火力发电煤耗换算成标准煤统计。

22. **热当量法：** 指一次能源统计中，电力按自身的热功当量换算成标准煤，采用的折标系数为 1 万千瓦时相当于 1.229 吨标准煤。

23. **现有模式延续情景：** 指延续当前发展趋势和政策，到 21 世纪中叶仍保持以化石能源为主导的能源体系。

24. **能源生产：** 指各类能源开采、加工、转换、电力和热力生产。

25. **能源使用：** 指生产和生活各领域对煤炭、石油、天然气等一次能源和气体燃料、电力、热能等二次能源的消耗和利用，主要包括工业、交通、居民生活、农业、商业等领域。

26. **能源效率：** 指一定时期内能源经过加工、转化、输配和消费等环节后，发挥作用的有用能与实际消耗的能源量之比。

27. **清洁能源：** 指化石能源以外的所有能源，开发利用过程不排放二氧化碳，包括水能、风能、太阳能、核能、生物质能、地热能等。

28. **灵活性改造：** 一般指通过加装蓄热装置等措施，使煤电机组运行更加灵活，具有更快的变负荷速率、更高的负荷调节精度及更好的一次调频性能。

29. **电炉炼钢：** 废钢经简单加工破碎或剪切、打包后装入电弧炉中，利用石墨电极与废钢之间产生电弧所发生的热量来熔炼废钢，并配以精炼炉完成脱气、调成分、调温度、去夹杂等功能，得到合格钢水。

30. **氢炼钢：** 利用氢气替代一氧化碳作为还原剂，将铁矿石还原得到铁，再将生铁按一定工艺熔炼以控制其含碳量，最终得到钢的生产过程。

31. 新型干法水泥: 以悬浮预热和窑外预分解技术为核心,采用回转窑生产的水泥。

32. 新型浮法玻璃: 采用浮法成型工艺生产的品质等级较高的平板玻璃。

(三)市场类

33. 碳排放权交易: 指建立合法的二氧化碳排放权利,将其通过排放许可证的形式表现出来,进而形成一种商品,允许排放主体或市场其他参与者之间进行出售或购买的行为。

34. 碳配额: 通过对排放上限的封顶,将不受约束的排放权人为地改造成一种稀缺的配额指标,以此完成温室气体减排任务。

35. 辅助服务: 指为维护电力系统的安全稳定运行,保证电能质量,除正常电能生产、输送、使用外,由发电企业、电网经营企业和电力用户提供的服务。包括一次调频、自动发电控制、调峰、无功调节、备用、黑启动等。

36. 输电权: 指输电系统使用权,可分为物理输电权和金融输电权两类,物理输电权的持有者可使用相应输电线路进行电能输送,金融输电权则是一种应对线路阻塞风险的金融工具,其持有者在相应线路发生阻塞时可获取收益。

37. 金融衍生品: 指基于基础金融工具的金融合约,其价值取决于一种或多种基础资产或指数,合约的基本种类包括远期合约、期货、掉期(互换)和期权。

38. 需求响应: 指当系统需要时,例如电力紧张、电价飙升时段,直接减少或转移电力负荷并给予用户补偿,或通过价格信号间接引导电力用户改变其固有用电模式的行为。

39. 绿证: 又称绿色证书,指国家对发电企业每兆瓦时非水可再生能源上网电量的具有独特标识代码的电子证书,是非水可再生能源发电量的确认和属性证明,以及消费绿色电力的唯一凭证。

40. PPP 投融资模式: 指公共基础设施中的一种项目运作模式,即政府和社会资本合作。其典型结构为:政府部门或地方政府通过政府采购形式与中标单位组成的特殊目的公司签订特许合同，由特殊目的公司负责筹资、建设及经营。

41. **资产证券化：** 指以基础资产未来所产生的现金流为偿付支持，发行资产支持证券的过程。

（四）电力类

42. **电力系统：** 由发电、输电、变电、配电、用电等环节组成的电能生产、传输、分配和消费的系统。发电厂将各类一次能源转换为电能，然后经过输电网和配电网输送和分配至电力用户的用电设备，从而完成电能从生产到使用的整个过程。

43. **输电网：** 由若干输电线路组成的将许多电源点与供电点连接起来的网络体系。输电网按电压等级划分层次，组成网络结构，并通过变电所与配电网连接，或与另一电压等级的输电网连接。

44. **配电网：** 从输电网或地区发电厂接受电能，通过配电设施就地或逐级分配给各类用户的电力网。

45. **微电网：** 由分布式电源、储能系统、能量转换装置、监控和保护装置、负荷等汇集而成的小型发、配、用电系统，是一个能够实现自我控制、保护和能量管理的自治系统。

46. **分布式发电：** 利用电力负荷用户附近各种分散存在的能源生产电能的发电方式，如小型风力发电、光伏发电、燃料电池发电、生物质发电、微型燃气轮机发电等。

47. **电力普及率：** 指某一地区内能够相对稳定地获取电力供应的人口占总人口的比例。

48. **电力电量平衡：** 根据电力需求预测、负荷特性以及本地和外来电源的可用率、供电能力和特性，考虑储能和电力系统安全运行备用等多种因素，对某一地区某一时间/时间段的电力（电功率，单位为千瓦）/电量（电能量，单位为千瓦时）供需平衡进行分析。

49．**多能互补**：可分为电源侧和用户侧多能互补两类，前者主要指通过合理配置不同能源发电的电源，充分利用其互补性，提高综合发电能力以及相应发输电设施的利用率；后者主要指通过多种终端能源相互补充、转化和梯级利用，满足用户用能需求，提高能源综合利用效率。

50．**负荷特性**：指电力负荷变化的规律和特性，主要包括日负荷特性、周负荷特性、年负荷特性及负荷同时率等。

51．**电力系统灵活性**：在一定经济运行条件下，电力系统对发电或负荷大幅波动作出快速响应的能力。电力系统灵活性资源的来源包括电源侧、电网侧、负荷侧和储能。

52．**清洁替代**：指通过水、风、光等清洁发电技术替代燃煤燃油燃气等传统发电技术，降低二氧化碳及其他污染物排放。

53．**太阳能转换效率**：指太阳能转换成电能的效率。

54．**混流式水轮机**：也称为辐向轴流式水轮机。当水流开始进入转轮叶片时为辐向进入，在转轮叶片上改变了方向，最后流出叶片时为轴向流出，故称为混流式或辐向轴流式水轮机。

55．**冲击式水轮机**：借助于特殊导水机构引出具有动能的自由射流，冲向转轮水斗，使转轮旋转做功，从而完成将水能转换成机械能的一种水力原动机。适用于高水头、小流量的电站。

56．**理论蕴藏量**：指某种可再生能源的多年平均值，例如水能，是由河流多年平均流量和全部落差经逐段计算得到的。理论蕴藏量是相对固定和客观的，是评估资源条件的宏观指标。

57．**技术可开发量**：指在评估年份的技术水平下，可开发利用清洁能源资源的装机容量。

58．**经济可开发量**：指在考虑工程建设成本及必要的制约性外部成本后，与其他可替代的能源供应方式相比具有竞争力，有经济开发价值的装机容量。

59．**热泵**：是一种将低温环境的热能转移到高温环境的装置，它利用少量输入的电能（或热能）做功进行逆循环，实现大量的热量转移，有效地把难以应用的低品位热能利用起来，达到节能目的。

60．**特高压：** 国际上通常指 800 千伏及以上的电压等级，一般包括 1000 千伏特高压交流和 ±800、±1100 千伏特高压直流电压。特高压输电系统具有电压等级高、输送容量大、线路损耗低、输电距离远等显著优势。

61．**超高压：** 国际上通常指大于 230 千伏、小于 800 千伏的交直流电压等级，一般包括 275、315、330、345、380、400、500、735、750、765 千伏等交流电压，±320、±400、±500、±600、±660 千伏等直流电压。

62．**分层接入：** 指高压直流输电工程送、受端高低换流阀组分别接入不同电压等级交流系统的一种接线方式，可优化系统潮流分布、降低关键设备研制难度。

63．**常规直流（LCC）：** 指基于晶闸管器件换流阀并通过电网实现换相的高压直流输电技术。

64．**柔性直流（VSC-HVDC）：** 指基于绝缘栅双极型晶体管（IGBT）换流阀、可自我实现换相的高压直流输电技术。

65．**生物质（能）：** 指通过光合作用而形成的各种有机体，包括所有的动植物和微生物。生物质能是太阳能以化学能形式储存在生物质中的能量形式，是仅次于煤炭、石油、天然气之后的第四大能源。

66．**利用小时：** 又称为装机容量年利用小时，年利用小时数=全年发电量/额定容量。该指标按额定容量计算发电设备在一年中的实际利用情况，与之类似的指标还有容量系数，容量系数=全年发电量/（额定容量×8760）。这两个指标都用于考核发电设备利用情况，对于水电、风电、光伏等可再生能源发电，一般可以用来衡量所在地可再生能源资源的富集程度。

图书在版编目（CIP）数据

全球碳中和之路：全 2 册 / 全球能源互联网发展合作组织著. —北京：中国电力出版社，2021.9
ISBN 978-7-5198-5960-2

Ⅰ. ①全…　Ⅱ. ①全…　Ⅲ. ①二氧化碳－排污交易－研究－世界　Ⅳ. ①X511

中国版本图书馆 CIP 数据核字（2021）第 176227 号

审图号：GS（2021）6153 号

出版发行：中国电力出版社
地　　址：北京市东城区北京站西街 19 号（邮政编码 100005）
网　　址：http://www.cepp.sgcc.com.cn
责任编辑：孙世通　周天琦
责任校对：黄　蓓　常燕昆　朱丽芳　郝军燕　李　楠
装帧设计：北京锋尚制版有限公司
责任印制：钱兴根

印　　刷：北京瑞禾彩色印刷有限公司
版　　次：2021 年 9 月第一版
印　　次：2021 年 9 月北京第一次印刷
开　　本：889 毫米×1194 毫米　16 开本
印　　张：45.25
字　　数：784 千字
定　　价：550.00 元（全 2 册）